职业教育智能制造领域高素质技术技能人才培养系列教材

工业机器人编程与操作
(FANUC)

主 编 郭 燕
副主编 韩京海 朱红娟 贺大康
参 编 刘虹羚 叶百胜

机械工业出版社

本书以 FANUC 工业机器人为对象，系统介绍了工业机器人编程与操作的相关知识。全书涵盖了工业机器人现场编程、工业机器人离线编程、工业机器人维护三个方面的主要内容，从工业机器人的基本认知、工业机器人的基本操作、工业机器人的编程操作、工业机器人的通信、搬运机器人的离线仿真、工业机器人绘图离线仿真、工业机器人的维护 7 个项目出发，将知识点和技能点融入典型任务的实施中，以满足教学需求。

本书既可以作为高等职业院校自动化类等相关专业的教材，也可以作为相关从业人员的参考和培训用书。

为方便学生学习，本书植入微课内容，以二维码形式呈现；配有免费电子课件、思考与练习答案、模拟试卷及答案等。凡选用本书作为授课教材的教师，可登录机械工业出版社教育服务网（www.cmpedu.com），注册后免费下载电子资源，本书咨询电话：010-88379564。

图书在版编目（CIP）数据

工业机器人编程与操作：FANUC / 郭燕主编．
北京：机械工业出版社，2025.2. --（职业教育智能制造领域高素质技术技能人才培养系列教材）. -- ISBN 978-7-111-77514-0

Ⅰ. TP242.2

中国国家版本馆 CIP 数据核字第 20252BM234 号

机械工业出版社（北京市百万庄大街 22 号　邮政编码 100037）
策划编辑：冯睿娟　　　　　责任编辑：冯睿娟　苑文环
责任校对：郑　婕　宋　安　封面设计：王　旭
责任印制：李　昂
北京捷迅佳彩印刷有限公司印刷
2025 年 2 月第 1 版第 1 次印刷
184mm×260mm・15 印张・388 千字
标准书号：ISBN 978-7-111-77514-0
定价：47.00 元

电话服务　　　　　　　　　　网络服务
客服电话：010-88361066　　　机　工　官　网：www.cmpbook.com
　　　　　010-88379833　　　机　工　官　博：weibo.com/cmp1952
　　　　　010-68326294　　　金　书　网：www.golden-book.com
封底无防伪标均为盗版　　　　机工教育服务网：www.cmpedu.com

前　言

制造业是一个国家经济发展的基石，也是增强国家竞争力的基础。随着新一代信息技术、人工智能、新能源、新材料、生物技术等重要领域和前沿学科发展的革命性突破和交叉融合，以工业机器人为核心的智能制造正推动着第四次工业革命的浪潮。随着工业机器人产业的迅猛发展，企业对工业机器人编程与操作技能型人才的需求日益增长。本书以工业机器人的实践操作为出发点，系统地介绍了工业机器人编程与操作过程中需要的相关知识和技能。

本书特色如下：

1. 涵盖范围宽，考核目标明确。本书内容涉及 FANUC 工业机器人的现场编程、离线编程和维护，从工程实践典型工作站出发，以任务考核工单的形式，突出了知识点、技能点、素质点的考核目标，旨在使学生在项目实施过程中掌握工业机器人的相关知识及编程操作技能，能够解决编程操作过程中出现的常见问题。

2. 纸质教材与数字资源融合，促进"教材"向"学材"转变。本书针对重要的知识点和技能点配套了微课、操作演示视频、仿真动画、源代码、电子课件等数字资源，有些数字资源以二维码的形式展现，方便随扫随学，完成从"教材"到"学材"的转变，突出了"学生本位"的教学理念。

3. 通俗易懂，实用性强。本书言简意赅，图文并茂，既可用于应用型本科院校、高等职业院校和技工院校工业机器人应用型人才的培养，也可供从事工业机器人操作、编程、运行、维护与管理等工作的技术人员学习参考。

本书由南京科技职业学院郭燕任主编，南京交通职业技术学院韩京海、南京机电职业技术学院朱红娟、南京高等职业技术学校贺大康任副主编。参加编写的还有南京科技职业学院刘虹羚、叶百胜。其中，郭燕编写项目 1、项目 5，韩京海编写项目 7，朱红娟编写项目 6，贺大康编写项目 2，刘虹羚编写项目 4，叶百胜编写项目 3，郭燕负责全书统稿。

本书的编写得到了江苏汇博机器人技术股份有限公司和上海发那科机器人有限公司有关领导、工程技术人员及南京科技职业学院相关教师的鼎力支持与帮助，在此表示衷心的感谢！

由于工业机器人技术日新月异，加之编者水平有限，书中难免存在不足，敬请广大读者批评指正。

编　者

二维码索引

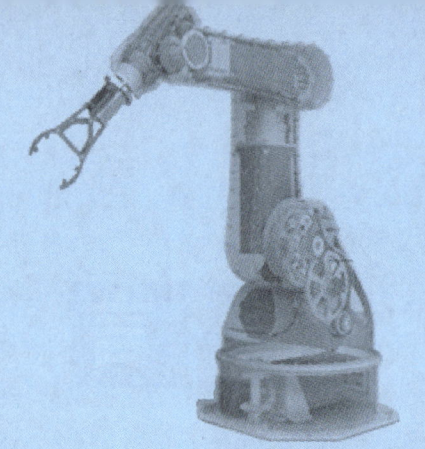

页码	名称	图形	页码	名称	图形
5	工业机器人系统的认知		44	TOOL 三点法的设置、激活与检验	
5	工业机器人本体的认知		47	TOOL 六点法的设置、激活与检验	
6	控制柜的认知		52	TOOL 直接输入法的设置、激活与检验	
7	示教器的认知		53	USER 三点法的设置、激活与检验	
21	机器人的开机		57	用户坐标系直接输入法设置	
23	示教器界面中英文的切换		77	程序创建、执行与动作指令编辑	
25	机器人安全速度的设置		79	程序的复制、删除和修改	
28	机器人的关机		80	指令的编辑	

（续）

页码	名称	图形	页码	名称	图形
98	控制指令的编辑与执行		151	工件的创建与仿真	
100	IF 指令的编辑与执行		157	工具的创建与仿真	
100	FOR 指令的编辑与执行		163	离线编程与仿真运行	
102	用户报警指令的编辑与执行		174	机器人的属性设置	
110	信号配置		175	绘图工作站的搭建	
118	自动运行设置		184	绘图工作站的离线编程与仿真运行	
119	RSR 自动运行		198	单个文件备份	
120	PNS 自动运行		198	批量文件备份	
127	宏指令设置与执行		206	单个文件加载	
142	创建仿真搬运工作站		206	批量文件加载	

目 录

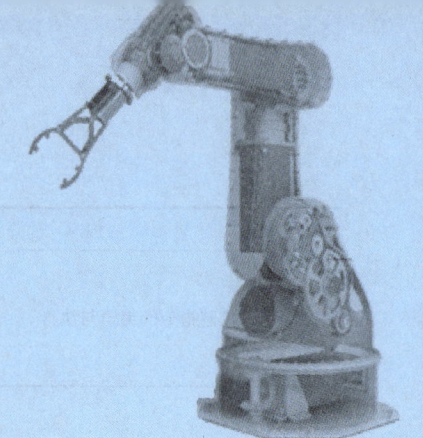

前言
二维码索引
项目1 工业机器人的基本认知 ………… 1
  项目导入 ………………………………… 1
  任务1.1 工业机器人的认知 …………… 1
    【任务提出】 …………………………… 1
    【知识点拨】 …………………………… 1
    一、工业机器人的定义与分类 ………… 1
    二、工业机器人系统的组成 …………… 5
    三、工业机器人的主要技术参数和编程方式 …………………………………… 8
    【任务考核工单】 …………………… 10
    【任务实施】 ………………………… 11
    一、工业机器人系统结构认知 ……… 11
    二、工业机器人本体认知 …………… 12
    三、控制柜认知 ……………………… 14
    四、示教器外观认知 ………………… 15
  任务1.2 工业机器人的安全使用 ……… 16
    【任务提出】 ………………………… 16
    【知识点拨】 ………………………… 16
    一、工业机器人的安全使用环境 …… 16
    二、机器人系统的安全设备及安全操作规程 ………………………………… 17
    三、常用安全护具的穿戴 …………… 19
    【任务考核工单】 …………………… 19
    【任务实施】 ………………………… 21
    一、机器人的正确开机 ……………… 21

    二、机器人常见紧急停止报警的处理 …… 22
    三、示教器界面中英文切换及常见信息查看 ………………………………… 23
    四、机器人安全速度设置 …………… 25
    五、正确进行工业机器人的关机 …… 28
  项目拓展 ………………………………… 28
  思考与练习 ……………………………… 28
项目2 工业机器人的基本操作 ………… 30
  项目导入 ………………………………… 30
  任务2.1 示教器的认知 ………………… 30
    【任务提出】 ………………………… 30
    【知识点拨】 ………………………… 30
    一、示教器的指示灯 ………………… 31
    二、示教器的功能按键 ……………… 31
    三、示教器菜单 ……………………… 33
    【任务考核工单】 …………………… 35
    【任务实施】 ………………………… 37
  任务2.2 工业机器人坐标系设置 ……… 39
    【任务提出】 ………………………… 39
    【知识点拨】 ………………………… 39
    一、关节坐标系 ……………………… 40
    二、直角坐标系 ……………………… 40
    【任务考核工单】 …………………… 42
    【任务实施】 ………………………… 44
    一、工具坐标系（TOOL）三点法设置、激活与检验 ……………………… 44

二、工具坐标系（TOOL）六点法设置、
　　激活与检验 ············· 47
三、工具坐标系（TOOL）直接输入法
　　设置、激活与检验 ·········· 52
四、用户坐标系（USER）三点法设置、
　　激活与检验 ············· 53
五、用户坐标系（USER）直接输入法
　　设置、激活与检验 ·········· 57
项目拓展 ················· 58
思考与练习 ················ 58

项目 3　工业机器人的编程操作 ····· 60
项目导入 ················· 60
任务 3.1　程序管理与动作指令应用 ······ 60
【任务提出】 ··············· 60
【知识点拨】 ··············· 60
一、程序的管理 ············· 60
二、动作指令 ·············· 69
【任务考核工单】 ············· 75
【任务实施】 ··············· 77
一、程序创建、执行与动作指令编辑 ···· 77
二、程序的复制、删除与修改 ······· 79
任务 3.2　指令的编辑 ············ 80
【任务提出】 ··············· 80
【知识点拨】 ··············· 81
【任务考核工单】 ············· 87
【任务实施】 ··············· 89
任务 3.3　控制指令与其他指令应用 ······ 92
【任务提出】 ··············· 92
【知识点拨】 ··············· 93
一、机器人逻辑控制指令 ········· 93
二、工业机器人其他指令 ········· 96
【任务考核工单】 ············· 98
【任务实施】 ··············· 100
一、IF 与 FOR 逻辑指令应用 ······· 100
二、控制指令的编辑与执行 ········ 102
三、用户报警指令应用 ·········· 102
项目拓展 ················· 103
思考与练习 ················ 104

项目 4　工业机器人的通信 ········ 106
项目导入 ················· 106

任务 4.1　工业机器人的通信信号和参考位置
　　　　　设置 ················ 106
【任务提出】 ··············· 106
【知识点拨】 ··············· 106
一、信号的分类 ············· 106
二、信号配置 ·············· 107
三、系统信号 ·············· 108
四、参考位置 ·············· 109
【任务考核工单】 ············· 109
【任务实施】 ··············· 110
一、信号配置 ·············· 110
二、信号强制输出 ············ 113
三、仿真输入/输出 ············ 113
四、设置参考位置 ············ 115
任务 4.2　程序的自动运行（PNS+RSR）··· 118
【任务提出】 ··············· 118
【知识点拨】 ··············· 118
一、自动运行执行条件 ·········· 118
二、RSR 自动运行方式 ·········· 119
三、PNS 自动运行方式 ·········· 119
【任务考核工单】 ············· 120
【任务实施】 ··············· 122
一、自动运行设置 ············ 122
二、RSR 程序自动运行设置 ········ 123
三、PNS 程序自动运行设置 ········ 125
任务 4.3　宏指令的设置和执行 ········ 127
【任务提出】 ··············· 127
【知识点拨】 ··············· 127
【任务考核工单】 ············· 128
【任务实施】 ··············· 129
一、宏指令的设置 ············ 129
二、宏指令的执行 ············ 131
项目拓展 ················· 132
思考与练习 ················ 133

项目 5　搬运机器人的离线仿真 ······ 135
项目导入 ················· 135
任务 5.1　创建仿真搬运工作站 ········ 135
【任务提出】 ··············· 135
【知识点拨】 ··············· 136
一、ROBOGUIDE 的认知 ·········· 136

二、ROBOGUIDE 界面的认知 ············ 137
三、仿真工作站对象类型 ············ 142
【任务考核工单】 ················ 143
【任务实施】 ··················· 144
一、新建搬运工作站 ··············· 144
二、工作站仿真模型的创建与布局 ······ 147
任务 5.2　工件的创建与设置 ········ 150
【任务提出】 ··················· 150
【知识点拨】 ··················· 150
【任务考核工单】 ················ 151
【任务实施】 ··················· 152
一、绘制法创建工件模型 ············ 152
二、工件与夹具的关联设置 ·········· 152
任务 5.3　工具的创建与设置 ········ 156
【任务提出】 ··················· 156
【知识点拨】 ··················· 156
【任务考核工单】 ················ 157
【任务实施】 ··················· 158
一、工具模型的创建 ··············· 158
二、设置工具坐标系 ··············· 159
三、添加工件模型的关联 ············ 160
四、工具仿真设置 ················ 162
任务 5.4　离线编程与仿真运行 ······ 162
【任务提出】 ··················· 162
【知识点拨】 ··················· 163
一、仿真程序与指令 ··············· 163
二、仿真运行 ··················· 164
【任务考核工单】 ················ 165
【任务实施】 ··················· 166
一、创建仿真程序 ················ 166
二、创建 TP 程序 ················ 168
三、仿真运行与视频录制 ············ 169
项目拓展 ························ 170
思考与练习 ······················ 171

项目 6　工业机器人绘图离线仿真 173

项目导入 ························ 173
任务 6.1　绘图工作站的搭建 ········ 173
【任务提出】 ··················· 173
【知识点拨】 ··················· 174
一、机器人的属性设置 ············· 174

二、认识绘图工作站模块 ············ 175
【任务考核工单】 ················ 175
【任务实施】 ··················· 176
一、新建绘图工作站 ··············· 176
二、绘图工作站模块的导入与布局 ····· 180
任务 6.2　绘图工作站的离线编程与视频录制 ························ 183
【任务提出】 ··················· 183
【知识点拨】 ··················· 184
一、捕捉目标点 ·················· 184
二、修改平面格栅样式 ············· 184
三、特征图形的设置 ··············· 185
四、特征轨迹的设置 ··············· 186
【任务考核工单】 ················ 188
【任务实施】 ··················· 189
一、工具坐标系与用户坐标系的标定 ···· 189
二、轨迹的生成与优化 ············· 190
三、仿真运行与视频录制 ············ 193
项目拓展 ························ 195
思考与练习 ······················ 195

项目 7　工业机器人的维护 197

项目导入 ························ 197
任务 7.1　文件备份与镜像备份 ······ 197
【任务提出】 ··················· 197
【知识点拨】 ··················· 198
一、文件的备份/加载设备 ··········· 198
二、文件类型 ··················· 198
三、备份的模式 ·················· 199
【任务考核工单】 ················ 199
【任务实施】 ··················· 200
一、一般模式/控制模式下单个文件的备份 ·························· 200
二、一般模式/控制模式下批量文件的备份 ·························· 202
三、一般模式/控制模式下的镜像备份 ··· 204
任务 7.2　文件的加载与镜像加载 ···· 205
【任务提出】 ··················· 205
【知识点拨】 ··················· 206
【任务考核工单】 ················ 206
【任务实施】 ··················· 207

一、一般模式/控制模式下单个文件的
　　加载 ……………………………… 207
二、控制模式下批量文件的加载 ……… 208
三、监视模式（Boot Monitor）下的镜像
　　加载 ……………………………… 211
任务 7.3　零点复归 ………………………… 214
【任务提出】………………………………… 214
【知识点拨】………………………………… 214
一、零点复归的定义 …………………… 214
二、需要进行零点复归的情况 ………… 215
三、零点复归的原因及对应报警代码 …… 215
四、零点复归的方法 …………………… 216

【任务考核工单】…………………………… 216
【任务实施】………………………………… 218
一、消除 SRVO-062 报警 ……………… 218
二、消除 SRVO-075 报警 ……………… 219
三、消除 SRVO-038 报警 ……………… 220
四、全轴零点位置标定 ………………… 223
五、简易零点标定 ……………………… 225
项目拓展 ……………………………………… 228
思考与练习 …………………………………… 228

参考文献 …………………………………… 230

项目 1　工业机器人的基本认知

项目导入

随着科学技术的进步,人类的体力劳动已逐渐被各种机械所取代,工业机器人将成为继汽车、计算机之后的新兴技术产业。工业机器人是面向工业领域的多关节机械手或多自由度的机器装置,能自动执行工作,是通过自身动力和程序控制来实现各种功能的一种机器。FANUC 工业机器人是目前全球占有率较高的工业机器人。

本项目以工业机器人系统为操作对象,带领学生认识 FANUC 工业机器人本体、控制器、示教器等,在学习工业机器人的定义、分类和发展等知识点的同时,掌握机器人开机、关机、示教器基本操作及安全注意事项,为机器人的编程与操作打下坚实的基础。

任务 1.1　工业机器人的认知

【任务提出】

工业机器人是一种智能化机电设备,可替代人工完成一些具有大批量、高质量要求的工作,如工业自动化生产线中电焊、弧焊、喷漆、切割、电子装配,以及物流系统的搬运、包装、码垛等作业,是一种可以仿人操作、自动控制、可重复编程并能在三维空间完成各种作业的机电一体化生产设备。本任务主要以 FANUC 六轴工业机器人为对象,学习并掌握工业机器人的系统结构组成。

本任务要求如下:
1) 掌握工业机器人系统的组成及连接。
2) 识别工业机器人型号,认识工业机器人本体结构。
3) 识别控制柜型号,认识控制柜操作面板。
4) 初步认识示教器的外观组成。

【知识点拨】

一、工业机器人的定义与分类

工业机器人技术是一门涉及机械、电子、力学、控制、传感器检测、计算机技术等的综合学科。工业机器人不是机械、电子技术的简单组合，而是融合多领域应用技术的一体化装置。目前，工业机器人的应用非常广泛，上至航空航天、下至海洋探索都能见到它们的身影。进入21世纪以来，工业机器人的应用程度已经成为衡量一个国家工业自动化水平的重要标志。

1. 机器人的几种定义

随着科学技术的不断进步，虽然机器人已被广泛应用，但世界上对机器人还没有一个统一、严格、准确的定义，不同国家、不同研究领域给出的定义不尽相同。也正是由于机器人定义的模糊，才给出了人们充分的想象和创造空间。

国际上对机器人的定义主要有以下几种。

美国机器人工业协会（RIA）对机器人的定义：机器人是一种用于移动各种材料、零件、工具或专用装置的，通过可编程的动作来执行各种任务的具有编程能力的多功能机械手。

美国国家标准局（NBS）对机器人的定义：机器人是一种能够进行编程并在自动控制下执行某些操作和移动作业任务的机械装置。

日本工业机器人协会（JIRA）将机器人分为工业机器人和智能机器人两类：工业机器人是一种能够执行与人体上肢（手和臂）类似动作的多功能机器；智能机器人是一种具有感觉和识别能力，并能控制自身行为的机器。

英国《牛津简明英语词典》对机器人的定义：机器人是貌似人的自动机，是具有智力且顺从于人但不具有人格的机器。

国际标准化组织（ISO）对机器人的定义：机器人具备自动控制及可再编程、多用途功能，机器人操作机具有三个或三个以上的可编程轴，在工业自动化应用中，机器人的底座可以固定也可以移动。

我国科学家对机器人的定义：机器人是一种自动化的机器，所不同的是，这种机器具备一些与人或生物相似的智能，如感知能力、规划能力、动作能力和协同能力，是一种具有高度灵活性的自动化机器。

从对机器人不同的定义可以看出，机器人具备可编程、拟人化、通用性、交叉性等几个显著特点，随着机器人的升级和机器人智能的发展，机器人的定义与工业机器人的定义将会被进一步修改，进一步明确和统一。

2. 工业机器人的分类

关于工业机器人如何分类的问题，国际上没有制定统一的标准。工业机器人一般根据负载重量、控制方法、自由度、机械结构、应用领域等进行分类。本书按照常见机械结构的分类进行介绍。

（1）串联机器人　串联机器人是一个开放的运动链（Open Loop Kinematic Chain），其所有的运动杆件没有形成一个封闭的结构链，当各连杆组成一开式机构链时，所获得的机器人结构称为串联结构，图1-1所示的FANUC LR Mate 200iD型工业机器人就是典型的串联机器人，它包括从底座到末端执行器的一系列连杆和关节。当前工业机器人大多采用串联结构。

按照运动副的不同，串联机器人可分为直角坐标机器人、圆柱坐标机器人、球坐标机器人和关节坐标机器人等。

1）直角坐标机器人。直角坐标机器人的结构很简单，它是指在工业应用中能够实现自动控制、可重复编程、在空间上具有相互垂直关系的三个独立自由度的多用途机器人，如图 1-2 所示。在直角坐标机器人的坐标系中，机器人有三个相互垂直的移动关节 X、Y、Z，每个关节都可以在独立的方向移动。

目前，直角坐标机器人可以非常方便地用于各种自动化生产线中，完成如焊接、搬运、上下料、包装、码垛、检测、探伤、分类、装配、贴标、喷码、打码、喷涂、目标跟随、排爆等一系列工作。这种形式机器人的特点是直线运动、控制简单，缺点是灵活性较差，自身占据空间较大。

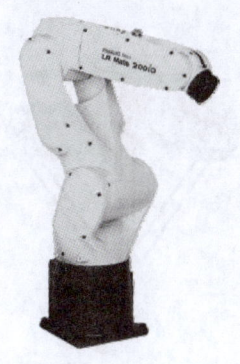
图 1-1　串联机器人

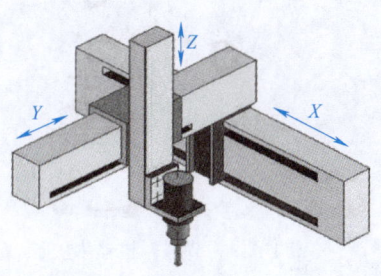
图 1-2　直角坐标机器人

2）圆柱坐标机器人。圆柱坐标机器人是指能够形成圆柱坐标系的机器人，其水平臂或杆架安装在一个垂直柱上，垂直柱安装在一个旋转基座上，主要由一个旋转机座形成的转动关节和垂直、水平移动的两个移动关节构成，如图 1-3 所示。圆柱坐标机器人末端执行器的姿态由参数 Z，R，θ 决定。

目前，圆柱坐标机器人主要用于重物的装卸、搬运等。圆柱坐标机器人具有空间结构小、工作范围大、末端执行器速度高、控制简单、运动灵活等优点；缺点是圆柱坐标机器人工作时必须有 R 轴线前后方向的移动空间，空间利用率低。

3）球坐标机器人。球坐标机器人运动所形成的轨迹表面是半球面，一般由两个回转关节和一个移动关节构成，如图 1-4 所示。其轴线按极坐标配置，R 为移动坐标，β 为手臂在铅垂面内的摆动角，θ 为绕手臂支承底座垂直轴的转动角。其特点是占用空间小，操作灵活且范围大，但运动学模型较复杂，难以控制。

4）关节坐标机器人。关节坐标机器人也称为关节手臂机器人或关节机械手臂，是当今工业领域中应用广泛的一种机器人。关节坐标机器人一般由多个转动关节串联若干连杆组成，如图 1-5 所示，其运动由前、后臂的俯仰及立柱的回转构成，工作方式较为复杂。

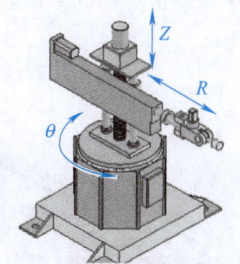
图 1-3　圆柱坐标机器人

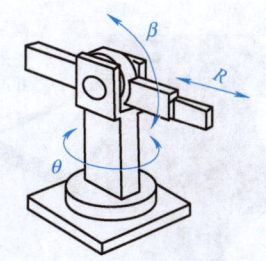
图 1-4　球坐标机器人

目前，关节坐标机器人多用于电子、汽车、塑料、药品、食品等工业领域，用于完成搬运、装配、喷涂、焊接等多种操作，是使用最为广泛的工业机器人之一。其特点是结构紧凑，工作范围广，动作灵活，可轻易避开障碍，伸入狭窄弯曲的管道内进行作业，对多种作业都有良好的适应性。其缺点是运动模型复杂，高精度控制难度较大。

（2）并联机器人　并联机器人是一种由固定机座和具有若干自由度的末端执行器、以不少于两条独立运动链连接形成的新型机器人，如图 1-6 所示。与串联机器人相比，并联机器人具有以下特点。

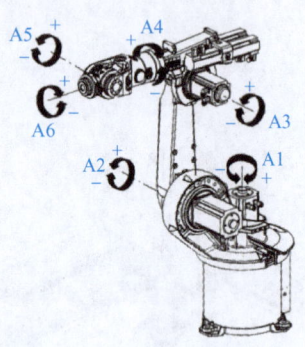

图 1-5　关节坐标机器人

图 1-6　并联机器人

① 不易有动态误差，无累积误差，精度较高。
② 运动惯性小。
③ 结构紧凑稳定，输出轴承受大部分的轴向应力，机器刚性高，承载能力大。
④ 采用热对称性结构设计，热变形量较小。
⑤ 在位置求解上，串联机器人正解困难，反解容易。
⑥ 工作空间较小。
⑦ 驱动装置可固定在平台上或接近平台的位置，运动部分重量轻，速度快，动态响应好。
⑧ 部分串联机器人采用完全对称结构，具有较好的各向同性。

并联机器人广泛应用于装配、搬运、上下料、分拣、打磨、雕刻等需要高刚度、高精度或大载荷而又无需很大工作空间的场合。

（3）混联机器人　混联机器人是一种将串联和并联有机结合起来的机构，既有并联机器人结构刚度好的优点，又有串联机器人结构的工作空间大的优点，能发挥串联机器人、并联机器人各自的优点，从而进一步扩大机器人的应用范围，提高机器人的工作性能。混联机器人如图 1-7 所示，在结构上常有以下三种形式。

1）并联机构通过其他机构串联而成。以并联机构替换基于串联机构中的某个关节或杆件，例如，在传统的串联机器人的执行端插入并联机构，如图 1-8 所示。

图 1-7　混联机器人（一）

图 1-8　混联机器人（二）

2)并联机构直接串联在一起。这类混联机器人是将多个并联机构以串联机器人的设计思路进行结构设计,多用于构造柔性机器人,例如,将具有多个相同或不同自由度的并联机构通过转动副或移动副等其他运动副的形式串联在一起。

3)在并联机构的支链中采用不同的结构。这类混联机器人是对并联机构的支链进行变形,尤其是替换或嵌入其他的并联机构,例如,将具有多个相同或不同自由度的并联机构作为并联机器人的某一个或多个支链。

二、工业机器人系统的组成

工业机器人系统主要由工业机器人本体、控制柜、示教器和连接电缆等组成。其中,连接电缆主要有电源电缆、示教器电缆、动力控制电缆和编码器电缆等,如图1-9所示。

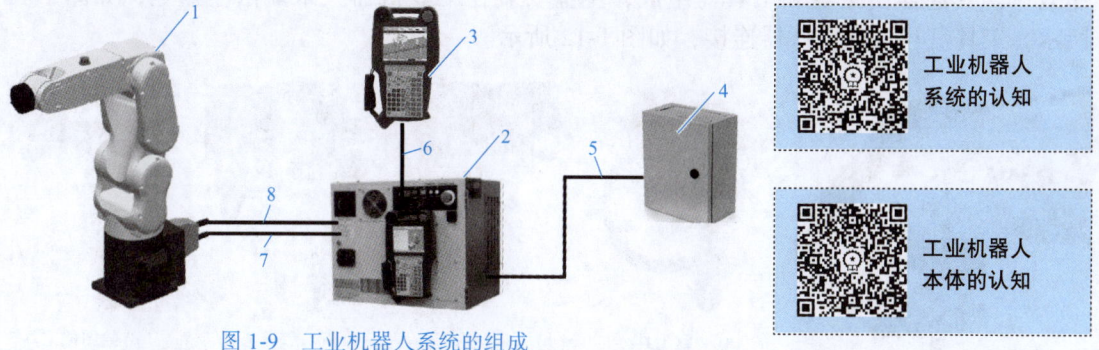

图1-9 工业机器人系统的组成

1—工业机器人本体 2—控制柜 3—示教器 4—配电箱 5—电源电缆
6—示教器电缆 7—编码器电缆 8—动力控制电缆

1. 工业机器人本体

工业机器人本体是工业机器人的支撑基础,也是工业机器人完成作业任务的执行机构。工业机器人本体主要由传动部件、机身、臂部、腕部和手部五部分组成,如图1-10所示。机器人本体的电池位于机器人基座上,当本体电池电量低时,示教器上将出现"SRVO-065"报警,此时需要开机更换电池。

图1-10 工业机器人本体

1—传动部件 2—机身 3—大臂 4—小臂 5—腕部 6—手部

1)传动部件:包括各种驱动电动机、减速器、齿轮、轴承、传动带等部件。

2)机身及行走机构:机身又称为机座,是整个工业机器人的支撑部分,具有一定的刚度和稳定性。机座有固定式和移动式两类,若机座不具备行走功能,则构成固定式机器人;若机座具备移动机构,则构成移动式机器人。

3)臂部:臂部一般由大臂、小臂(或多臂)所组成,用来支撑腕部和手部,实现较大的运动范围。

4)腕部:腕部位于工业机器人末端执行器(手部)和臂部之间,腕部主要帮助手部呈现期望的姿态,扩大臂部运动范围。

5)手部:手部又称为末端执行器,是工业机器人执行任务的工具,一般安装于工业机器人末端法兰盘。根据应用功能的不同,手部可以分为夹钳式、吸附式、专用手部工具和工具快换装置等多种形式。工业机器人工具快换装置可以快速更换末端执行器,提高工作效率。其通常由主盘和工具盘组成,主盘安装在工业机器人末端法兰盘上,如图1-11所示,工具盘与末端执行器连接,如图1-12所示。

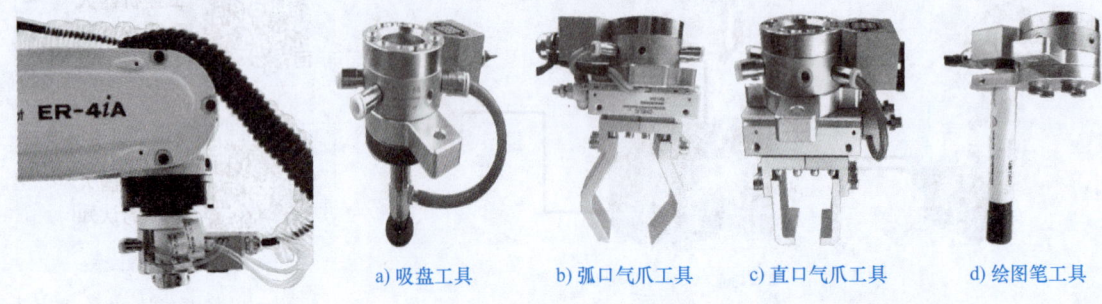

图1-11 主盘　　　　a)吸盘工具　　b)弧口气爪工具　　c)直口气爪工具　　d)绘图笔工具

图1-12 工具盘

2. 控制柜

控制柜是工业机器人的指挥中枢,通过对工业机器人驱动系统的控制,使执行机构的各个关节按照预定的要求进行工作。工业机器人控制柜提供用于运行机构的电源,内嵌有应用软件,可对示教器、操作面板和外围设备进行控制。工业机器人的控制柜一般由控制计算机和伺服控制器组成,如图1-13所示。控制计算机不仅要发出指令,协调各关节驱动之间的运动,同时还要完成编程、示教和再现等工作。伺服控制器控制各关节的驱动器,使各杆件按一定的速度、加速度和位置要求进行运动。

控制柜的认知

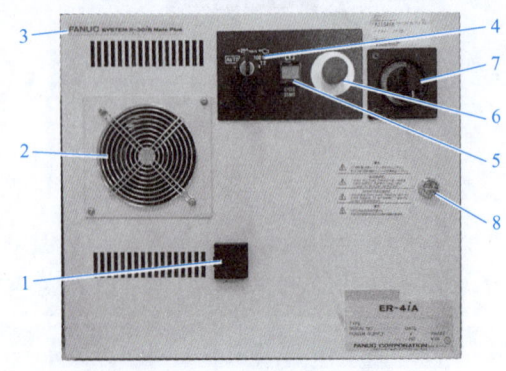

图1-13 控制柜外部

1—USB接口　2—风扇　3—控制柜型号　4—模式开关　5—启动按钮
6—急停按钮　7—断路器开关　8—控制柜门锁

其中，USB 接口用于文件的备份和加载；风扇在控制柜上电时开启，用于控制柜内部散热；位于控制柜左上角的铭牌上标明了控制柜的具体型号。FANUC R-30iB Mate Plus 控制柜的模式开关具有 AUTO、T1 和 T2 三个档位，T1 为限速 250mm/s 的手动模式，T2 为不限速的手动模式，AUTO 为自动档，可以通过上面的钥匙旋转至需要的档位；绿色的启动按钮通过示教器所选程序、当前光标所在位置的行号码启动程序，或者再次启动处于暂停状态下的程序，当处在接通后又被关闭的下降沿时，该启动按钮信号启用；控制柜上的急停按钮用于工业机器人出现安全事故时紧急按下以停止工业机器人运行，当急停按钮被按下时，示教器上将出现"SRVO-001"报警代码，解除报警时，将急停按钮顺时针旋转 45° 左右即可；断路器开关用于为工业机器人上电和断电，顺时针旋转为上电，逆时针旋转为断电。当门锁未锁时，逆时针断电并再次逆时针旋转时可打开控制柜门；控制柜门锁用于锁定控制柜的门。

控制柜作为工业机器人的"大脑"，它通过各种控制电路和控制软件的结合来操纵机器人，并协调机器人与生产系统中其他设备的关系。在控制柜的内部，主板上安装着处理器、外围线路、存储卡、操作面板控制线路，还进行伺服系统的位置控制，当主板电池电量低时，示教器上将出现"SYST-035"报警，同时，UO[9] 信号为 ON，此时先进行数据备份，采购到新的电池后，关机换电池；6 轴伺服放大器用于控制和驱动各轴电动机。

3. 示教器

示教器（TP）是工业机器人控制系统的核心部件，是人与机器交互的平台，该设备是由电子系统或计算机系统执行的。工业机器人示教器是一种手持式操作装置，用于执行与操作工业机器人系统有关的许多任务，如编写程序、运行程序、修改程序、手动操作、参数配置、监控工业机器人状态等。

示教器的认知

示教器正面和背面示意图如图 1-14 所示。其中，ON/OFF 开关用于机器人手动模式与自动模式的切换，当工业机器人为自动运行模式时，需要打到 OFF 档，当机器人位于手动运行模式时，需要打到 ON 档；急停按钮用于紧急情况下停止工业机器人，当示教器急停按钮被按下时，示教器上将出现"SRVO-002"报警代码，解除报警时，顺时针旋转 45° 左右即可；触摸屏作为人机交互界面，用于显示信息；TP 操作键用于控制工业机器人的运动；USB 接口用于连接 U 盘等；DEADMAN 键用于释放电动机抱闸，左右两个 DEADMAN 键功能相同；连接器用于连接示教器与控制柜。

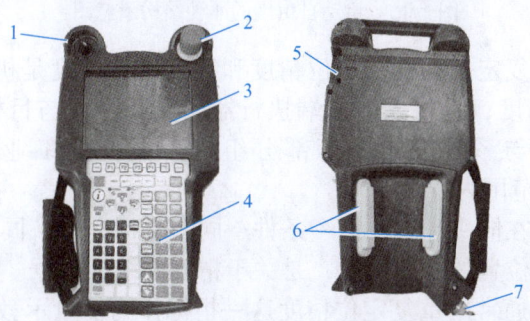

图 1-14 FANUC 机器人的示教器（TP）

1—ON/OFF 开关 2—急停按钮 3—触摸屏 4—TP 操作键 5—USB 接口 6—DEADMAN 键 7—连接器

4. 连接电缆

工业机器人使用的连接电缆主要有电源电缆、示教器电缆、动力控制电缆和编码器电缆，如图1-9所示。其中，电源电缆用于给工业机器人控制柜提供电源；示教器电缆用于连接示教器和控制柜；动力控制电缆和编码器电缆用于连接工业机器人本体和控制柜。

三、工业机器人的主要技术参数和编程方式

1. 工业机器人的主要技术参数

虽然工业机器人的种类、用途不尽相同，但都有其使用范围和要求。目前，工业机器人的主要技术参数有自由度、分辨率、定位精度、工作范围、运动速度和承载能力等。

（1）自由度　自由度是指机器人所具有的独立坐标轴运动的数目，不包括末端执行器的开合自由度，是表示机器人动作灵活程度的参数。一般情况下，机器人的一个自由度对应一个关节，所以自由度与关节的概念是等同的。通常而言，机器人的每一个关节都可以驱动执行器产生一个主动运动，这一自由度称为主动自由度，一般有平移、回转、绕水平轴线的垂直摆动、绕垂直轴线的水平摆动4种，其结构示意图如图1-15所示。

在三维空间作业的多自由度机器人，第1～3轴驱动的三个自由度通常用于手腕基准点的空间定位；第4～6轴则用来改变末端执行器姿态。在机器人实际工作时，定位和定向动作往往是同时进行的，因此需要多轴同时运动，机器人的自由度与作业要求相关，自由度越多，机器人越灵活，但结构也越复杂，控制难度越大，所以机器人的自由度要根据实际设计，一般为3～6个。

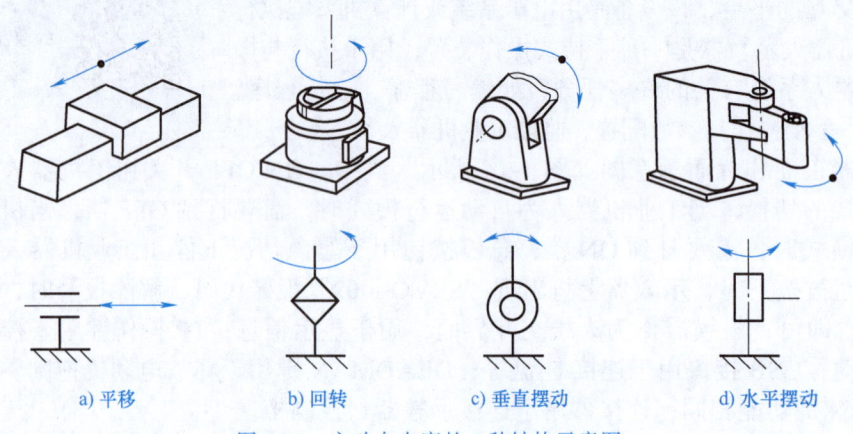

a) 平移　　　　b) 回转　　　　c) 垂直摆动　　　　d) 水平摆动

图1-15　主动自由度的4种结构示意图

（2）定位精度和重复定位精度　定位精度和重复定位精度是机器人的两个精度指标。定位精度也称为绝对精度，是机器人末端执行器的实际位置与目标位置之间的偏差，由机械误差、控制算法与系统分辨率等部分组成。典型的工业机器人定位精度一般在±(0.02～5)mm范围内。

重复定位精度是指在同一环境、同一条件、同一目标动作、同一命令之下，机器人连续重复运动若干次，其位置的分散情况，是关于精度的统计数据。因重复定位精度不受工作载荷变化的影响，故通常用重复定位精度这一指标作为衡量示教/再现工业机器人精度水平的重要指标。

（3）工作范围　工作范围是机器人运动时手臂末端或手腕中心所能到达的位置点的集合，也称为机器人的工作区域。机器人作业时，由于末端执行器的形状和尺寸是按作业需求配置的，所以可以真实反映机器人的特征参数。机器人工作范围是指不安装末端执行

器时的工作区域。工作范围的大小不仅与机器人各连杆的尺寸有关,还与机器人的总体结构形状有关。

工作范围的形状和大小十分重要。机器人在执行作业时可能会因为存在手部不能到达的盲区而不能完成任务,因此在选择机器人执行任务时,一定要合理选择符合当前工作范围的机器人。

(4) 运动速度　运动速度影响机器人的工作效率和运动周期,它与机器人所提取的重量和位置精度均有密切的关系。运动速度提高,机器人所承受的动载荷增大,必将承受加减速时较大的惯性力,从而影响机器人的工作平稳性和位置精度。就目前的技术而言,通用机器人的最大直线速度大多在 1000mm/s 以下,最大回转速度一般不超过 $120°/s$。

一般情况下,机器人的生产厂家会在技术参数中表明出厂机器人的最大运动速度。

(5) 承载能力　承载能力是指机器人在工作范围内的任何位姿(位置、姿态)上所能承受的最大质量。承载能力不仅取决于负载的质量,而且与机器人运行的速度及加速度的大小和方向有关。

根据承载能力的不同,工业机器人大致分以下几种。

① 微型机器人:承载能力为 1N 以下。
② 小型机器人:承载能力不超过 10^5N。
③ 中型机器人:承载能力为 $10^5 \sim 10^6$N。
④ 大型机器人:承载能力为 $10^6 \sim 10^7$N。
⑤ 重型机器人:承载能力为 10^7N 以上。

2. 工业机器人的编程方式

FANUC 机器人的编程主要有在线编程、离线编程等。随着视觉引导等新技术的发展,特别是对于复杂的三维轨迹,由计算机控制机器人的自主编程也成为一种新的发展趋势。在当前的工业机器人应用中,现场编程(也称为在线示教编程)仍然是主要的机器人编程方法,离线编程则适合于机构化的工作环境。

(1) 现场编程　现场编程通常是由操作人员通过示教器控制机械手工具末端到达指定的位置和姿态,记录机器人位姿数据并编写机器人运动指令,完成机器人在正常加工中的轨迹规划、位姿等关节数据信息的采集、记录。需要注意的是,当编程人员在围栏内进行编程时,应尽量在围栏外配备一名监护人员。

示教器具有实时在线的优势,操作简便直观。但是传统的在线示教编程存在很大局限性,例如,在焊接过程中车身的位置很难保证每次都完全一样,故在实际现场编程时为了使示教点更精确,通常需要增加激光传感器、力觉传感器和其他辅助示教设备对示教点的路径进行纠偏和校正。

(2) 离线编程　离线编程是在不使用真实机器人的情况下,在计算机上安装 FANUC 机器人的编程软件(ROBOGUIDE),可以实现离线编程。与现场编程相比,离线编程具有以下优点。

① 减少停机的时间,当对下一个任务进行编程时,机器人仍可在生产线上工作。
② 使编程者远离危险的工作环境,改善了编程工作环境。
③ 使用范围广,可以对各种机器人进行编程,并能方便地优化编程。
④ 便于和 CAD/CAM 系统结合,做到 CAD/CAM/ROBOTICS 一体化。
⑤ 可使用高级计算机编程语言对复杂任务进行编程。

⑥ 便于修改机器人程序。

离线编程需要用仿真软件模拟现场环境,在软件虚拟环境下进行编程,需要注意的是,离线编程程序需要导入现场设备中进行调试,确认没有问题之后才能最终投入生产。

(3) 自主编程　随着技术的发展,各种跟踪测量传感技术日益成熟,人们开始研究通过跟踪焊缝的测量信息反馈,从而由计算机控制焊接机器人进行路径规划的自主编程技术。

1) 基于双目视觉的自主编程。基于视觉反馈的自主示教是实现机器人路径自主规划的关键技术,其主要原理是在一定条件下,由主控计算机通过视觉传感器沿焊缝自动跟踪、采集并识别焊缝图像,计算出焊缝的空间轨迹和位姿,并按优化焊接要求自动生成机器人焊枪的位姿参数。

2) 基于激光结构光的路径自主编程。基于激光结构光的路径自主规划的原理是将结构光传感器安装在机器人的末端,形成"眼在手上"的工作方式。例如,利用焊缝跟踪技术逐点测量焊缝的中心坐标,建立起焊缝轨迹数据库,在焊接时作为焊枪的路径。

3) 多传感器信息融合自主编程。采用力觉传感器、视觉传感器及位移传感器构成一个高精度自动路径生成系统。该系统集成了位移、力、视觉控制,引入视觉伺服,可以根据传感器反馈信息执行动作。该系统中机器人能够根据记号笔的绘制自动生成机器人路径,位移传感器用来保持机器人TCP的位姿,视觉传感器用来保证机器人自动跟随曲线,力觉传感器用来保持TCP与工件表面距离的恒定。

3. 工业机器人的安装环境

工业机器人的安装环境为环境温度0～45℃,环境湿度为长期小于或等于75%RH,无露水、霜冻状态,短时间(一个月之内)小于或等于95%RH,且不应有结露现象,振动小于或等于0.5G($4.9m/s^2$)。

【任务考核工单】

工作任务		工业机器人的认知		学时			
姓名		组别		班级		日期	

1. 任务描述

认识工业机器人系统的组成,了解每一部分的结构及使用方法。

2. 任务实施(过程记录)

1) 认知工业机器人系统的结构。
2) 找出工业机器人型号,认识每一根轴和对应的零点。
3) 找出控制柜型号,认识控制柜操作面板。
4) 认知示教器的外观。

3. 任务评价(评价具体细则及分值可根据具体情况进行调整)

评价要素	任务要求	考核细则	分值	得分
知识点	1.了解工业机器人定义与分类	1.能够正确讲出工业机器人的定义与分类	10	
	2.了解工业机器人系统的基本组成	2.能讲出工业机器人系统的基本组成	10	
	3.了解机器人的编程方式与安装环境	3.能够正确讲出机器人的编程方式和安装环境	10	

(续)

(续)

评价要素	任务要求	考核细则	分值	得分
技能点	1. 掌握工业机器人系统的组成	1. 能够找出工业机器人系统的组成部分	10	
	2. 掌握工业机器人型号及本体轴及对应零点的查找方法	2. 能够找出工业机器人型号及本体轴和对应零点	10	
	3. 掌握工业机器人控制柜型号及面板按钮的作用	3. 能够正确找出工业机器人控制柜型号并讲出控制柜面板上按钮的名称及功能	10	
	4. 掌握示教器的外观组成	4. 能够正确讲出示教器的外观组成	10	
素质点	1. 掌握机器人系统的构成,培养踏踏实实的工作作风	1. 能够认知机器人系统组成,并说出其关联	10	
	2. 掌握机器人系统每个组成部分的功能,培养认真、仔细的品格	2. 能够对机器人系统组成部分的功能进行总结	10	
	3. 遵守纪律,按时出勤	3. 能够遵守纪律,不迟到,不早退	10	
合计			100	
学生签名		教师签名		日期

4. 任务反思

在课堂上学会了下面几点:_____

_____

还有哪个地方有疑问:_____

_____

_____

本任务实施过程中需要注意的有下面几点:_____

_____

_____

【任务实施】

一、工业机器人系统结构认知

序号	操作要求	图示
步骤1	1. 找出机器人本体 2. 工业机器人的型号:_____。	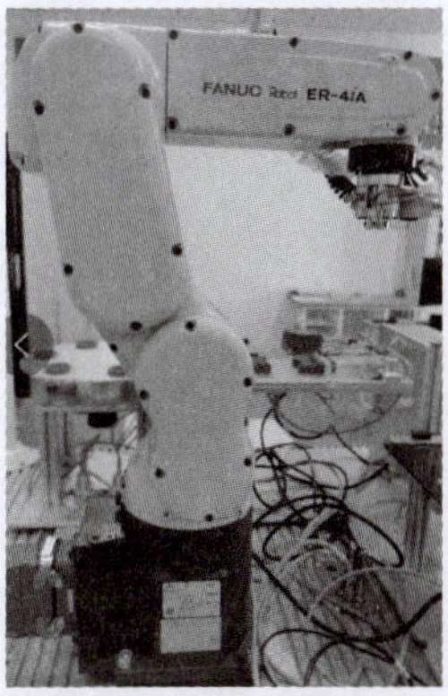

(续)

序号	操作要求	图示
步骤2	1. 找出工业机器人控制柜 2. 控制柜的型号：_____。	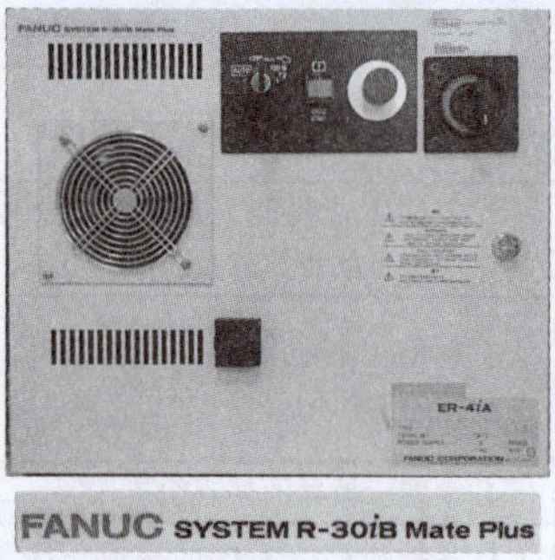
步骤3	1. 认识控制柜与工业机器人本体之间的接线 2. 请完成右侧实物与对应名称的连线	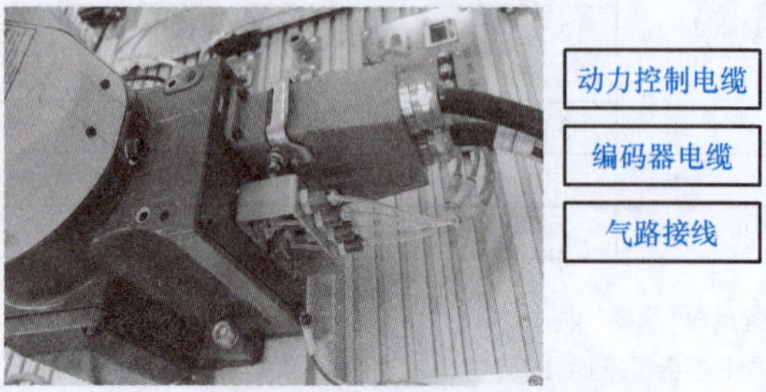 动力控制电缆 编码器电缆 气路接线
步骤4	找出示教器	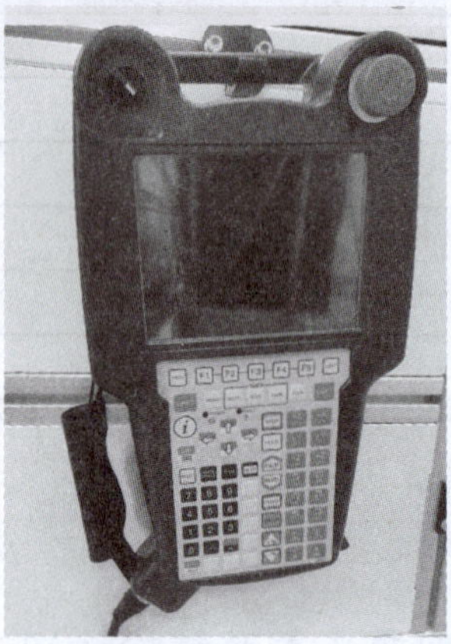

二、工业机器人本体认知

序号	操作说明	示意图
步骤1	1. 找出工业机器人的基座 2. 认识工业机器人基座上的机器人铭牌	

（续）

序号	操作说明	示意图
步骤2	参照工业机器人基座上的铭牌，写出以下信息： 1. 机器人本体型号：_____ 2. 机器人R号码：_____ 3. 机器人生产日期：_____ 4. 机器人本体质量：_____	
步骤3	1. 找出机器人本体电池的位置，说出当机器人本体电量低时，出现的报警信号是_____ 2. 此时，需要_____（开、关）机换电池	
步骤4	找出机器人的第一轴及对应的零点位置	
步骤5	找出机器人的第二轴及对应的零点位置	
步骤6	找出机器人的第三轴及对应的零点位置	
步骤7	找出机器人的第四轴及对应的零点位置	

（续）

序号	操作说明	示意图
步骤8	找出机器人的第五轴及对应的零点位置	
步骤9	工业机器人的第六轴没有零刻度线，只需观察主盘，主盘角度合适即为该轴零点	

三、控制柜认知

序号	操作说明	示意图
步骤1	找到控制柜，根据工业机器人控制柜铭牌，写出以下信息： 控制柜的型号：_____ 所控制机器人型号：_____	
步骤2	参照机器人控制柜的铭牌，写出以下信息： 控制柜类型：_____ 控制柜序列号：_____ 控制柜生产日期：_____ 控制柜所需电压：_____	
步骤3	连线，将下列名词与对应部件进行连线 风扇 USB接口 模式开关 启动按钮 急停开关 断路器开关	

（续）

序号	操作说明	示意图
步骤 4	将模式开关的三个不同档位与对应的运动模式连线 AUTO　　不限速手动模式 T1　　　限速手动模式 T2　　　自动模式	
步骤 5	当急停按钮被按下时，示教器上将出现"SRVO-001"报警代码，解除报警时，顺时针旋转45°左右即可	
步骤 6	① 若工业机器人控制柜需要上电，断路器将_____（顺、逆）旋转至_____（ON、OFF）档 ② 若工业机器人控制柜需要断电，断路器将_____（顺、逆）旋转至_____（ON、OFF）档 ③ 若需要打开工业机器人控制柜柜门，需要在断路器_____（通、断）电的情况下，再次将断路器_____（顺、逆）旋转，听到轻轻地"啪"的一声，即打开控制柜门	
步骤 7	打开控制柜门，找到主板及主板电池。当主板电池低电量时，示教器上将出现_____报警，同时UO[9]信号为ON，此时先进行数据的备份，采购到新的电池后，_____（开、关）机换电池	

四、示教器外观认知

序号	操作说明	示意图
步骤 1	找到示教器，将下面的名称与示教器对应的部件相连 ON/OFF开关 急停按钮 触摸屏 TP操作键 连接器	

（续）

序号	操作说明	示意图
步骤2	学会握持示教器，并说明DEADMAN键的作用：_____	

任务 1.2　工业机器人的安全使用

【任务提出】

安全是人类从事生产活动的第一要务，操作工业机器人之前需要严格掌握其安全操作规程，必须使用安全设备，遵守安全条款，从而保证人身安全和作业安全。工业机器人从业人员在开始操作工业机器人之前，必须了解机器人所处的环境要求、操作的安全规程，并且能够快速地使用安全设备，为工业机器人基本操作做好准备工作。

工业机器人操作准备工作包括以下几个方面：
1）检查机器人所处工作环境是否安全。
2）认识并正确佩戴安全护具。
3）正确进行工业机器人的开机。
4）模拟紧急情况下按下急停按钮，并进行紧急停止报警解除。
5）正确进行工业机器人的关机。

【知识点拨】

一、工业机器人的安全使用环境

FANUC机器人所有者、操作者必须对自己的安全负责，在使用时必须使用安全设备，遵守安全条款。FANUC机器人和其他设备有很大的不同，主要在于机器人可以以很高的速度移动很长的距离。FANUC工业机器人可以应用于弧焊、点焊、搬运、去毛刺、装配、激光焊接、喷涂等领域，这些应用功能必须借助相应的软件工具来实现。不管应用于何种领域，机器人在使用中都应当避免以下情况。
1）处于有燃烧可能的环境。
2）处于有爆炸可能的环境。
3）处于无线电干扰的环境。
4）处于水中或其他液体中。
5）以运动人或动物为目的。
6）工作人员攀爬在机器人上面或悬垂于机器人之下。
7）其他与FANUC推荐的安装和使用环境不一致的情况。

若将机器人应用于不当的环境中，可能会导致机器人的损坏，甚至可能会对操作人员和现场其他人员的生命等构成严重威胁。

二、机器人系统的安全设备及安全操作规程

1. 机器人系统的安全设备

机器人系统的主要安全设备有紧急停止设备、模式选择开关、DEADMAN 开关及安全围栏。

（1）紧急停止设备　机器人有急停按钮和外部急停开关两种紧急停止设备。

1）急停按钮。当机器人的急停按钮被按下时，机器人立即停止运行。FANUC 机器人的急停按钮位于示教器右上角或控制柜操作面板上，如图 1-16 和图 1-17 所示。

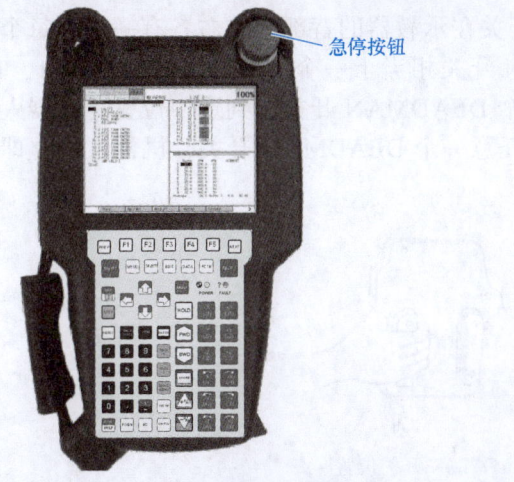
图 1-16　示教器急停按钮

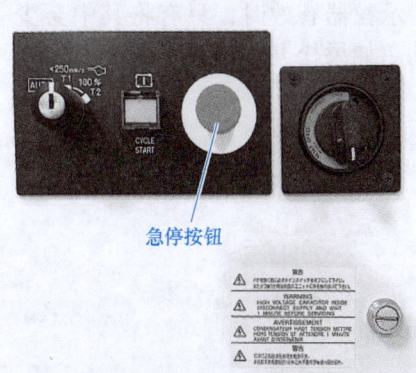
图 1-17　控制柜操作面板急停按钮

2）外部急停开关。机器人系统还配有外部急停开关（输入信号），它分为双链规格和单链规格两种情形，如图 1-18 所示。外部急停的信号来自外围设备（如安全栅栏、安全门），信号接线端连接机器人控制柜内急停单元。

（2）模式选择开关　模式选择开关位于机器人的控制柜上。通过模式选择开关可以选择一种操作模式，通过拔走钥匙来锁定被选中的模式，图 1-19 所示为三模式选择开关及钥匙。机器人系统要在停止运行的状态下才能转换操作模式，并且相应的信息会显示在示教器的液晶显示器（LCD）上。

1）AUTO（自动模式）。在这种模式下，操作面板有效，安全围栏信号有效，机器人能以指定的最大速度运行，可通过操作面板的启动按钮或外围设备的 I/O 信号来启动机器人程序。

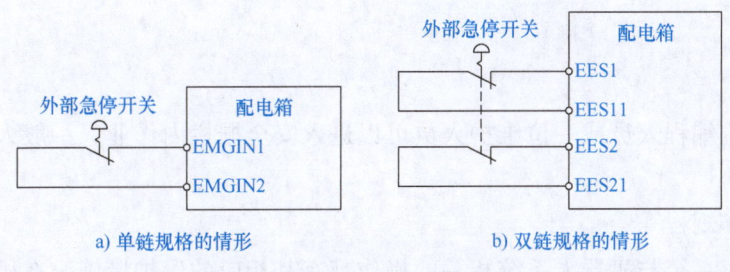
图 1-18　外部急停开关

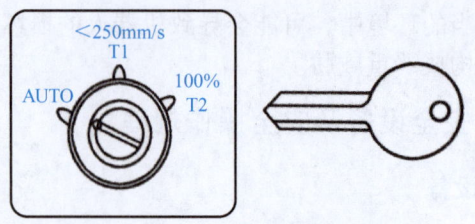

图 1-19　三模式选择开关及钥匙

2）T1 模式。在这种模式下,程序只能通过示教器启动,机器人的运行速度不能高于 250mm/s,安全栅栏信号无效。

3）T2 模式。在这种模式下,程序只能通过示教器启动,机器人能以指定的最大速度运行,安全栅栏信号无效。

(3) DEADMAN 开关　DEADMAN 开关在示教器的背部,左右各有一个,每个开关有两个档位,如图 1-20 所示。DEADMAN 开关相当于一个"使能装置",在 T1、T2 模式下,示教器有效时,只有将其中至少一个 DEADMAN 开关按到适中位置,机器人才可以运动。如果松开或按紧（第 2 个档位）任意一个 DEADMAN 开关,机器人将立即停止运动。

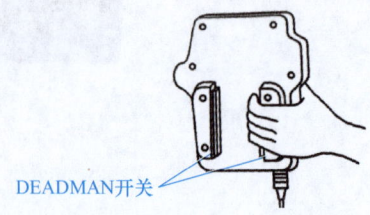

图 1-20　DEADMAN 开关位置

(4) 安全围栏　安全围栏示意图如图 1-21 所示。它包括安全栅栏（固定的防护装置）、安全门（带互锁装置）、安全插销和插槽及其他保护设备。

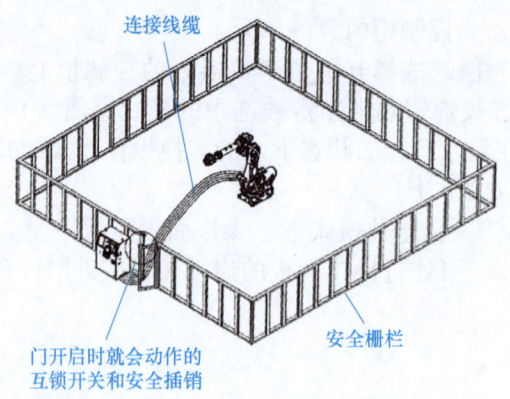

图 1-21　安全围栏示意图

只能有一位编程人员或一位维护人员可以进入安全栅栏内作业,一般人员不得进入安全栅栏内。

2. 安全操作规程

必须确保每一个与机器人系统相关的操作都有其相应的保护措施。在机器人系统安装以后，首次使用机器人操作时，应低速运行；然后再逐渐加快速度，并确认是否有异常。

（1）示教和手动机器人

1) 请不要戴着手套操作示教器和操作面板。

2) 在点动操作机器人时，要采用较低的速度倍率以增加对机器人的控制机会。

3) 在按下示教器上的点动键之前要考虑到机器人的运动轨迹。

4) 要预先考虑好避让机器人的运动轨迹，并确认该线路不受干涉。

5) 机器人周围区域必须清洁、无油、水及杂质等。

（2）生产运行

1) 在开机运行前，必须知道机器人根据所编程序将要执行的全部任务。

2) 必须知道所有会左右机器人移动的开关、传感器和控制信号的位置和状态。

3) 必须知道机器人控制柜和外围控制设备上急停按钮的位置，以便在紧急情况下使用这些按钮。

4) 永远不要认为机器人没有移动其程序就已经完成。因为这时机器人很有可能在等待让它继续移动的输入信号。

三、常用安全护具的穿戴

对机器人进行操作、编程、维护等工作的人员，称为作业人员。作业人员需要按照要求正确、规范地穿戴安全护具，如适合作业的工作服、安全鞋等。安全护具穿戴如图1-22所示，具体要求如下：

1) 佩戴安全帽，头发尽量不外漏，长发者可将头发盘于帽内，需正确规范地扣紧帽绳，防止操作工业机器人时安全帽脱落，造成安全隐患。

2) 穿着合适的工作服，束紧领口、袖口和下摆，扣好纽扣，内侧衣物不外露，必要时系好安全带。

3) 不佩戴首饰，尤其是手指和腕部。

4) 裤管须束紧，不得翻边。

5) 尽量穿着劳保鞋，系紧鞋带，鞋子要防滑、绝缘。

6) 操作示教器时不能佩戴手套。

7) 根据工作现场要求佩戴口罩、防护眼镜等安全护具。

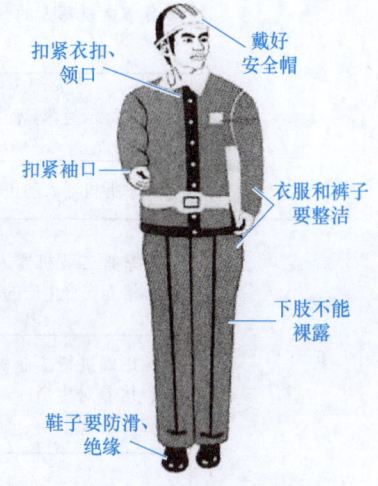

图1-22　正确穿戴安全护具

【任务考核工单】

工作任务	工业机器人的安全使用		学时	
姓名		组别		班级		日期	

1. 任务描述

本任务中，需要在检查工业机器人所处环境安全后，正确佩戴安全护具，学会正确开机和关机，并且能够对紧急突发状态进行处理和解除报警。

2. 任务实施（过程记录）

1) 正确进行工业机器人的开机。

2) 认识并正确处理常见紧急停止报警。

3) 能够进行示教器界面中英文切换及查看常见信息。

4) 设置机器人安全速度。

5) 正确进行工业机器人的关机。

(续)

3. 任务评价（评价具体细则及分值可根据具体情况进行调整）

评价要素	任务要求	考核细则	分值	得分
知识点	1. 了解机器人安全使用的环境	1. 能够正确讲出工业机器人安全使用的环境	10	
	2. 了解机器人的安全设备及安全操作规程	2. 能讲出机器人的安全设备及安全操作规程	10	
	3. 了解常用的安全护具及其穿戴方法	3. 能讲出常用的安全护具及穿戴方法	10	
技能点	1. 掌握机器人的正确开机步骤	1. 能够正确开机	10	
	2. 掌握机器人安全速度的设置方法	2. 能够正确设置机器人的安全速度	10	
	3. 掌握机器人的紧急停止报警的处理	3. 能够正确进行紧急停止报警处理	10	
	4. 掌握示教器界面的中英文切换	4. 能够正确进行示教器中英文的切换	5	
	5. 掌握机器人的正确关机步骤	5. 能够正确关机	5	
素质点	1. 掌握工业机器人的安全操作规范，培养安全生产的职业素养	1. 能够保证作业人员和作业环境的安全	10	
	2. 正确进行工业机器人的开、关机，培养对生命、对安全生产工作的敬畏意识	2. 能够规范进行工业机器人的相关操作	10	
	3. 遵守纪律，按时出勤	3. 能够遵守纪律，不迟到，不早退	10	
		合计	100	
学生签名		教师签名		日期	

4. 任务反思

在课堂上学会了下面几点：
_____
_____

还有哪个地方有疑问：
_____
_____

本任务实施过程中需要注意的有下面几点：
_____
_____

【任务实施】

一、机器人的正确开机

 机器人的开机

序号	操作说明	操作步骤
步骤1	检查机器人所处工作环境是否安全，完成右侧内容	是否处于有燃烧可能的环境：□是　□否 是否处于有爆炸可能的环境：□是　□否 是否处于无线电干扰的环境：□是　□否 是否处于水中或其他液体中：□是　□否 是否有运动人或动物的目的：□是　□否 是否有工作人员攀爬在机器人上面或悬垂于机器人之下：□是　□否 是否有其他与FANUC推荐的安装和使用环境不一致的情况：□是　□否
步骤2	认识并正确佩戴安全护具，在右图对应的地方打勾	是否佩戴安全帽：□是　□否 是否扣紧帽绳：□是　□否 是否扣好纽扣：□是　□否 是否系好安全带：□是　□否 是否穿好劳保鞋：□是　□否
步骤3	将平台上的电源开关旋至"1"位置，接通平台主电源	
步骤4	将工业机器人控制柜断路器开关旋至"ON"位置，接通工业机器人主电源	
步骤5	控制柜电源开关上电一段时间后，查看示教盒状态，系统启动完成	

二、机器人常见紧急停止报警的处理

序号	操作说明	操作示意图
步骤1	当示教器上出现"SRVO-001"报警信号时,说明控制柜上的急停按钮被按下	
步骤2	SRVO-001报警的消除:将控制柜上的急停按钮顺时针旋转45°左右,听到轻轻的"啪"的一声,急停按钮弹出,再按下示教器上RESET键消除报警即可	
步骤3	当示教器上出现"SRVO-002"报警信号时,说明示教器上的急停按钮被按下	
步骤4	SRVO-002报警的消除:将示教器上的急停按钮顺时针旋转45°,听到轻轻的"啪"的一声,急停按钮弹出,再按下示教器上RESET键消除报警即可	
步骤5	通常当机器人开机后,屏幕上会出现"SRVO-003"报警信号,这是因为示教器后面的DEADMAN开关松开了	
步骤6	SRVO-003的消除办法:左手轻按DEADMAN开关,按下RESET即可消除	SRVO-003 DEADMAN开关

三、示教器界面中英文切换及常见信息查看

示教器界面中英文的切换

序号	操作说明	示意图
步骤1	切换为英文界面：按下【MENU】键，依次单击"6设置"—"3常规"按下【ENTER】键确认	
步骤2	选中"当前语言"，依次单击"选择"—"2 ENGLISH"	
步骤3	界面切换至英文界面	

（续）

序号	操作说明	示意图
步骤4	切换为中文界面：按下【MENU】键，依次单击"6 SETUP"—"3 General"，按下【ENTER】键确认	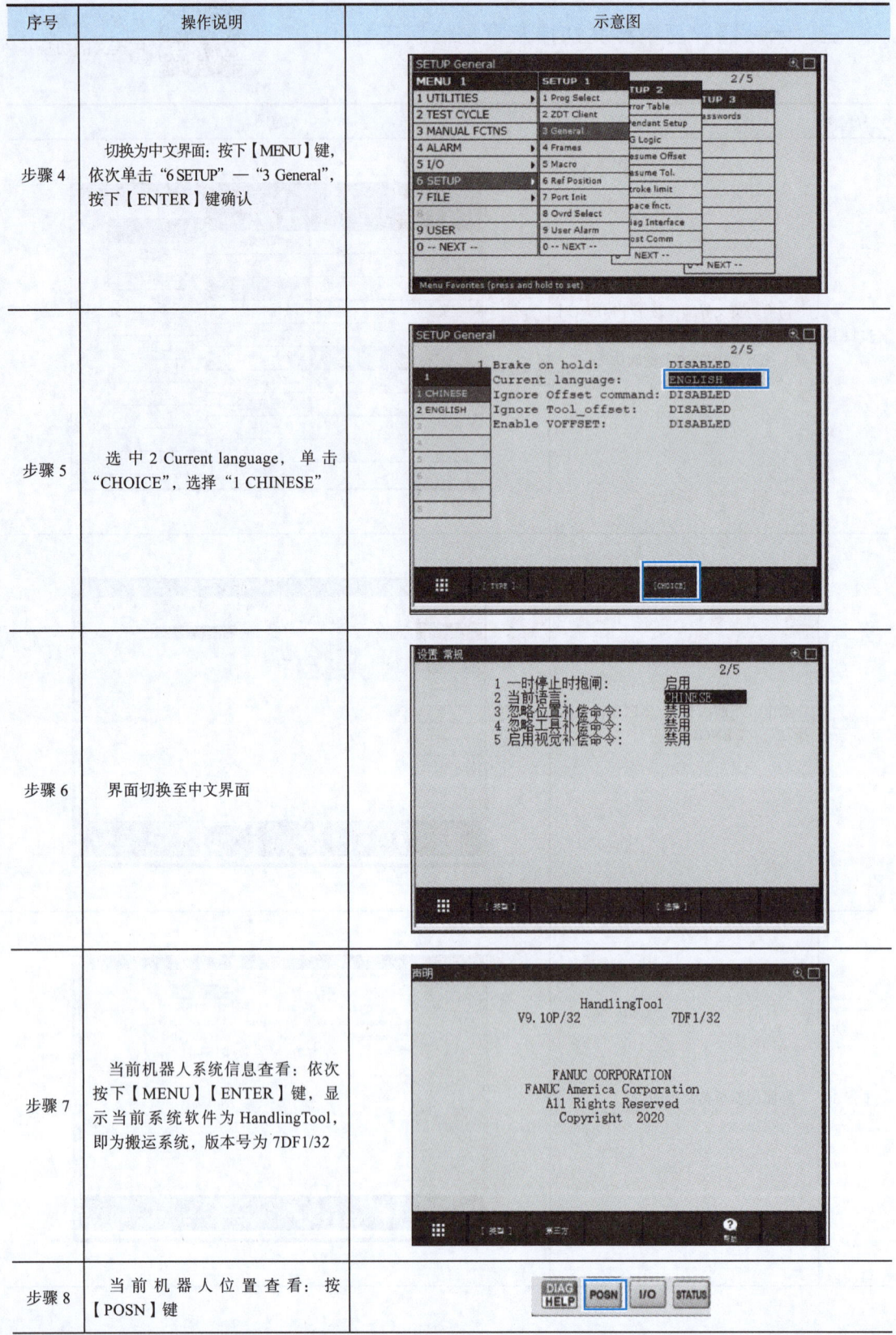
步骤5	选中 2 Current language，单击"CHOICE"，选择"1 CHINESE"	
步骤6	界面切换至中文界面	
步骤7	当前机器人系统信息查看：依次按下【MENU】【ENTER】键，显示当前系统软件为HandlingTool，即为搬运系统，版本号为7DF1/32	
步骤8	当前机器人位置查看：按【POSN】键	

(续)

序号	操作说明	示意图
步骤9	出现不同坐标系下机器人的当前位置	
步骤10	I/O信号查看：单击"I/O"	
步骤11	出现I/O信息，单击"类型"，查看不同输入/输出信号	

四、机器人安全速度设置

机器人安全速度的设置

序号	操作说明	示意图
步骤1	进入控制启动模式：按下【FCTN】键，依次单击"8 启动模式"—"控制启动"；按下【ENTER】键（**注意**：mate 柜进入控制启动模式需要手动重启）	

（续）

序号	操作说明	示意图
步骤2	按下【MENU】键，选择"4 Variables"，按下【ENTER】键确认	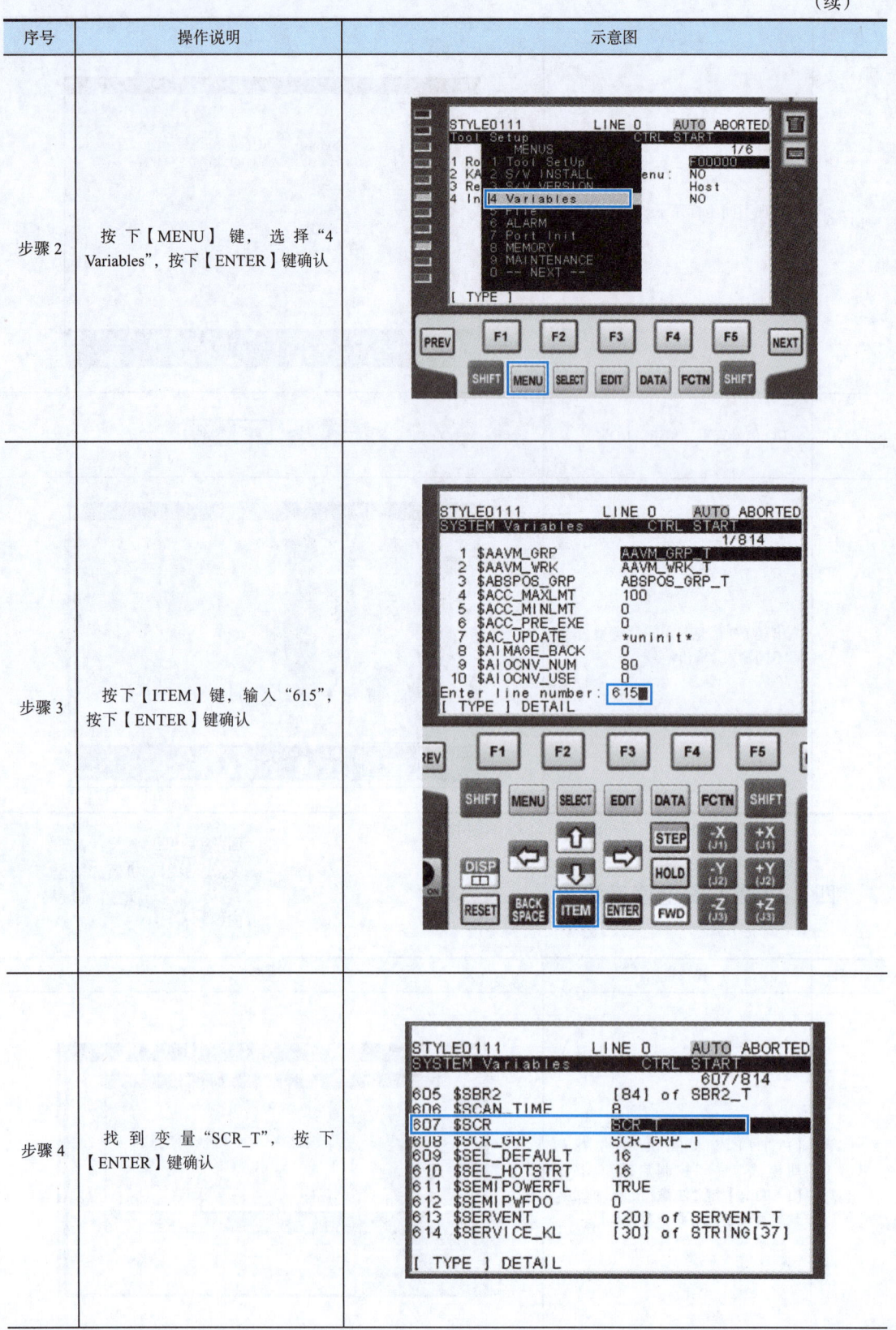
步骤3	按下【ITEM】键，输入"615"，按下【ENTER】键确认	
步骤4	找到变量"SCR_T"，按下【ENTER】键确认	

（续）

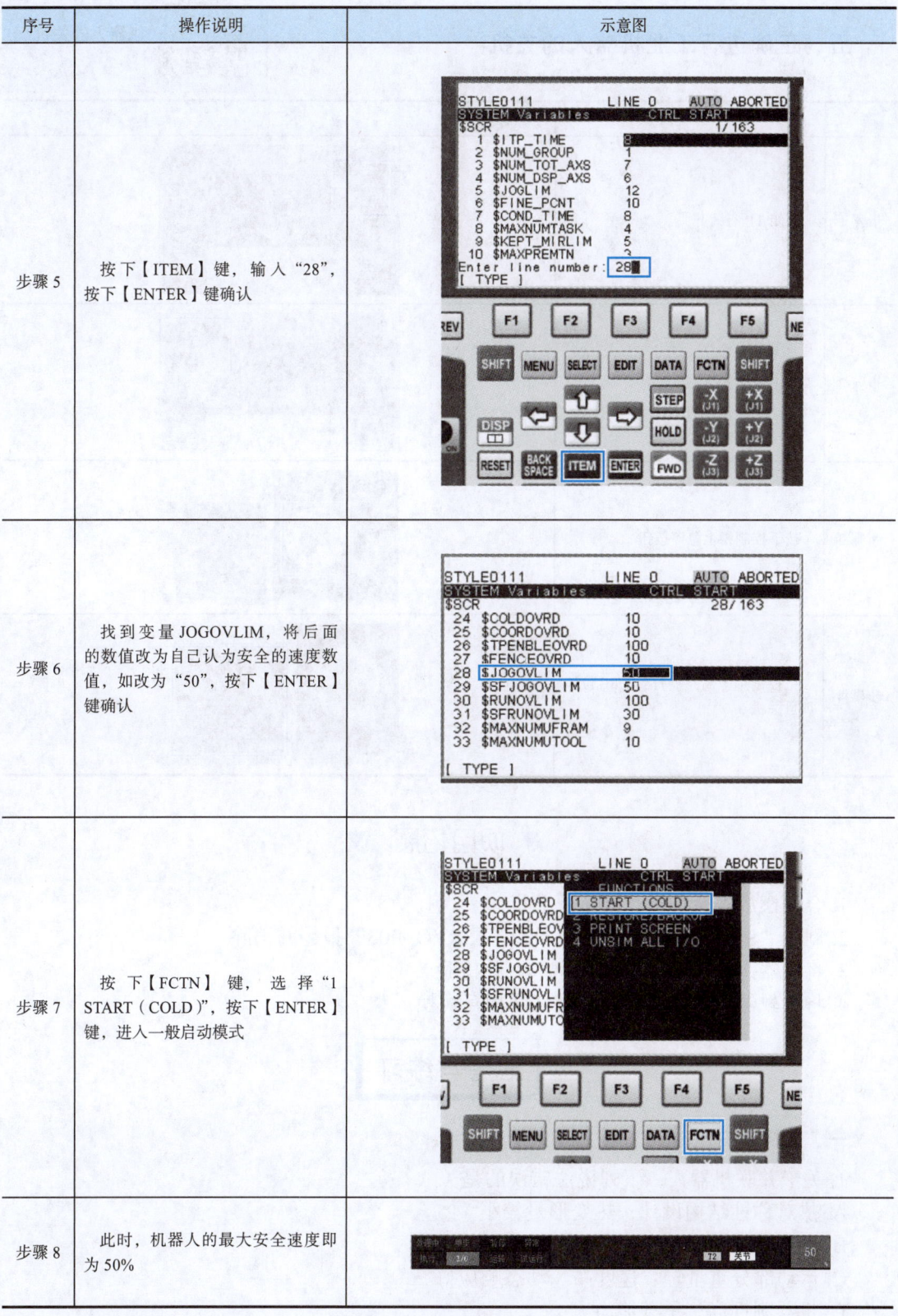

五、正确进行工业机器人的关机

 机器人的关机

序号	操作说明	示意图
步骤 1	关闭 TP 有效开关	
步骤 2	按下示教器急停按钮	
步骤 3	按下控制柜上急停按钮	
步骤 4	把控制柜上断路器打到 OFF 位置即可关机	

▼ 项目拓展 ▼

1. 合理摆放安全护具，规范开关机。
2. 制造"SRVO-001""SRVO-002""SRVO-003"报警并消除。
3. 将机器人安全速度设置为 30%，并检验。
4. 将示教器界面在英文与中文之间相互切换。

思考与练习

一、选择题

1. 关于并联机器人，下列说法错误的是（   ）。
   A. 热对称性结构设计，热变形量较小
   B. 易有动态误差、累积误差，精度低
   C. 运动部分重量轻、速度高、动态响应好
   D. 机器刚性高，承载能力大
2. 下列选项中，哪个是 FANUC 机器人的控制柜型号？（   ）

A. M-20iA B. R-0iB C. R-30iB D. R-1000iA

3. 目前工业机器人应用于多数的制造领域，下列工艺中适合采用离线编程的是（　　）。

A. 码垛 B. 点焊 C. 不锈钢字切割 D. 零件装配

4. 工业机器人离线编程的主要的步骤有①轨迹规划②场景搭建③工序优化④程序输出，下列排序正确的是（　　）。

A. ②①③④ B. ②③①④ C. ②①④③ D. ③②①④

5. ROBOGUIDE是知名工业机器人离线编程仿真软件，它是哪个公司的产品？（　　）

A. 发那科 B. ABB C. 新松 D. 安川

6. 当工业机器人本体电池电量低时，示教器上将出现（　　）报警，此时需要开机更换电池。

A. SYST-035 B. SRVO-035 C. SRVO-065 D. SYST-065

7. 当主板电池低电量时，示教器上将出现（　　）报警。

A. SYST-035 B. SRVO-035 C. SRVO-065 D. SYST-065

8. 当工业机器人为自动运行模式时，示教器上ON/OFF旋钮需要打开（　　）档。

A. ON B. OFF

9. 当机器人位于T1、T2手动运行模式时，示教器上ON/OFF旋钮需要打到（　　）档。

A. ON B. OFF

10. 小型机器人：承载能力为（　　）以下。

A. 1N B. 10^5N C. $10^5 \sim 10^6$N D. $10^6 \sim 10^7$N

二、填空题

1. 工业机器人系统主要由工业机器人＿＿＿＿、＿＿＿＿、＿＿＿＿和连接电缆组成，其中，连接电缆主要有＿＿＿＿、＿＿＿＿、控制电缆和＿＿＿＿等。

2. 工业机器人本体主要由＿＿＿＿、＿＿＿＿、＿＿＿＿、＿＿＿＿和手部五部分组成。

3. 机器人系统的主要安全设备有＿＿＿＿、＿＿＿＿、＿＿＿＿及安全装置。

4. 对机器人作业人员须按照要求正确、规范地穿戴＿＿＿＿护具。

三、简答题

1. 按机械结构的不同，工业机器人可以分为哪几类？
2. 工业机器人的编程方式有几种？
3. 机器人在使用中应当避免的情况有哪些？
4. 示教器的作用有哪些？

项目 2　工业机器人的基本操作

项目导入

在了解了机器人所处的环境要求和操作的安全规程之后,就可以采用示教器进行机器人的基本操作了。在对机器人进行操作时,需要参照坐标系来确定机器人在空间的点位。在掌握机器人示教器按键功能的基础上,本项目学习对坐标系进行设置、激活和检验等基本操作,为机器人的编程操作打下良好的基础。

任务 2.1　示教器的认知

【任务提出】

工业机器人示教器(Teach Pendant,TP)是一个人机交互手持装置,通过示教器或人"手把手"两种方式示教机械手如何动作,控制器将示教过程记录下来,然后机器人就按照记忆周而复始地重复示教动作。通过工业机器人示教器可进行工业机器人的手动操作、程序编写、参数配置及监控各项工作。

本任务的要求如下:
1)掌握示教器的分类和作用。
2)掌握示教器按键的分类和作用。
3)能够进行示教器速率的设置。
4)能够进行示教器分屏界面的设置。
5)能够使用示教器执行程序。
6)掌握如何点动机器人。

【知识点拨】

示教器是应用工具软件与用户实现交互的操作装置,它通过电缆与控制装置连接。FANUC 示教器经历了从单色 TP 到彩色 TP 的发展过程。新版彩色示教器具备更高的通信速度,更强的图形显示性能,且新增等按键,使操作更加简单,且轻巧节能。同时,示教器上集成了 USB 接口,方便连接 USB 接口相机等外围设备。

示教器的作用包括移动机器人、编写机器人程序、试运行程序、生产运行、查看机器人状态（I/O 设置、机器人位置信息等）、手动运行等。

一、示教器的指示灯

在示教器使用过程中，状态指示灯处于点亮状态，如图 2-1 所示。
示教器指示灯点亮的含义如下：

1）处理中（Busy）：表示工业机器人控制柜正在处理信息。
2）单步（Step）：表示工业机器人正处于单步模式。
3）暂停（Hold）：表示工业机器人正处于暂停状态。
4）异常（Fault）：表示工业机器人有故障发生。
5）执行（Run）：表示工业机器人正在执行程序。
6）I/O、运转、试运行：表示工业机器人功能根据应用程序而定。

图 2-1 示教器状态指示灯

二、示教器的功能按键

FANUC 新版彩色示教器上有 68 个键控开关，包含点动机器人、进行系统设置、编写程序及查看机器人状态等功能的操作按键，如图 2-2 所示。示教器按键功能介绍见表 2-1。

图 2-2 示教器操作键分布

表 2-1 示教器按键功能介绍

按键	功能
F1 F2 F3 F4 F5	【F1】~【F5】用于选择 TP 屏幕上显示的内容，每个功能键在当前屏幕上有唯一的内容对应
NEXT	功能键，下一页切换
MENU	显示屏幕菜单

（续）

按键	功能
SELECT	显示程序选择界面
EDIT	显示程序编辑界面
DATA	显示程序资料/数据界面
FCTN	显示辅助菜单
DISP	只存在于彩屏示教器。与【SHIFT】键组合可显示DISPLAY界面，此界面可改变窗口数量；单独使用可切换当前显示窗口
FWD	与【SHIFT】键组合使用可从前往后执行程序，程序执行过程中松开SHIFT键，程序暂停
BWD	与【SHIFT】键组合使用可反向单步执行程序，程序执行过程中松开SHIFT键，程序暂停
STEP	在单步执行和连续执行之间切换
HOLD	暂停工业机器人运动
PREV	显示上一页屏幕，只能用于从属界面的返回
RESET	消除报警
BACK SPACE	消除光标之前的字符或数字
ITEM	快速移动光标至指定行
ENTER	确认键
← ↑ ↓ →	光标键
DIAG HELP	单独使用显示帮助界面，与【SHIFT】键组合使用显示诊断界面
GROUP	运动组切换
POWER	电源指示灯
FAULT	报警指示灯
SHIFT	用于点动工业机器人，记录位置，执行程序，左右两个按键功能一致

项目 2　工业机器人的基本操作　　33

（续）

按键	功能
	与 SHIFT 键组合使用可点动工业机器人，【J7】【J8】键用于同一群组内的附加轴点动进给
COORD	单独使用可选择点动坐标系，每按一次此键，当前坐标系依次显示关节（JOINT）、手动（JGFRM）、世界（WORLD）、工具（TOOL）、用户（USER）；与【SHIFT】键组合使用可改变当前工具（TOOL）、关节（JOG）、用户（USER）坐标系号
+%　-%	速度倍率加减键
i	与【MENU】/【DATA】/【EDIT】/【FCTN】/【DISP】等按键同时按下，可显示相应的图标界面

三、示教器菜单

1. 全画面菜单

示教器屏幕中主菜单通常有全画面菜单和功能菜单两种，可通过单击 FCTN 键进行切换。全画面菜单界面如图 2-3 所示，其功能如下。

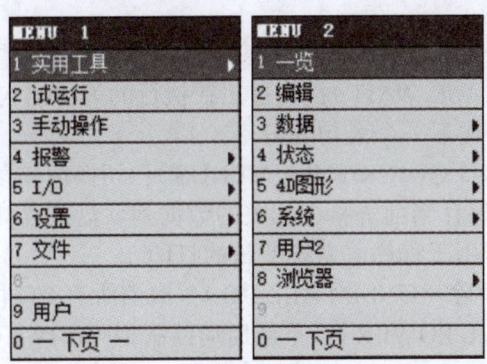

图 2-3　全画面菜单

1）实用工具（UTILITIES）：显示提示。
2）试运行（TEST CYCLE）：用于测试操作指定数据。
3）手动操作（MANUAL FCTNS）：执行宏指令。
4）报警（ALARM）：显示报警历史和详细信息。
5）设定输入/输出信号（I/O）：显示信号状态和手动分配信号。
6）设置（SETUP）：设置系统功能。
7）文件（FILE）：读取或存储文件。

8）用户（USER）：显示用户信息。

9）一览（SELECT）：列出和创建程序。

10）编辑（EDIT）：编辑和执行程序。

11）数据（DATA）：显示寄存器、位置寄存器和堆码寄存器的值。

12）状态（STATUS）：显示系统状态。

13）4D 图形（4D GRAPHICS）：显示机器人当前位置及 4D 图形。

14）系统（SYSTEM）：设置系统变量，零点复归。

15）用户 2（USER2）：显示 KAREL 程序输出信息。

16）浏览器（BROWSER）：浏览网页，只对 *i*Pendant 有效。

2. 功能菜单

在示教器上按下 FCTN 键，可进入功能菜单界面，如图 2-4 所示。其功能介绍如下。

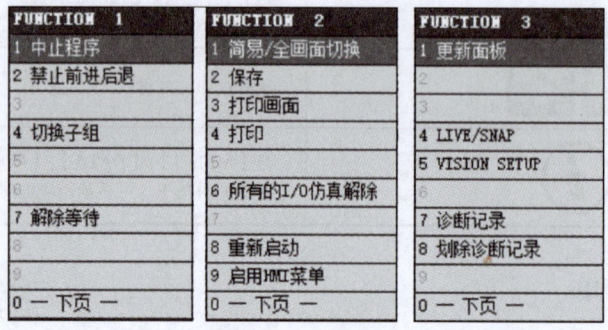

图 2-4　功能菜单

1）中止程序（ABORT ALL）：强制中断正在执行或暂停的程序。

2）禁止前进后退（Disable FWD/BWD）：手动执行程序时，选择【FWD】【BWD】按键功能有效或无效。

3）切换子组（CHANGE GROUP）：改变组（只有多组被设置时才会显示）。

4）解除等待（RELEASE WAIT）：跳过正在执行的等待语句。当等待语句被释放时，执行中的程序立即被暂停在下一个语句处等待。

5）简易/全画面切换（QUICK/FULL MENUS）：切换简易菜单和完整菜单。

6）保存（SAVE）：保存当前屏幕中相关的数据到软盘或存储卡中。

7）打印（PRINT）：用于程序、系统变量的打印。

8）所有的 I/O 仿真解除（UNSIM ALL I/O）：取消所有 I/O 信号的仿真设置。

9）重新启动（CYCLE POWER）：重新启动控制柜（POWER ON/OFF）。

10）启用 HMI 菜单（ENABLE HMI MENUS）：用来选择当按住 MENU 键时，是否需要显示 HMI 菜单，若启用，则可显示 HMI 菜单。

3. 运动速度倍率设置

工业机器人运动速度倍率设置可以通过【-%】、【+%】和【SHIFT】按键完成，速度倍率具体设置方法如下。

（1）方法一

1）按示教器【+%】键。

① 微速（VFINE）—低速（FINE）—1%…—5%…—100%。

② 1%～5%，每按一下，增加 1%。

③ 5%～100%，每按一下，增加 5%。

2）按示教器【-%】键。

① 100%…—5%…—1%—低速（FINE）—微速（VFINE）。

② 5%～1%，每按一下，减少 1%。

③ 100%～5%，每按一下，减少 5%。

（2）方法二　按示教器【SHIFT++%】键。

① 微速（VFINE）—低速（FINE）—5%—25%—50%—100%。

② 微速（VFINE）到 5%，经过两次递增。

③ 5%～100%，经过两次递增。

4. 工业机器人点动

当需要点动工业机器人时，将工业机器人控制柜的模式开关（MODE SWITCH）置为 T1/T2 模式，示教器 ON/OFF 开关置为"ON"档，按住示教器任意一个 DEADMAN 开关，按下【COORD】键选择所需要的示教坐标，按下【RESET】键复位报警按钮，按住任意一个【SHIFT】键，同时按住所要进行的运行键，即可点动工业机器人，点动操作工业机器人的条件如图 2-5 所示。

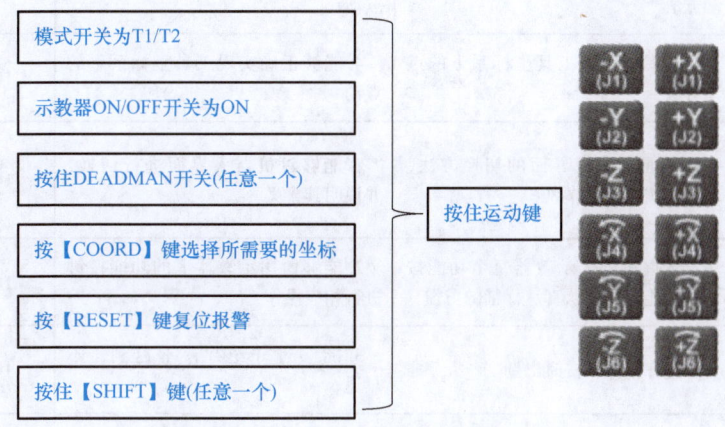

图 2-5　点动操作工业机器人的条件

【任务考核工单】

工作任务	示教器的认知		学时	
姓名		组别	班级	日期

1. 任务描述

熟悉机器人示教器触摸屏菜单，掌握不同坐标系下机器人的点动方法。

2. 任务实施（过程记录）

1）开机并将 TP 开关置于 ON 档。

2）熟悉速度倍率键的使用。

3）按住 DEADMAN 开关（**注意**：按的位置要适中），再按【RESET】键消除报警。

4）熟悉机器人关节坐标系 JOINT。

5）熟悉机器人世界坐标系 WORLD 或手动坐标系 JGFRM。

6）熟悉工具坐标系 TOOL。

（续）

3. 任务评价（评价具体细则及分值可根据具体情况进行调整）

评价要素	任务要求	考核细则	分值	得分
知识点	1. 了解示教器上指示灯的含义	1. 能够正确讲出示教器上指示灯的含义	5	
	2. 了解示教器上功能按键的作用	2. 能讲出示教器上不同按键的功能	20	
	3. 了解示教器上常用的主菜单【MENU】和辅助菜单【FCTN】	3. 能够正确说出主菜单【MENU】和辅助菜单【FCTN】中常用的功能	5	
技能点	1. 掌握速度倍率键的使用方法	1. 能够进行机器人速度倍率的递增和递减	10	
	2. 掌握关节坐标系下的点动方法	2. 能够正确实现关节坐标系下的点动	10	
	3. 掌握机器人世界坐标系下的点动方法	3. 能够正确实现世界坐标系下的点动	10	
	4. 掌握机器人工具坐标系下的点动方法	4. 能够正确实现工具坐标系下的点动	10	
素质点	1. 掌握机器人界面的切换方法，培养踏实的工作作风	1. 能够对机器人界面进行切换，并说明其含义	10	
	2. 掌握机器人示教器每个功能按键的功能，培养认真、仔细的习惯	2. 能够使用示教器上的功能按键进行相应操作	10	
	3. 遵守纪律，按时出勤	3. 能够遵守纪律，不迟到，不早退	10	
	合计		100	

学生签名		教师签名		日期	

4. 任务反思

在课堂上学会了下面几点：_____
_____

还有哪个地方有疑问：_____
_____
_____

本任务实施过程中需要注意的有下面几点：_____
_____
_____

【任务实施】

序号	操作说明	示意图
步骤 1	开机，将模式开关置于 T1 档位，并将 TP 开关置于 ON 档	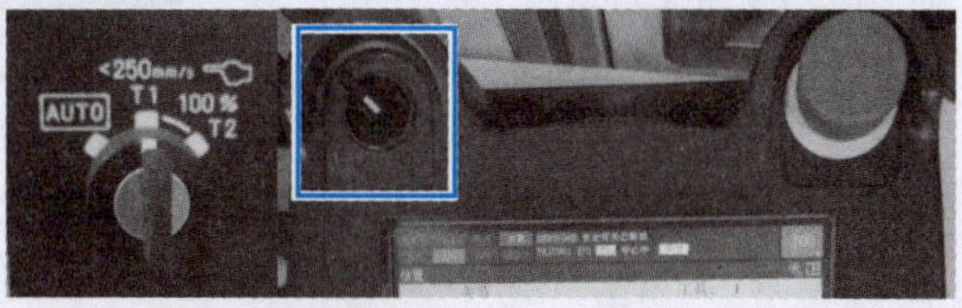AUTO <250mm/s T1 100% T2
步骤 2	熟悉速度倍率键的使用方法一：单独按 +% -%	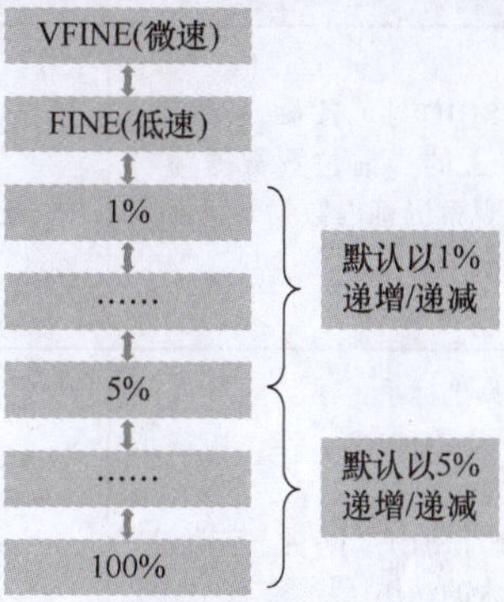VFINE(微速) FINE(低速) 1% …… 5% …… 100% 默认以1%递增/递减 默认以5%递增/递减
步骤 3	熟悉速度倍率键的使用方法二：同时按 SHIFT + +% -%	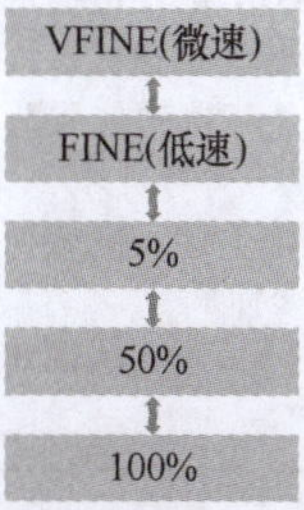VFINE(微速) FINE(低速) 5% 50% 100%
步骤 4	熟悉机器人关节坐标系 JOINT： ① 按下【COORD】键，使示教坐标系为 JOINT ② 依次按下【POSN】-【F2】(关节)键，显示当前机器人的关节位置数据，如右图所示	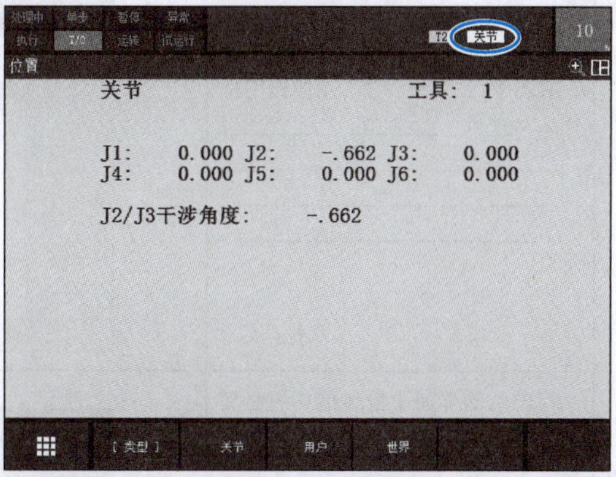关节 10 位置 关节 工具： 1 J1: 0.000 J2: -.662 J3: 0.000 J4: 0.000 J5: 0.000 J6: 0.000 J2/J3干涉角度： -.662 [类型] 关节 用户 世界
步骤 5	按住【SHIFT】+各轴运动键，调整机器人的当前位置数据为右图所示，观察屏幕内数据及机器人的姿态变化	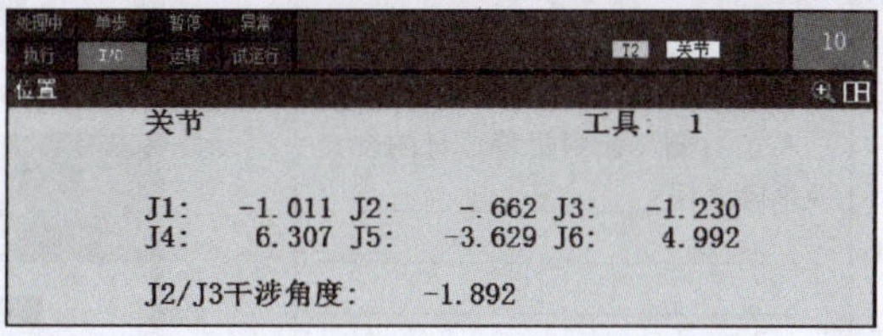T2 关节 10 位置 关节 工具： 1 J1: -1.011 J2: -.662 J3: -1.230 J4: 6.307 J5: -3.629 J6: 4.992 J2/J3干涉角度： -1.892

（续）

序号	操作说明	示意图
步骤6	熟悉机器人世界坐标系 WORLD 或手动坐标系 JGFRM： ① 按下【COORD】键，使示教坐标系为世界（WORLD）或手动（JGFRM） ② 依次按下【POSN】-【F4】（世界）键，显示当前机器人的关节位置数据，如右图所示	
步骤7	按住【SHIFT】+各轴运动键，调整机器人的当前位置数据为右图所示，观察屏幕内数据及机器人的姿态变化	
步骤8	熟悉工具坐标系： ① 按下【COORD】键，切换成工具（TOOL）坐标系； ② 按下【SHIFT】+各运动键，观察机器人的动作 ③ 按下【COORD】键，切换成关节（JOINT）坐标系，把机器人调整到J5=90.000，其他轴位置为0.000 ④ 按下【COORD】键，再切换回工具（TOOL）坐标系 ⑤ 再按【SHIFT】+各运动键观察机器人的动作	结论：以机器人底座为参考面，在位置1：J1=0.000，J2=0.000，J3=0.000，J4=0.000，J5=-90.000，J6=0.000 和位置2：J1=0.000，J2=0.000，J3=0.000，J4=0.000，J5=90.000，J6=0.000 时按下同样的运动键，机器人的运动方向是否一致：_____；以机器人6轴法兰为参考面，在上述两个位置按下同样的运动键，机器人的运动方向是否一致_____。
步骤9	右图中，"重新启动"项的作用是什么？ _____ _____ _____。	
步骤10	写出右侧界面中报警信息的含义及消除办法_____ _____ _____。	
步骤11	写出右侧界面中报警信息的含义及消除办法_____ _____ _____。	

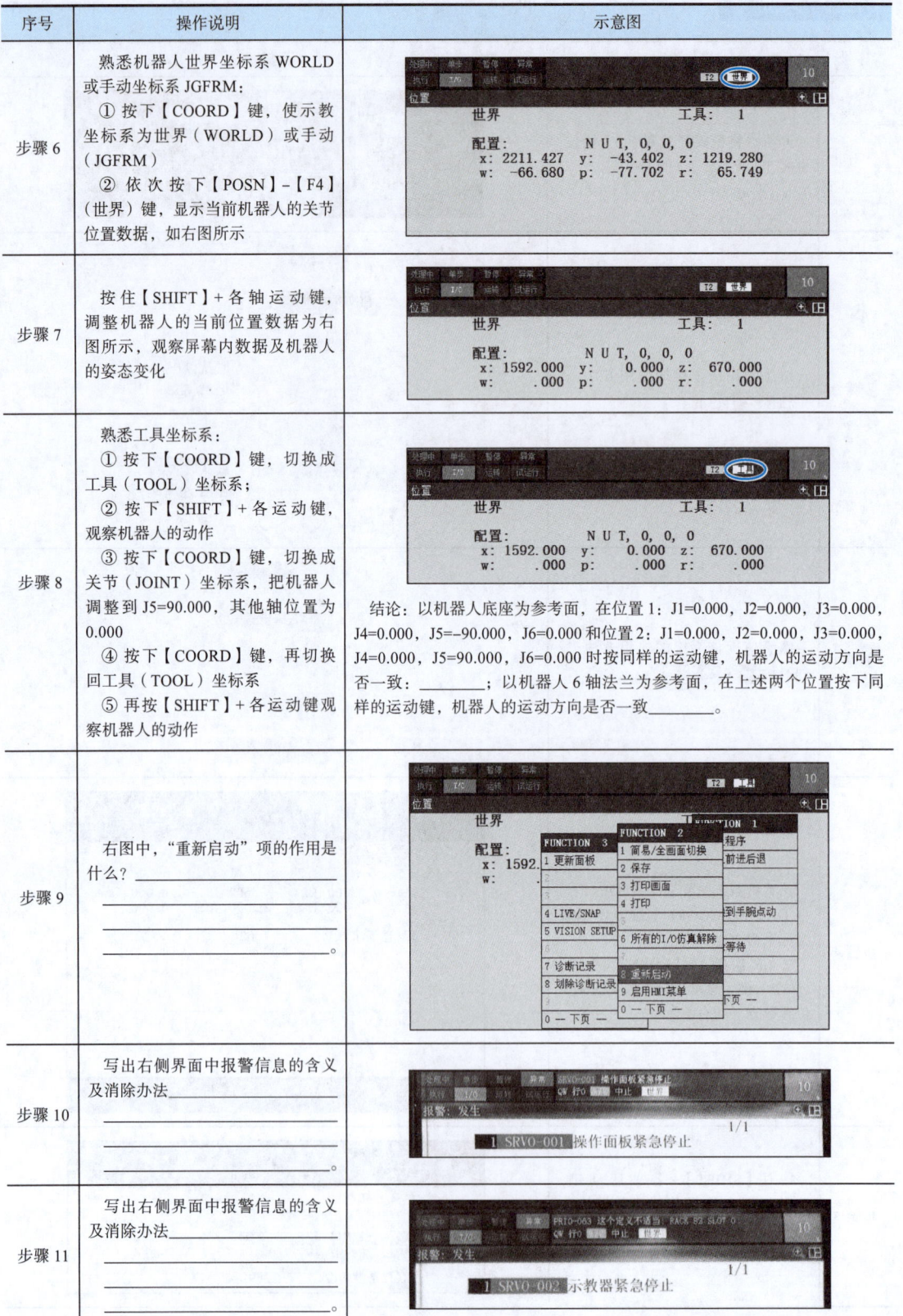

序号	操作说明	示意图
步骤 12	写出右侧界面中报警信息的含义及消除办法_____ 。	![SRVO-003 安全开关已释放]

任务 2.2　工业机器人坐标系设置

【任务提出】

工业机器人在编程中需要确定空间某一点的位置时，就需要用到坐标。工业机器人所有的运动都是通过坐标系轴的测量来确定的。在对工业机器人进行操作、编程和调试时，机器人坐标系具有非常重要的意义。在 FANUC 机器人控制系统中，常用的是工业机器人的工具坐标系和用户坐标系。

本任务要求如下：
1）掌握坐标系的定义与分类。
2）能够选择合适的方法设置工具坐标系。
3）能够选择合适的方法设置用户坐标系。
4）能够正确激活和检验工具坐标系。
5）能够正确激活和检验用户坐标系。

【知识点拨】

工业机器人坐标系是为确定工业机器人的位置和姿态而在工业机器人或空间上进行位置定义的指标系统。常用的工业机器人坐标系可以分为关节坐标系（JOINT）和直角坐标系（XYZ），坐标系分类如图 2-6 所示。直角坐标系包括世界坐标系（WORLD）、手动坐标系（JGFRM）、用户坐标系（USER）和工具坐标系（TOOL），这 4 种直角坐标系均满足直角坐标系的右手定则，可以通过 "COORD" 键选择合适的示教坐标系。

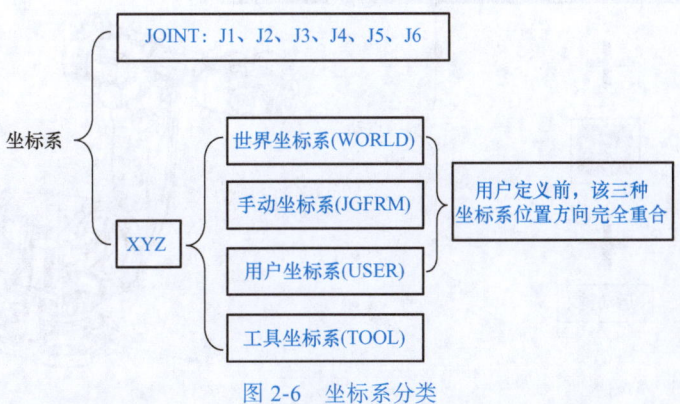

图 2-6　坐标系分类

一、关节坐标系

关节坐标系是设定在机器人关节中的坐标系,它表示的是机器人各轴的角度。关节坐标系中机器人的位姿以各关节底座侧的关节坐标为基准而确定。关节坐标系及其点动方式如图 2-7 所示。

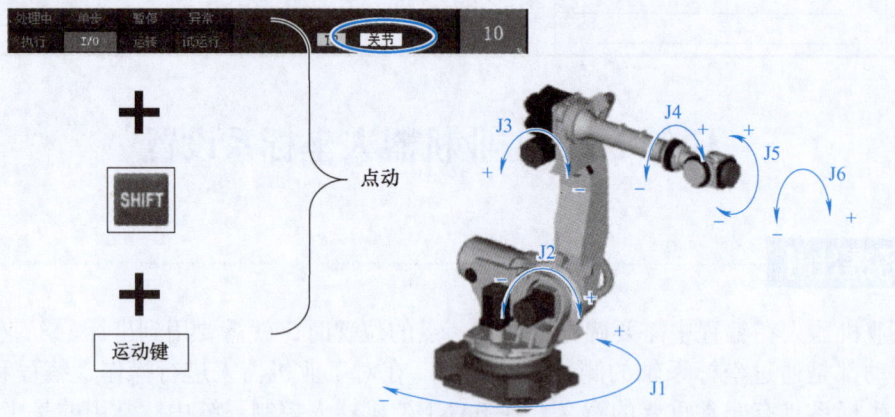

图 2-7 关节坐标系及其点动

二、直角坐标系

要在用户所设定的环境下操作机器人,必须使用与其对应的直角坐标系。直角坐标系包括世界坐标系、手动坐标系、用户坐标系和工具坐标系。

1. 世界坐标系(WORLD)

世界坐标系是空间上的标准直角坐标系,它被固定在机器人事先确定的位置,可定义机器人单元。所有其他的直角坐标系均与世界坐标系有直接或间接的关系。世界坐标系可以用于手动操作、一般移动、处理具有若干机器人或外部轴移动机器人的工作场合,是机器人默认的坐标系。

世界坐标系的原点定义为机器人减速器 J1 轴线与减速器 J2 轴线的交点,Z 轴垂直于地面向上,X 轴正方向为电缆线进线方向,指向机器人的正前方,利用右手法则确定 Y 轴,世界坐标系及其点动方式见图 2-8 所示。

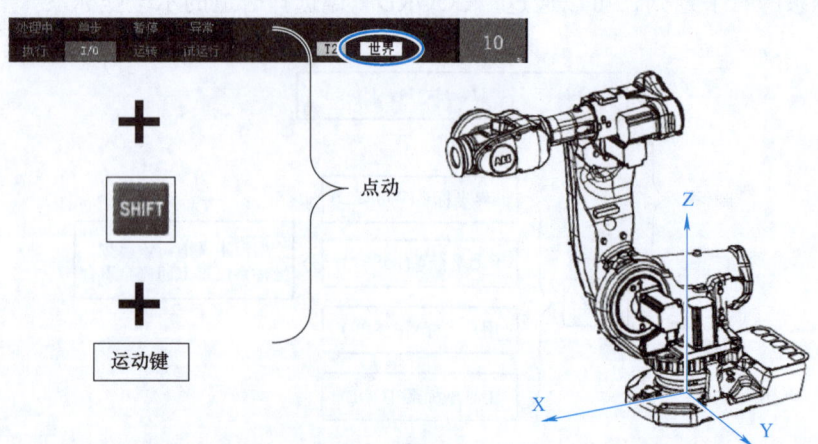

图 2-8 世界坐标系及点动

在正常配置的机器人系统中,当操作人员正面面对机器人并在世界坐标系下进行手动操作时,单击"+X"或者"−X"使机器人向前或向后移动,单击"+Y"或"−Y"使机器人向右或向左移动,单击"+Z"或"−Z"使机器人向上或向下移动。直角坐标系右手法则:大拇指与食指呈"八"字状,大拇指指向 X 轴,食指指向 Y 轴,中指指向 Z 轴,如图 2-9 所示。

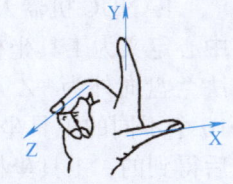

图 2-9 右手法则示意

2. 手动坐标系(JGFRM)

手动坐标系是在作业区域中为有效进行直角点动而定义的直角坐标系。只有在做手动进给时,才使用该坐标系,因此手动坐标系的原点没有特殊的含义。未定义时由世界坐标系代替手动坐标系。

3. 用户坐标系(USER)

用户坐标系是用户对每个作业空间进行定义的直角坐标系。它用于位置寄存器的示教和执行、位置补偿指令的执行等。默认的用户坐标系 USER0 与世界坐标系 WORLD 重合,新的用户坐标系都是基于默认的用户坐标系 USER0 变化得到的,新的用户坐标系位置和姿态相对空间不变,方便操作者以工件平面方向为参考进行手动调试。

在 FANUC 机器人中,用户可自定义的用户坐标系有 9 个。当工件位置更改后,通过重新定义该坐标系,工业机器人即可正常作业,不需要对工业机器人的程序进行修改。用户坐标系应用示例如图 2-10 所示,其中,Ⓐ为世界坐标系,ⒷⒸ均为用户坐标系。图中有多个用户坐标系,表示机器人可以拥有若干个用户坐标系,或者表示不同工件,或者表示同一个工件在不同位置的若干副本。

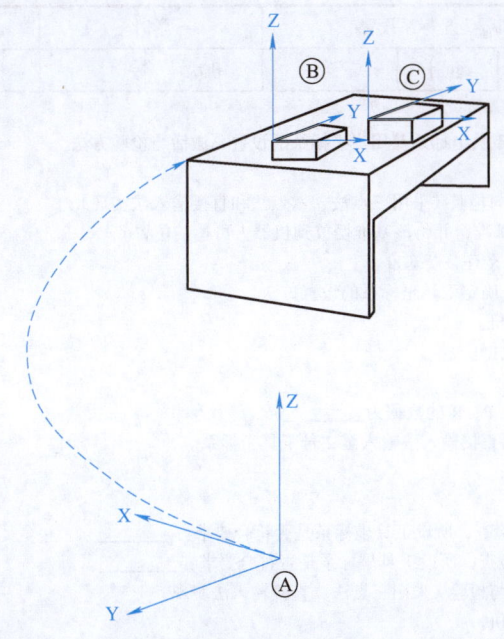

图 2-10 用户坐标系应用示例

4. 工具坐标系(TOOL)

工具坐标系主要用于定义工业机器人到达预设目标时所使用工具的位置。一般情况下,工具中心点设为工具坐标系零点,由此定义工具的位置和方向,当执行程序时,工业机器人将工具中心点(Tool Center Point,TCP)移至编程位置。如果更改工具及工具坐标系，工业机器人的移动将随之更改，以便新的 TCP 到达目标（位置）。

FANUC 机器人在六轴法兰盘处都有一个预定义的工具坐标系，即 TOOL0，将法兰盘中心定义为工具坐标系的原点，法兰盘中心指向法兰盘定位孔方向定义为 +X 方向，垂直法兰盘向外为 +Z 方向，最后根据右手法则判定 +Y 方向。FANUC 机器人最多可以定义 10 个不同的工具坐标系，新的工具坐标系都是相对默认工具坐标系位置偏移或角度旋转后得到的，工具坐标系及其点动方式如图 2-11 所示。

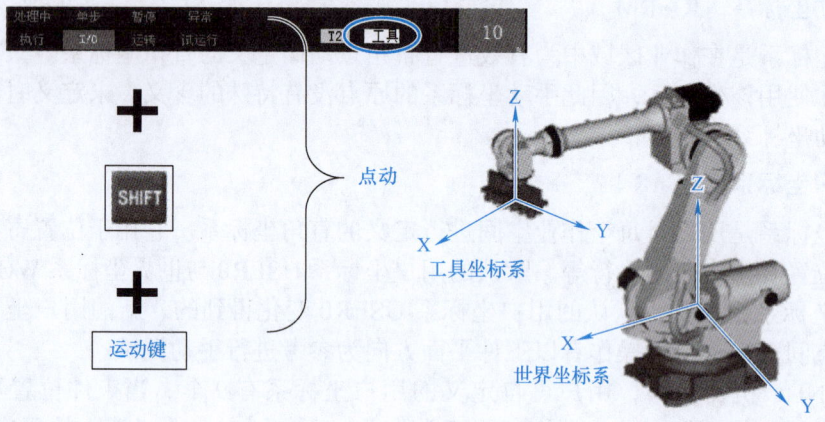

图 2-11　工具坐标系及点动

【任务考核工单】

工作任务	工业机器人坐标系设置	学时	
姓名	组别	班级	日期

1. 任务描述

认识工业机器人坐标系，学会工具坐标系及用户坐标系的设置、激活与检验方法

2. 任务实施（过程记录）

（1）工具坐标系的设置、激活与检验（采用三点法、六点法和直接输入法实现）

1）检查设备上是否配有 TCP 基准，并将该基准摆放到机器人可达的位置。

注意：设置 TCP 的过程中，不允许移动基准。

2）观察机器人手爪上的弯针，确定工具坐标系的设置方法。

3）将模式开关置于 T1 档，开机。

4）先清除 1 号工具坐标系的数据。

5）设置 1 号工具坐标系。

6）记录生成的 X、Y、Z、W、P、R 的数据为_____。

7）将 1 号工具坐标系的数值以直接输入法输入至 2 号工具坐标系。

8）激活 1 号工具坐标系。

9）检验 1 号工具坐标。

① 检验 X、Y、Z 方向：通过检查，所设工具坐标系是否符合要求：_____。

② 检验 TCP 位置精度：通过检查，所设工具坐标系是否符合要求：_____。

（2）用户坐标系的设置、激活与检验（采用三点法、直接输入法实现）

1）将模式开关置于 T1 档，开机。

2）确认已经激活的 1 号工具坐标系。

3）消除 1 号用户坐标系的数据。

4）以三点法设置 1 号用户坐标系。

5）激活 1 号用户坐标系。

6）检验 1 号用户坐标系：通过检查，所设用户坐标系是否符合要求_____。

7）操作结束，请指导教师检查。

8）将机器人恢复至 HOME 位置，关机。

（续）

3. 任务评价（评价具体细则及分值可根据具体情况进行调整）

评价要素	任务要求	考核细则	分值	得分
知识点	1. 了解坐标系的分类	1. 能够正确讲出坐标系的分类	10	
	2. 了解关节坐标系与直角坐标系的区别	2. 能讲出关节坐标系与直角坐标系的区别	10	
	3. 了解直角坐标系的种类	3. 能够正确讲出直角坐标系的种类	10	
技能点	1. 掌握工具坐标系的设置方法	1. 能够正确设置工具坐标系	10	
	2. 掌握工具坐标系的激活与检验方法	2. 能够正确激活和检验工具坐标系	10	
	3. 掌握用户坐标系的设置方法	3. 能够正确设置用户坐标系	10	
	4. 掌握用户坐标系的激活与检验方法	4. 能够正确激活和检验用户坐标系	10	
素质点	1. 掌握机器人不同坐标系的区别，提升学生的责任意识	1. 能够根据需要选择合适的工具坐标系，并说出理由	10	
	2. 掌握机器人坐标系的操作方法，培养精益求精的职业素养	2. 能够对坐标系的操作方法进行总结	10	
	3. 遵守纪律，按时出勤	3. 能够遵守纪律，不迟到，不早退	10	
		合计	100	
学生签名		教师签名	日期	

4. 任务反思

在课堂上学会了下面几点：
_____
_____

还有哪个地方有疑问：
_____
_____

本任务实施过程中需要注意的有下面几点：
_____
_____

【任务实施】

一、工具坐标系（TOOL）三点法设置、激活与检验

TOOL 三点法的设置、激活与检验

序号	操作说明	操作步骤
\(1\)三点法工具坐标系设置		
步骤1	按下【MENU】键，依次单击"设置"—"坐标系"，按下【ENTER】键确认	
步骤2	选择需要的坐标系标号，如1号，按下【ENTER】或按下【F2】详细键	
步骤3	按下【F2】（方法）键，选择"三点法"	
步骤4	将工具尖点对准基准针顶端	

（续）

序号	操作说明	操作步骤
（1）三点法工具坐标系设置		
步骤5	将光标移至"接近点1"，按下【SHIFT+F5（记录）】键，单击"接近点1"，显示"已记录"	设置 坐标系 工具坐标系　　　三点法　　　2/4 坐标系编号：　1 X:　0.0　Y:　0.0　Z:　0.0 W:　0.0　P:　0.0　R:　0.0 注释：　　　　　Eoat1 接近点1:　　　　已记录 接近点2:　　　　未初始化 接近点3:　　　　未初始化 位置已经记录
步骤6	将坐标系切换为世界坐标系，机器人抬高50mm以上，切换为关节坐标系，J6轴转动90°以上，切换为世界坐标系，移动工具尖点对转基准针顶端	
步骤7	将光标移至"接近点2"，按下【SHIFT+F5（记录）】键，单击"接近点2"，显示"已记录"	设置 坐标系 工具坐标系　　　三点法　　　3/4 坐标系编号：　1 X:　0.0　Y:　0.0　Z:　0.0 W:　0.0　P:　0.0　R:　0.0 注释：　　　　　Eoat1 接近点1:　　　　已记录 接近点2:　　　　已记录 接近点3:　　　　未初始化 位置已经记录
步骤8	将机器人抬高50mm以上，切换到关节坐标系J4/J5轴分别转动0~90°，切换到世界坐标系，移动工具尖点对准基准针顶端	

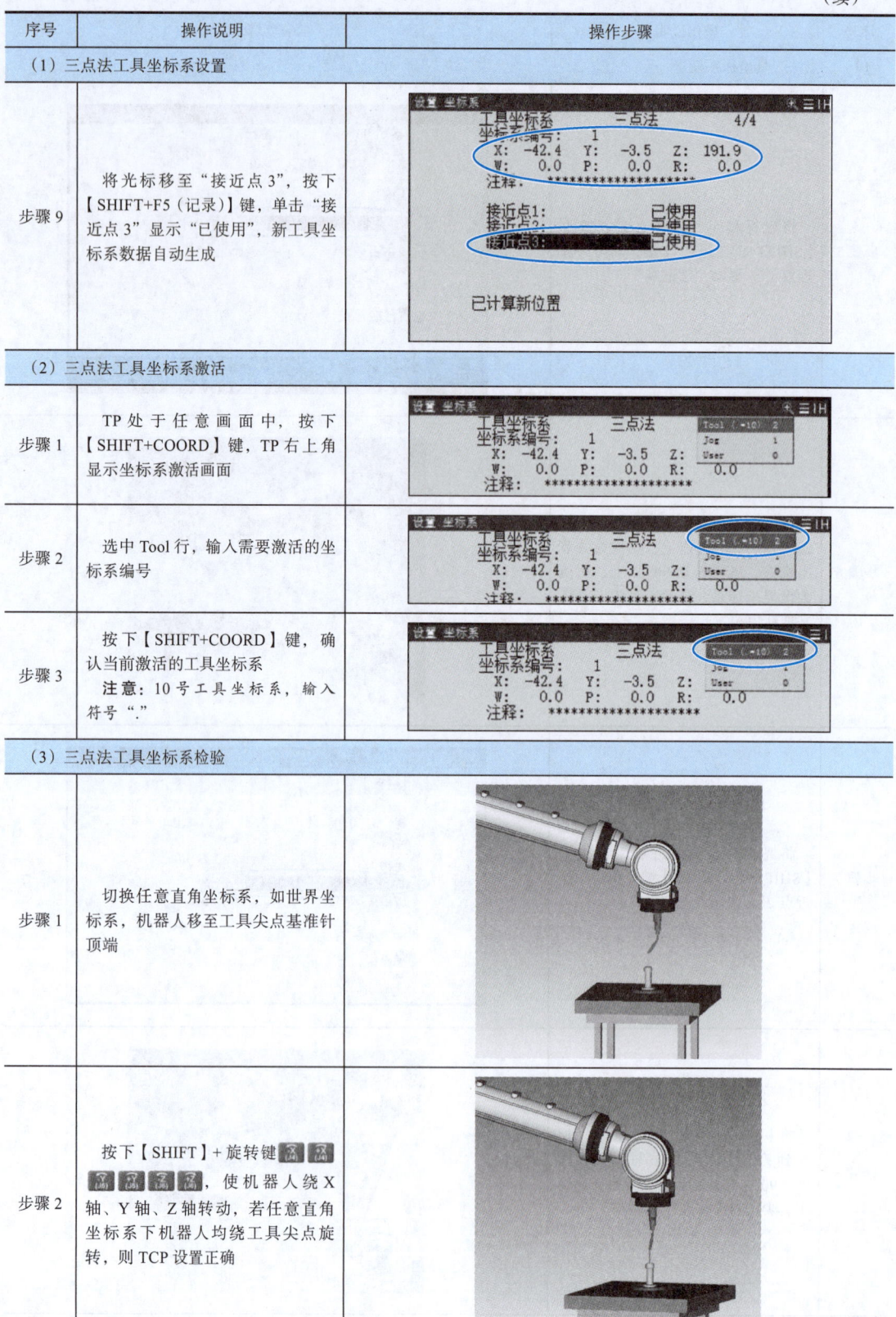

二、工具坐标系（TOOL）六点法设置、激活与检验

TOOL 六点法的设置、激活与检验

序号	操作说明	操作步骤
（1）六点法工具坐标系设置		
步骤1	按下【MENU】键，单击"设置"—"坐标系"	
步骤2	选择需要设置的坐标系，单击"详细"	
步骤3	按下【F2】（方法）键，选择"六点法（XZ）"	
步骤4	记录三个接近点。调整工具尖点对准基准针顶端	

（续）

序号	操作说明	操作步骤
（1）六点法工具坐标系设置		
步骤5	将光标移至"接近点1"，按下【SHIFT+记录】键，记录"接近点1"	设置 坐标系　　　　　　　　　　　　　　　　　　　 工具坐标系　　　六点法(XZ)　2/7 坐标系编号：3 X: 0.0　Y: 0.0　Z: 0.0 W: 0.0　P: 0.0　R: 0.0 注释：　　　　　　　Eoat3 接近点1：　　　　　　已记录 接近点2：　　　　　　未初始化 接近点3：　　　　　　未初始化 坐标原点：　　　　　　未初始化 X方向点：　　　　　　未初始化 Z方向点：　　　　　　未初始化
步骤6	将机器人抬高50mm以上，J6轴转动90°以上，调整工具尖点对准基准针顶端	
步骤7	将光标移至"接近点2"，按下【SHIFT+记录】键，记录"接近点2"	设置 坐标系　　　　　　　　　　　　　　　　　　　 工具坐标系　　　六点法(XZ)　3/7 坐标系编号：3 X: 0.0　Y: 0.0　Z: 0.0 W: 0.0　P: 0.0　R: 0.0 注释：　　　　　　　Eoat3 接近点1：　　　　　　已记录 接近点2：　　　　　　已记录 接近点3：　　　　　　未初始化 坐标原点：　　　　　　未初始化 X方向点：　　　　　　未初始化 Z方向点：　　　　　　未初始化 位置已经记录
步骤8	将机器人抬高50mm以上，将J4、J5分别转动0～90°，调整工具尖点对准基准针顶端	
步骤9	将光标移至"接近点3"，按下【SHIFT+记录】键，记录"接近点3"	设置 坐标系　　　　　　　　　　　　　　　　　　　 工具坐标系　　　六点法(XZ)　4/7 坐标系编号：3 X: 0.0　Y: 0.0　Z: 0.0 W: 0.0　P: 0.0　R: 0.0 注释：　　　　　　　Eoat3 接近点1：　　　　　　已记录 接近点2：　　　　　　已记录 接近点3：　　　　　　未初始化 坐标原点：　　　　　　未初始化 X方向点：　　　　　　未初始化 Z方向点：　　　　　　未初始化

(续)

序号	操作说明	操作步骤
(1) 六点法工具坐标系设置		
步骤 10	抬高机器人，调整机器人手腕，使工具轴垂直于地面，调整工具尖点对准基准针顶端	
步骤 11	将光标移至"坐标原点"，按下【SHIFT+记录】键，记录"坐标原点"	
步骤 12	保持姿态不变，将机器人移动到所需的 X 方向点	
步骤 13	将光标移至"X 方向点"，按下【SHIFT+记录】键，记录"X 方向点" 注意：坐标原点指向 X 方向点的方向为该工具坐标系的 +X 方向	
步骤 14	按下【SHIFT+F4】（移至）键，将机器人移至坐标原点处	

（续）

序号	操作说明	操作步骤
（1）六点法工具坐标系设置		
步骤 15	移动机器人至需要的 Z 方向点	
步骤 16	将光标移至"Z 方向点"，按下【SHIFT+F5】（记录）键	
步骤 17	当六点均显示为"已使用"时，新工具坐标系数据将自动生成	
（2）六点法工具坐标系激活（此处和三点法工具坐标系激活方法一致）		
步骤 1	TP 处于任意画面中，按下【SHIFT+COORD】键，TP 右上角显示坐标系激活画面	
步骤 2	选中 Tool 行，输入需要激活的坐标系编号	

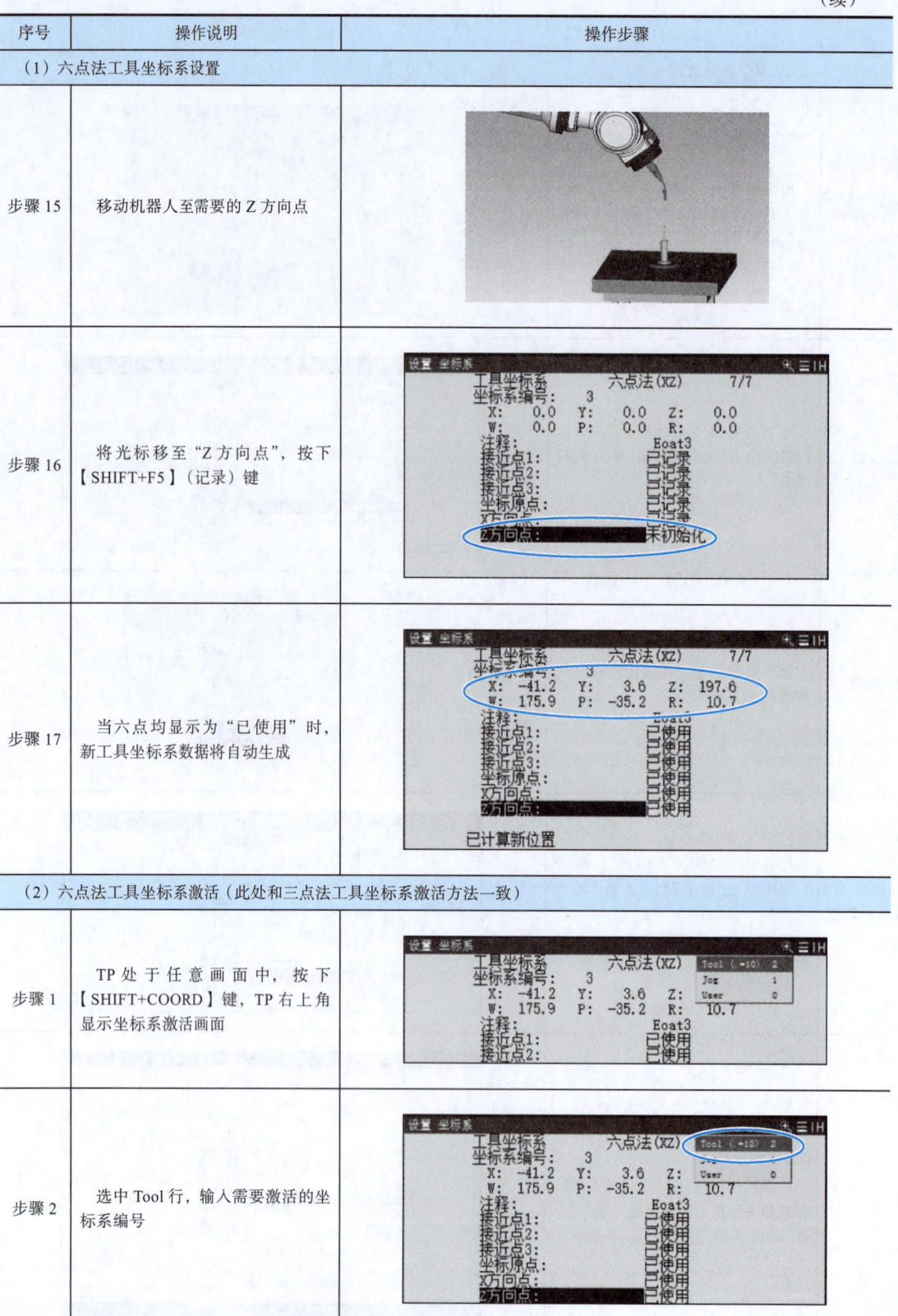

（续）

序号	操作说明	操作步骤
（2）六点法工具坐标系激活（此处和三点法工具坐标系激活方法一致）		
步骤3	按下【SHIFT+COORD】键，确认当前激活的工具坐标系 **注意**：10号工具坐标系，输入符号"."	
（3）六点法工具坐标系检验		
步骤1	切换任意直角坐标系，如世界坐标系，将机器人移至工具尖点基准针顶端	
步骤2	按下【SHIFT】+旋转键 ，使机器人绕X轴、Y轴、Z轴转动，若任意直角坐标系下机器人均绕工具尖点旋转，则TCP位置设置正确	
步骤3	切换至该工具坐标系，按下【SHIFT】+运动键 ，判断机器人移动方向是否与设置方向一致。若一致，则TCP方向设置正确	

三、工具坐标系（TOOL）直接输入法设置、激活与检验

TOOL 直接输入法的设置、激活与检验

序号	操作说明	操作步骤
（1）直接输入法工具坐标系设置		
步骤1	按下【MENU】键，依次单击"设置"—"坐标系"	
步骤2	选择需要设置的坐标系，单击"详细"，或按下【ENTER】键	
步骤3	进入设置坐标系界面，按下【F2】（方法）键，选择"6 直接输入法"	
步骤4	在此界面输入 X、Y、Z、W、P、R 的值，并按【ENTER】键确认。其中，X、Y、Z 的值为新 TCP 点相对于法兰盘中心的偏移量，W、P、R 的值为新的工具坐标系方向相对于默认工具坐标系的旋转量	

（续）

序号	操作说明	操作步骤
（1）直接输入法工具坐标系设置		
步骤5	修改后，TCP 即移动到指定位置	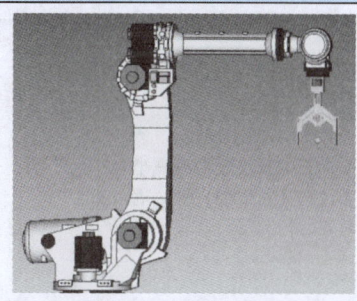
（2）直接输入法工具坐标系激活（激活方法同前，此处省略）		
（3）直接输入法工具坐标系检验		

1）修改（X，Y，Z，0，0，0）情况下的检验方法：
在任意直角坐标系下，机器人是否绕工具中心点旋转
（检验方法参考"三点法工具坐标系检验"）
2）修改（X，Y，Z，W，P，R）的情况下的检验方法：
在任意直角坐标系下，机器人是否绕工具中心点旋转
在该工具坐标系下，检查机器人是否沿目标方向移动
（检验方法参考"六点法工具坐标系检验"）

四、用户坐标系（USER）三点法设置、激活与检验

 USER 三点法的设置、激活与检验

序号	操作说明	示意图
（1）用户坐标系（USER）三点法设置		
步骤1	按下【MENU】键，依次单击"设置"—"坐标系"	
步骤2	依次单击"其他"—"用户坐标系"	

（续）

序号	操作说明	示意图
（1）用户坐标系（USER）三点法设置		
步骤3	移动光标至需要设置的用户坐标系，按下【F2】（详细）键，进入设置画面	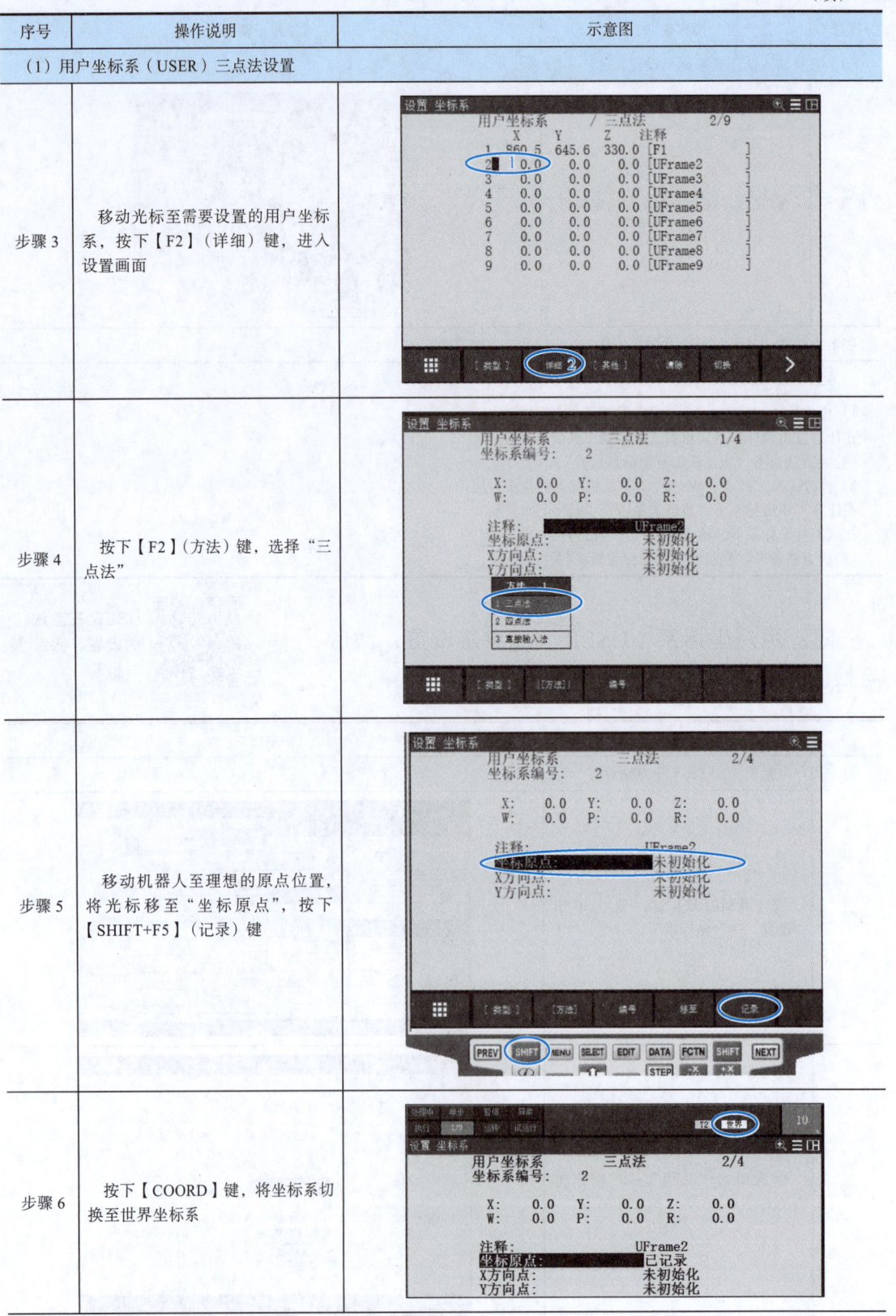
步骤4	按下【F2】（方法）键，选择"三点法"	
步骤5	移动机器人至理想的原点位置，将光标移至"坐标原点"，按下【SHIFT+F5】（记录）键	
步骤6	按下【COORD】键，将坐标系切换至世界坐标系	

项目2 工业机器人的基本操作 55

(续)

序号	操作说明	示意图
(1) 用户坐标系（USER）三点法设置		
步骤7	示教机器人沿用户希望的+X方向至少移动250mm；将光标移至"X方向点"，按下【SHIFT+F5】（记录）键，记录"X方向点"	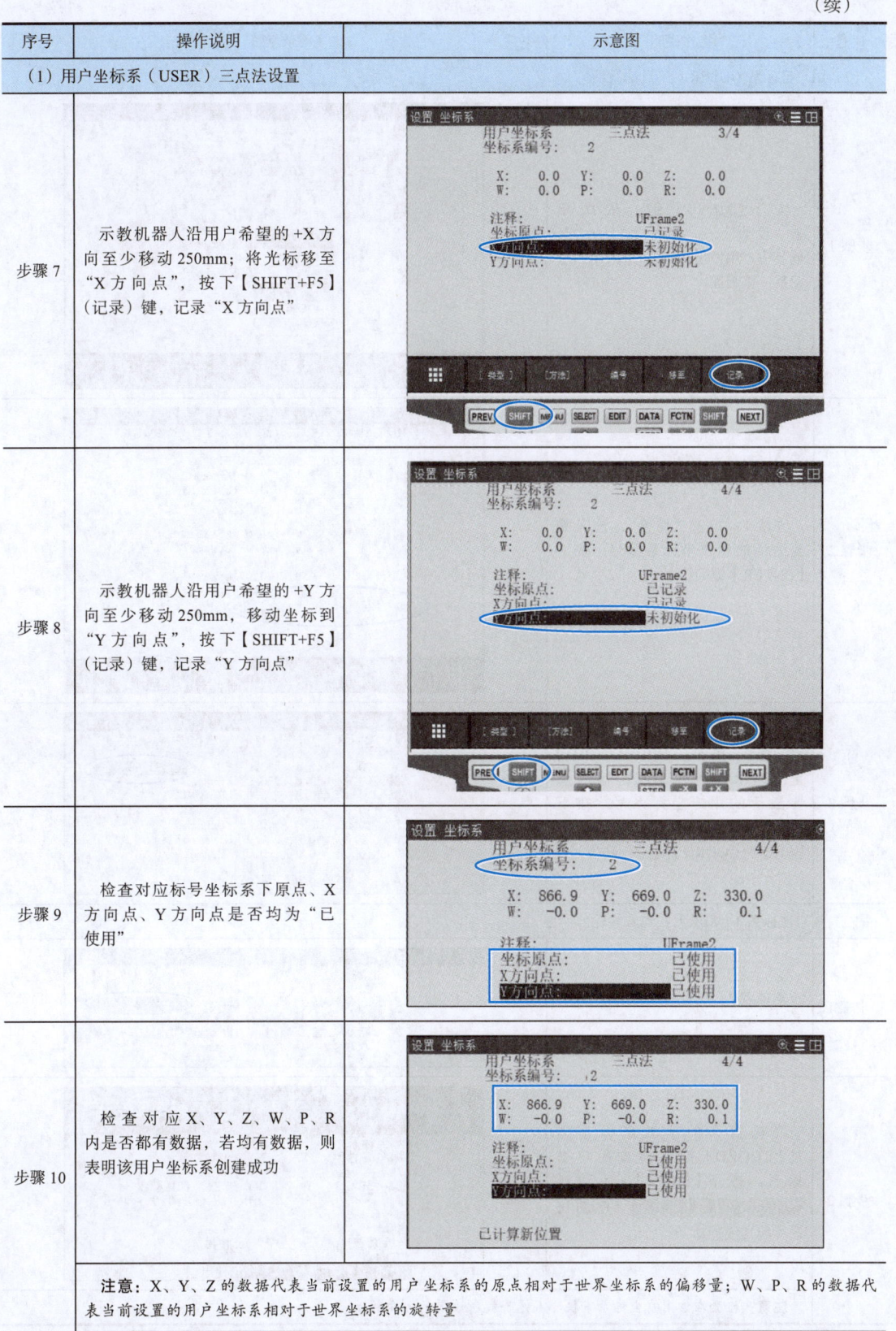
步骤8	示教机器人沿用户希望的+Y方向至少移动250mm，移动坐标到"Y方向点"，按下【SHIFT+F5】（记录）键，记录"Y方向点"	
步骤9	检查对应标号坐标系下原点、X方向点、Y方向点是否均为"已使用"	
步骤10	检查对应X、Y、Z、W、P、R内是否都有数据，若均有数据，则表明该用户坐标系创建成功	
注意：X、Y、Z的数据代表当前设置的用户坐标系的原点相对于世界坐标系的偏移量；W、P、R的数据代表当前设置的用户坐标系相对于世界坐标系的旋转量		

(续)

序号	操作说明	示意图
（2）用户坐标系（USER）三点法激活		
步骤1	按下【MENU】键，依次单击"设置"—"坐标系"—"其他"—"用户坐标系"，进入用户坐标系一览画面	
步骤2	方法1：单击"切换"，输入需要激活的用户坐标系标号，按下【ENTER】键确认	
步骤3	方法2：按下【SHIFT+COORD】键，弹出黄色对话框，输入想要激活的用户坐标系号，按下【ENTER】键即可。可再次按下【SHIFT+COORD】键进行确认	
（3）用户坐标系（USER）三点法检验		
步骤1	激活用户想要检验的用户坐标系号	
步骤2	将机器人的示教坐标系通过【COORD】键切换成用户坐标系，按下【SHIFT】+运动键 [-X/J1] [+X/J1] [-Y/J2] [+Y/J2] [-Z/J3] [+Z/J3]，点动机器人做直线运动	
	注意：检验在该用户坐标系下机器人是否按所设定的方向移动	

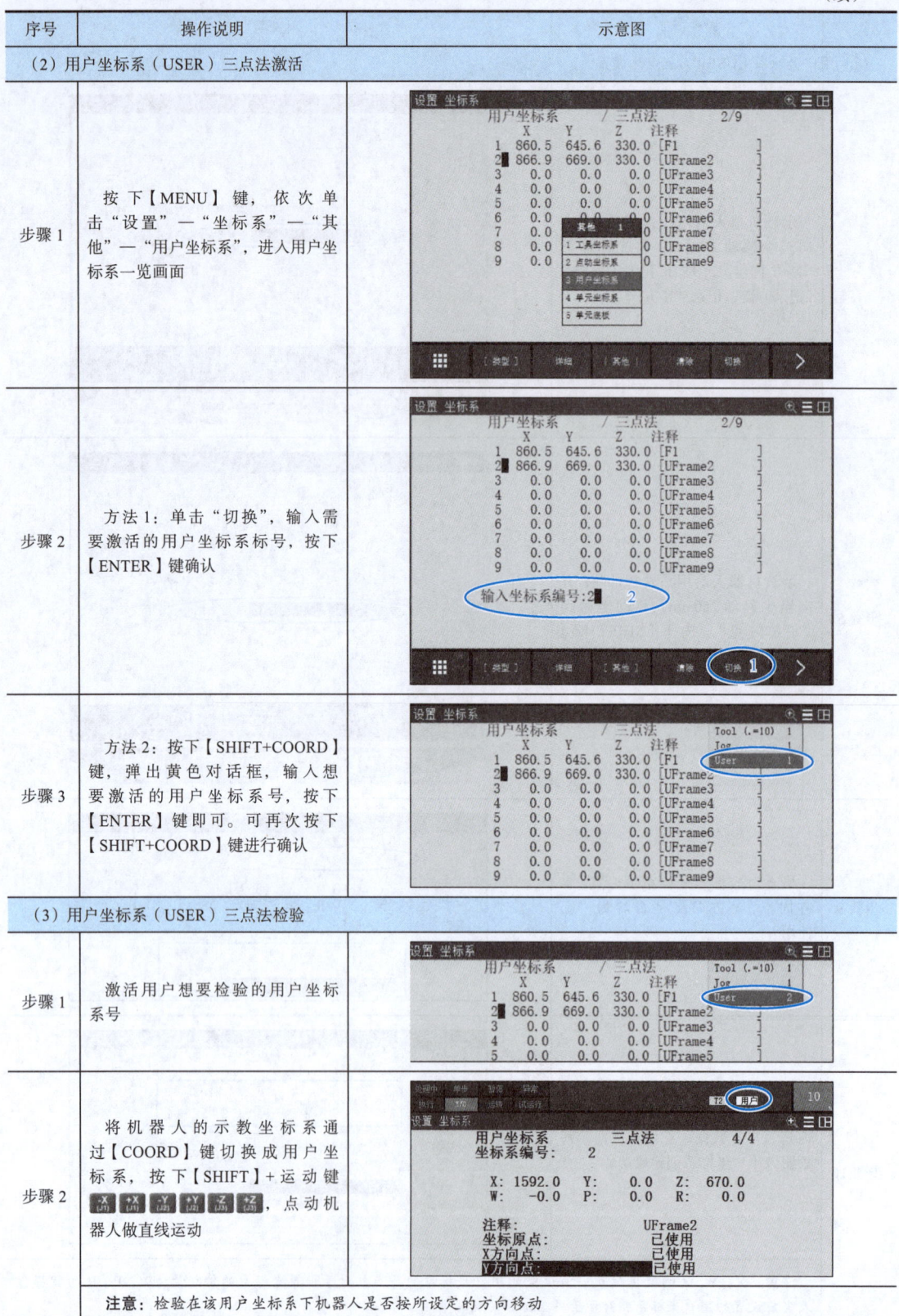

五、用户坐标系（USER）直接输入法设置、激活与检验

用户坐标系直接输入法设置

序号	操作说明	示意图
（1）用户坐标系（USER）直接输入法设置		
步骤1	按下【MENU】键，依次单击"设置"—"坐标系"—"坐标"—"用户坐标系"	
步骤2	移动光标至需要设置的用户坐标系，按下【ENTER】键或【F2】（详细）键进入设置画面	
步骤3	按下【F2】（方法）键选择"直接输入法"	
步骤4	输入已知的变化量。如已知： X=1200mm Y=−260mm Z=130mm W=180deg P=0deg R=90deg	
	注意：X、Y、Z表示用户坐标系新原点相对于世界坐标系的偏移量；W、P、R表示用户坐标系当前坐标系方向相对于世界坐标系方向的旋转量	
（2）用户坐标系（USER）直接输入法激活（激活方法与上面"用户坐标系（USER）三点法激活"相同，此处省略）		
（3）用户坐标系（USER）直接输入法检验（检验方法与上面"用户坐标系（USER）三点法检验"相同，此处省略）		

项目拓展

1. 将机器人 6 轴的关节位置设为位置 1（0°，-20°，0°，0°，-90°，0），位置 2（0°，0°，0°，0°，-90°，0），并大概判断出两个位置下机器人的重心位置。

2. 机器人 6 轴关节位置在（0°，0°，0°，0°，-90°，0）处，使机器人在世界坐标系和工具坐标系下沿 +X 轴、+Y 轴、+Z 轴做直线运动，观察调整前后的运动差异。

思考与练习

一、选择题（共 10 题）

1. 以下哪种不是直角坐标系？（　　）
   A. 关节坐标系　　　　　　　　　　B. 世界坐标系
   C. 用户坐标系　　　　　　　　　　D. 手动坐标系

2. 以下哪个坐标系不能由用户自己定义？（　　）
   A. 用户坐标系　　　　　　　　　　B. 手动坐标系
   C. 工具坐标系　　　　　　　　　　D. 世界坐标系

3. 使用三点法设置完工具坐标系后，需要对新工具坐标系的（　　）进行检验。
   A. X、Y、Z 方向　　　　　　　　　B. TCP 位置
   C. X、Y、Z 方向和 TCP 位置　　　　D. W、P、R 方向

4. 使用六点法设置完工具坐标系后，需要对新工具坐标系的（　　）进行检验。
   A. X、Y、Z 方向　　　　　　　　　B. TCP 位置
   C. X、Y、Z 方向和 TCP 位置　　　　D. 坐标系原点位置

5. 示教器运行程序的方式不包括以下哪种？（　　）
   A. 顺序单步　　B. 逆序单步　　C. 顺序连续　　D. 逆序连续

6. 在点动操作机器人时，以下说法正确的是（　　）。
   A. 必须同时按住两个【SHIFT】键
   B. 必须同时按住两个安全开关
   C. 必须打到 T1 档
   D. TP 有效开关必须为 ON

7. 按下（　　）可以切换"单步 / 连续"。
   A. COORD　　　B. HOLD　　　C. STEP　　　D. ITEM

8. 机器人的位姿由（　　）构成。
   A. 速度和位置　　B. 位置和姿态　　C. 速度和姿态　　D. 方向和姿态

9. 通过按下（　）可以分割屏幕，将屏幕切换成多屏。
   A. SHIFT+COORD　　B. COORD　　C. DISP　　D. SHIFT+DISP

10. 以下哪个不是示教器的作用？（　　）
    A. 移动机器人
    B. 编写机器人程序
    C. 查看机器人状态
    D. 切换运行模式（AUTO/T1/T2）

二、填空题（共 7 题）

1. 示教器是_____与用户实现交互的操作装置，它通过电缆与_____连接。
2. FANUC 新版彩色示教器上有_____个键控开关按钮。
3. 示教器屏幕中主菜单通常有_____和_____两种，可通过单击【FCTN】键进行相互切换。
4. 示教器中单击_____键，可进入功能菜单界面。
5. 默认的用户坐标系 USER0 与_____重合。
6. 需要激活 10 号工具坐标系，可输入符号_____。
7. 用户坐标系设置完成后，其 X，Y，Z 表示用户坐标系新原点相对于世界坐标系的_____，W，P，R 表示用户坐标系当前坐标系方向相对于世界坐标系方向的_____。

三、简答题（共 2 题）

1. 示教器的作用有哪些？
2. 常用的坐标系有哪些？

项目3 工业机器人的编程操作

项目导入

通过前面的学习,我们已经能够使用示教器对机器人的运动进行控制,那么,使机器人按照设定步骤、预定轨迹运动的方法就是编写程序。在编写程序的过程中,需要机器人记录运动的轨迹、位置,同时需要对指令、程序进行逻辑控制。程序的管理、动作指令、逻辑指令的灵活应用将极大地提升工作效率。

任务3.1 程序管理与动作指令应用

【任务提出】

在示教编程的过程中,需要对程序进行创建、复制、删除、执行及查看和修改程序属性。FANUC工业机器人通过动作指令可直接实现工业机器人以指定的动作速度和运动方式向作业空间内的指定位置移动,从而实现运动轨迹及位置的记录。

本任务要求如下:

1)掌握程序的创建、复制、删除、执行等操作。
2)理解程序属性并能够修改。
3)理解动作指令格式中各个要素的含义。
4)掌握动作指令示教和位置数据记录、修改的方法和步骤。
5)会选择、运行、终止、恢复运行程序,查看机器人的运行状态。

【知识点拨】

一、程序的管理

在FANUC工业机器人系统编程时,机器人程序中包含一连串控制机器人的指令,通过对机器人程序的执行实现对机器人的控制。熟练掌握机器人程序的创建、选择、删除、查看、执行等操作方法,对提高现场复杂工业机器人编程效率有着极大的作用。

1. 程序新建

（1）创建程序　在程序编制中，首先要进行程序的创建，创建程序主要步骤如下。

1）确认TP的有效开关处于"ON"的状态。按下【SELECT】键，显示程序一览界面，如图3-1所示。

2）按下【F2】（创建）键，出现程序命名界面，如图3-2所示，移动光标选择程序命名方式（如单词、大写、小写、其他/键盘），再使用功能键（【F1】～【F5】）输入程序名。程序命名方式有下面4种。

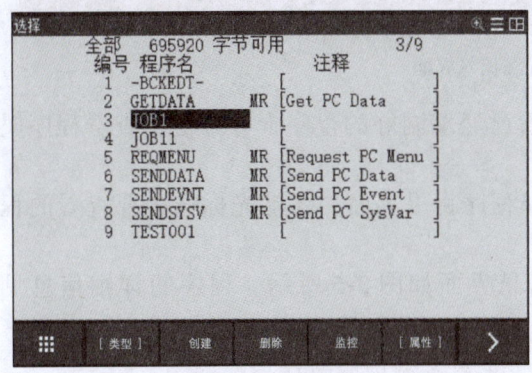

图3-1　创建程序界面

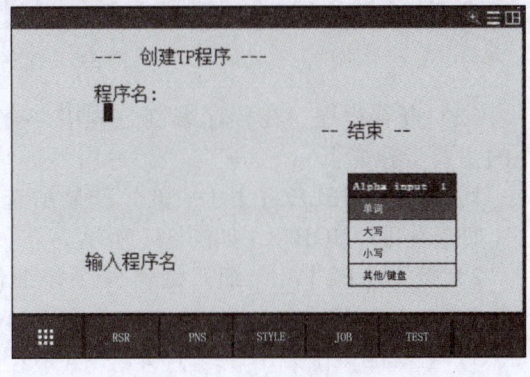

图3-2　程序命名界面

① 单词：在单词模式下，功能键【F1】～【F5】分别对应RSR、PNS、STYLE、JOB和TEST（机器人编程常用的程序名称）。

② 大写：在大写模式下，功能键【F1】～【F5】分别对应26个英文字母大写。

③ 小写：在小写模式下，功能键【F1】～【F5】分别对应26个英文字母小写。

④ 其他/键盘。

在程序命名时，需要注意：不可以空格、符号、数字作为程序名的开始字符。

3）按下【ENTER】键，此时的界面如图3-3所示。按下【F2】（编辑）键或按【ENTER】键进入程序编辑界面，如图3-4所示，在这个界面可以进行程序的编辑。按下【F3】（详细）键进入程序详细信息界面，如图3-5所示，在这个界面可以查看或修改程序的属性。

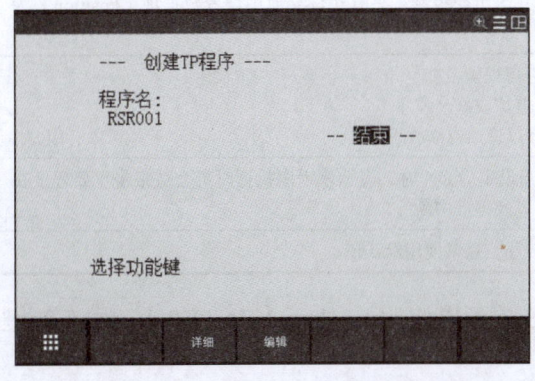

图3-3　程序创建确定界面

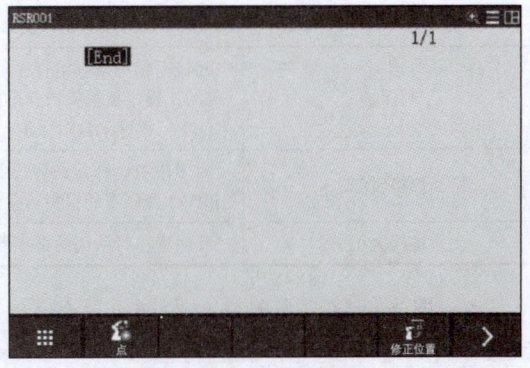

图3-4　程序编辑界面

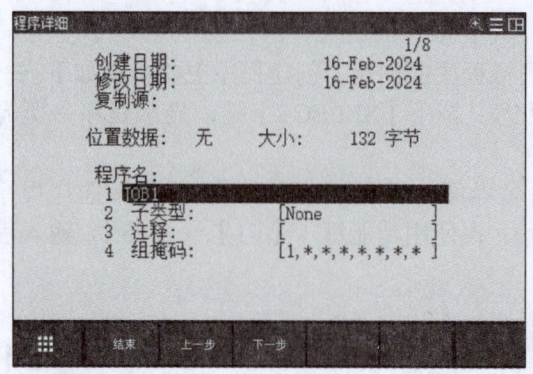 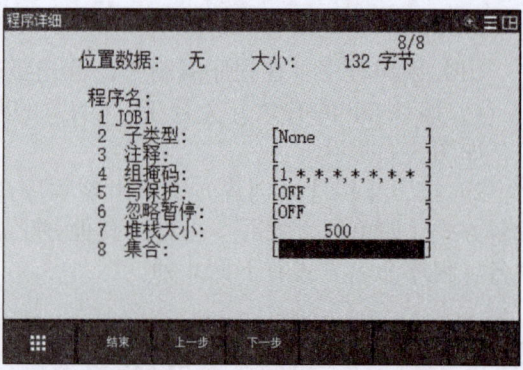

图 3-5 程序详细信息界面

（2）查看程序 在程序编制过程中，查看已经编制好的程序十分方便，查看程序属性的主要步骤如下。

1）按下【SELECT】（一览）键显示选择程序目录界面，移动光标选中要查看的程序（如查看程序 JOB1），如图 3-1 所示。

2）按下【F2】（详细）键，程序详细信息界面如图 3-5 所示。程序的详细信息见表 3-1。

3）若功能键中无【详细】项，按【>】（下一页）键切换内容。

表 3-1 程序详细信息

一、与程序属性相关的信息	
创建日期	程序的创建日
修改日期	最近一次的修改日
复制源	复制源的程序名
位置数据	位置数据的有无
二、与执行环境相关的信息	
程序名	程序名的长度为 1～8 个字符，最好以能够表现其目的和功能的方式命名。程序名称可以使用英文字母、数字及其他符号。其中，英文字母仅限大写字母，第一位不可以使用数字，符号仅限下画线"_"
子类型	NONE：无；MARCO：宏程序；COND：条件程序
注释	程序的注释
组掩码	运动组，定义程序中有哪几个组受控制，只有在该界面中位置数据项（Position）为"False"时才可以修改此项
写保护	通过写保护来制定程序是否可以被改变 ON：程序被写保护，不能追加或修改程序 OFF：程序未被写保护，可以追加或修改程序
忽略暂停	对于没有动作组的程序，当设定为 ON 时，表示该程序执行时不会被报警重要程度在 SERVO 及以下的报警、急停、暂停等中断
堆栈大小	呼叫程序时所用的寄存器大小，通常使用默认值

4）把光标移至需要修改的项（只有 1～8 项可以修改），按下【ENTER】（回车）键或按下【F4】（选择）键进行修改。

5）修改完毕，按下【F1】（结束）键，回到"SELECT"界面。

（3）程序选择　在程序编制过程中，有时需要对已经编制好的程序进行选择，从系统中选择程序的主要步骤如下。

1）按下【SELECT】（一览）键显示程序选择目录界面，如图3-6所示。

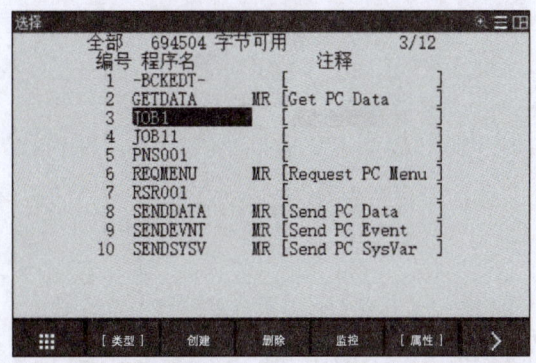

图3-6　程序选择目录界面

2）移动光标选中需要的程序。

3）按下【ENTER】键进入编辑界面，如图3-7所示。

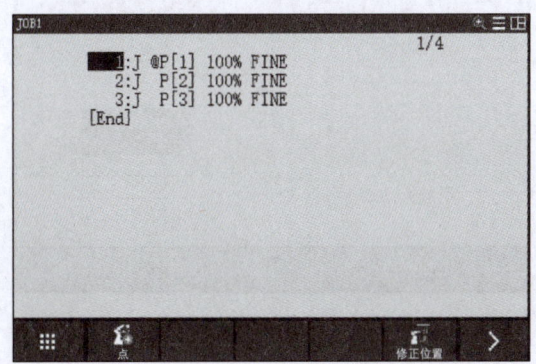

图3-7　程序编辑界面

2. 程序管理

（1）删除程序　在程序编制过程中，对于生产中不再使用的程序，可以在系统中将其删除，删除在目录中已有程序的主要步骤如下。

1）按下【SELECT】（一览）键，显示程序选择目录界面，如图3-6所示。移动光标到要删除的程序名处，如图3-6中的"JOB1"。

2）按下【F3】（删除）键，出现是否删除选项，如图3-8所示。

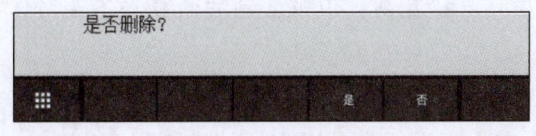

图3-8　删除程序确定界面

3）按下【F4】（是）键，即可删除所选程序。

注意：被写保护和正在编辑的TP程序无法删除。

（2）复制程序　在程序编制过程中，复制程序的主要步骤如下。

1) 按下【SELECT】(一览) 键，显示程序选择目录界面，移动光标选中要复制的程序名，如图3-9所示（此处以复制程序JOB1为例），按下【F1】(复制) 键，出现图3-10所示界面。

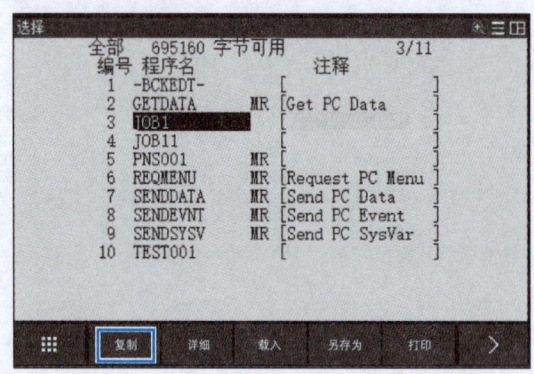

图3-9 选择复制程序名

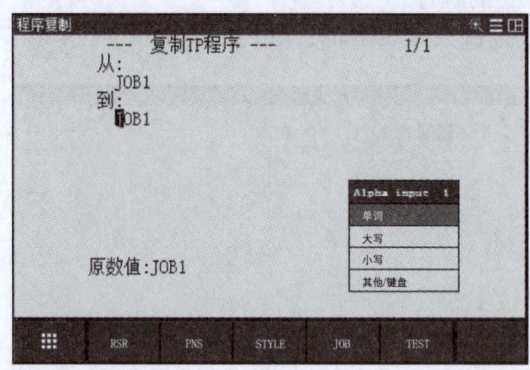

图3-10 程序复制界面

2) 若功能键中无"复制"选项，按【>】(下一页) 键切换功能键内容。
3) 移动光标选择程序名命名方式，再使用功能键（F1~F5）输入程序名。
4) 程序名输入完毕，按下【ENTER】键确认，复制程序确认界面如图3-11所示。

图3-11 复制程序确认界面

注意：写保护的程序可以被复制，但被复制的新程序不是写保护的状态，其写保护状态为OFF。

3. 程序执行

FANUC工业机器人在程序运行中可以方便地进行程序启动、中断和恢复等操作。
（1）程序启动 工业机器人示教器的程序启动包括以下三种方式。
1) 顺序单步执行（在模式开关为T1/T2条件下进行）。
① 按住示教器【DEADMAN】键。
② 把示教器开关打到"ON"位置。

③ 移动光标到开始执行的指令行处,程序界面如图3-12所示。
④ 按【STEP】(单步)键,确认"单步"指示灯亮,如图3-13所示。

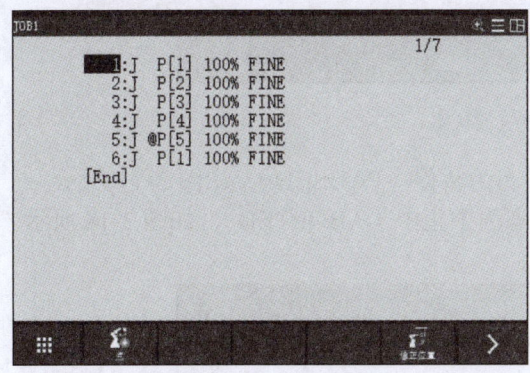

图 3-12 执行程序界面 1

图 3-13 单步指示灯

⑤ 按住【SHIFT】键,每按一下【FWD】键执行一行指令。程序运行完毕后,工业机器人停止运动。

2)顺序连续执行(在模式开关为T1/T2条件下进行)。
① 按住示教器【DEADMAN】键。
② 把示教器开关打到"ON"位置。
③ 移动光标到开始执行的指令行处,程序界面如图3-12所示。
④ 确认"单步"指示灯不亮,若"单步"指示灯亮,按【STEP】键切换指示灯的状态,如图3-14所示。
⑤ 按住【SHIFT】键,再按一下【FWD】键,开始执行程序。程序运行完毕后,工业机器人停止运行。

3)逆序单步执行(在模式开关为T1/T2条件下进行)。
① 按住示教器【DEADMAN】键。
② 把示教器开关打到"ON"位置。
③ 移动光标到开始的指令行处,执行程序界面如图3-15所示。

图 3-14 切换单步指示灯

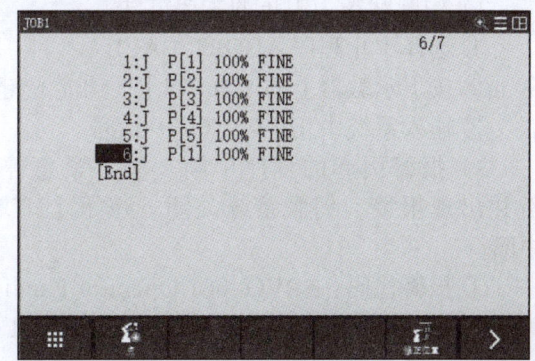

图 3-15 执行程序界面 2

④ 按住【SHIFT】键,每按一下【BWD】键,开始执行一条指令。程序运行完,机器人停止运动。

(2)程序执行中断 程序执行过程中,示教器屏幕会显示程序执行状态,执行状态包括以下内容。

① 执行：示教器屏幕将显示程序的执行状态为运行中（RUNNING），如图 3-16 所示。

图 3-16　程序执行状态

② 暂停：示教器屏幕将显示程序的执行状态为暂停（PAUSED），如图 3-17 所示。
③ 中止：示教器屏幕将显示程序的执行状态为中止中（ABORTED），如图 3-18 所示。

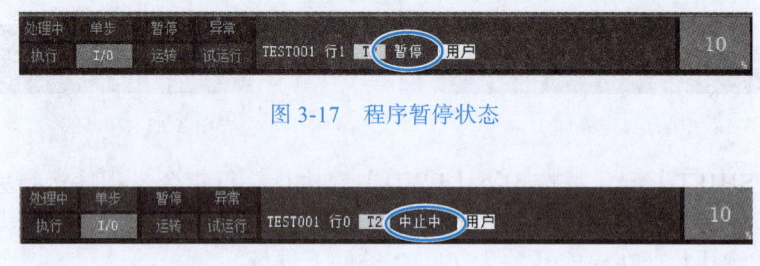

图 3-17　程序暂停状态

图 3-18　程序中止状态

程序执行过程中会出现中断情况，操作人员停止程序运行或程序运行中遇到报警，都会引发中断。

1）中断状态为暂停的方法
① 按下 TP 上的紧急停止按钮。
② 按下控制面板上的紧急停止按钮。
③ 释放示教器【DEADMAN】开关。
④ 输入外部紧急停止信号。
⑤ 输入系统紧急停止（IMSTP）信号。
⑥ 按下示教器上的【HOLD】键。
⑦ 输入系统暂停（HOLD）信号。

2）中断状态为中止的主要方法
① 选择中止程序 ABORT（ALL）。
② 按下示教器上的【FCTN】（功能）键，选择中止程序"1ABORT（ALL）"。
③ 输入系统中止（CSTOP）信号。

3）报警引起的程序中断。按下紧急停止按钮会使机器人立即停止，程序运行中断并出现报警，伺服系统关闭。按下【HOLD】键将会使机器人减速停止，程序运行中断。

① 报警代码：SRVO-001 Operator Panel E-stop，操作面板紧急停止。
　　　　　　SRVO-002 Teach Pendant E-stop，示教器紧急停止。
② 恢复步骤。
a）消除急停原因，例如，有危险发生。
b）顺时针旋转复位急停按钮。
c）按示教器上的【RESET】（复位）键，消除报警，此时，FAULT（异常）指示灯灭。

当程序运行或机器人操作中有不正确的地方时，则会产生报警，并使机器人停止执行任务，以确保安全。实时的报警代码会出现在示教器上，示教器屏幕上只能显示一条报警代码。

如果要查看报警记录，需要按下【MENU】键，选择"报警"（ALARM），单击"报警日志"，按下【F3】（履历）键，即可查看程序报警履历，如图3-19所示。按下【SHIFT+F4】（清除）键，可清除所有历史警告记录，按下【F5】（详细）键可显示报警代码的详细信息，如图3-20所示。

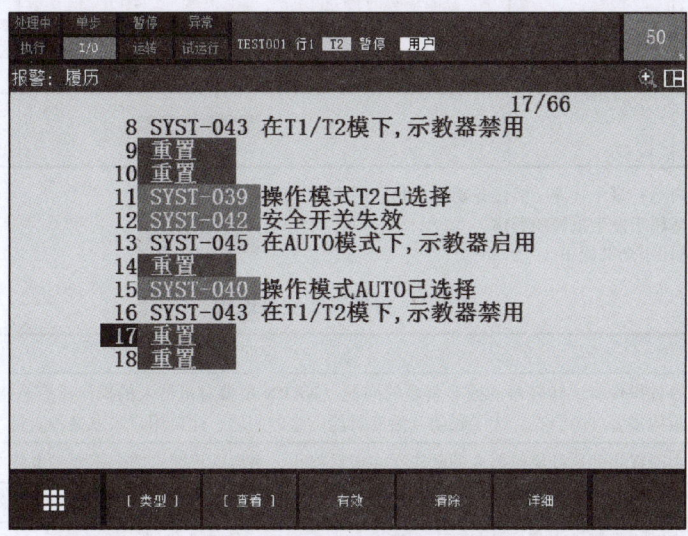

图3-19　程序报警履历

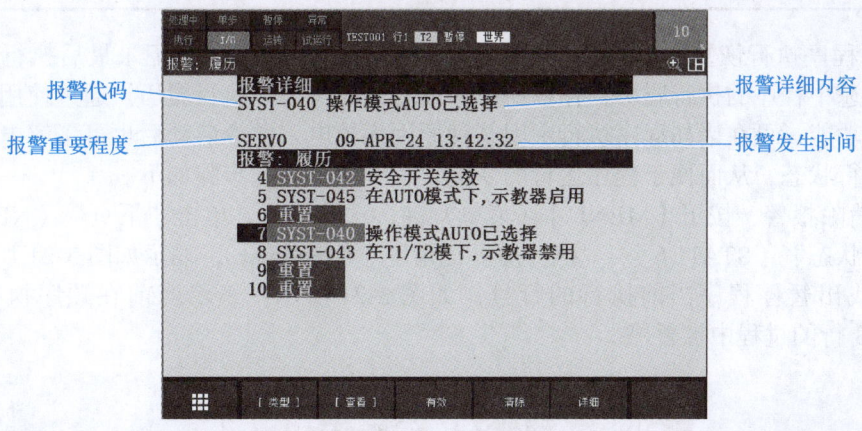

图3-20　程序报警详细信息

在消除报警的过程中，一定要首先找出报警原因，将故障消除，按下【RESET】键才会真正消除报警。有时，示教器上实时显示的报警代码并不是真正的故障原因，这时需要通过查看报警历史记录才能找到引起问题的报警代码。报警重要程度由不同的代码表示，报警重要程度一览表见表3-2。报警重要程度说明见表3-3。

表3-2 报警重要程度一览表

代码	程序	工业机器人动作	伺服电动机	范围[①]
NONE	不停止	不停止	不断开	
WARN				
PAUSE.L[②]	暂停	减速后停止	不断开	局部
PAUSE.G[③]				整体
STOP.L				局部
STOP.G				整体
SERVO		瞬时停止	断开	整体
ABORT.L	强制结束	减速后停止	不断开	局部
ABORT.G				整体
SERVO2		瞬时停止	断开	整体
SYSTEM				整体

① 范围:表示同时运行多个程序(多任务功能)时适用报警的范围。
② L:Local,只适用于发生报警的程序。
③ G:Global,适用于全部程序。

表3-3 报警重要程度说明

报警重要程度	说明
WARN	警告操作者比较轻微的或非紧要的问题。WARN报警对机器人的操作没有直接影响。示教器和操作面板的报警灯不会亮。为了预防今后有可能发生的问题,建议用户采取某种对策
PAUSE	中断程序的执行使机器人的动作在完成后停止。再启动程序之前,需要采取针对报警的相应对策
STOP	中断程序的执行使机器人的动作在减速后停止。再启动程序之前,需要采取针对报警的相应对策
SERVO	中断或强制结束程序的执行,在断开伺服电源后,使工业机器人的动作瞬时停止。SERVO报警通常是由硬件异常引起的
ABORT	强制结束程序的执行,使工业机器人的动作在减速后停止
SYSTEM	通常是由与系统相关的重大问题引起的。SYSTEM报警使工业机器人的所有操作都停止

(3)程序执行恢复 程序执行历史记录(Exec-hist)可预先记录最后执行的程序或最后执行途中程序的执行履历,在程序结束或暂停时参考该执行履历。通过使用程序执行历史记录功能,可在诸如程序执行中因某种原因而掉电,在冷启动后也可了解电源断开时的程序执行状态,从而便于程序运行的恢复。程序执行恢复步骤如下。

1)消除报警,按下【MENU】(菜单)键,选择"0",单击"下页"(NEXT),依次单击"状态"(STATUS)-"执行历史记录"(Exec-hist),显示如图3-21所示界面。

2)找出暂停程序当前执行的行号,如图3-21所示,表示当前在顺序执行到程序JOB1第3行的过程中被暂停。

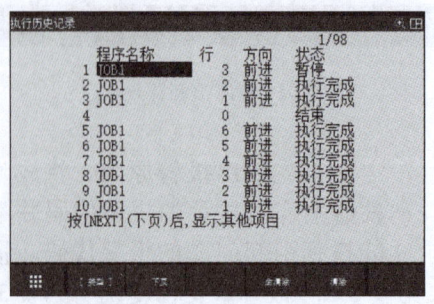

图3-21 执行历史记录界面

3）进入程序编辑界面，如图 3-22 所示。

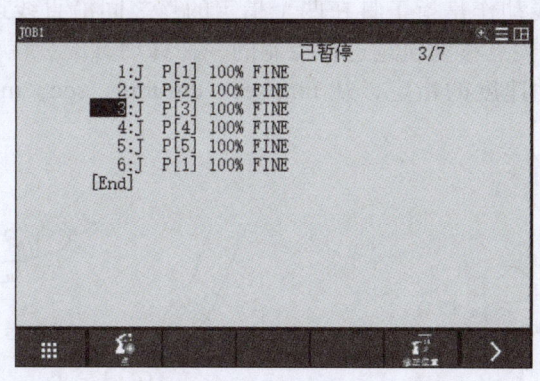

图 3-22　程序编辑界面

4）手动执行到暂停行或执行顺序的上一行。
5）可通过启动信号继续执行程序。

二、动作指令

机器人在编程过程中，通过动作指令可直接实现工业机器人以指定运动速度和运动方式完成规定的动作。

1. 动作指令要素

动作指令是指以指定的移动速度和移动方法使工业机器人向作业空间内的指定目标位置移动的指令。FANUC 工业机器人的一个完整动作指令要素构成如图 3-23 所示。

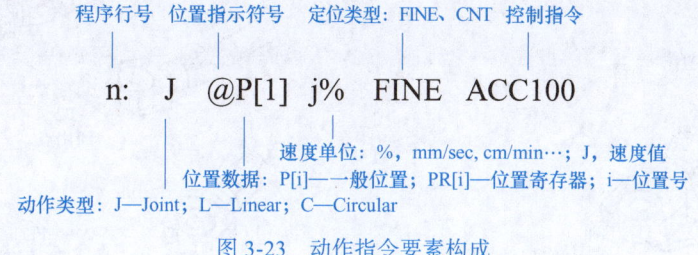

图 3-23　动作指令要素构成

n：程序行号。
J：动作类型。指定向指定位置运动的轨迹控制。
@：位置指示符号。当位置数据前出现 @ 符号时，表示机器人的工具中心点正在该位置。
P[1]：位置数据。指定位置的位置信息。
j%：移动速度。指定机器人的移动速度。
FINE：定位类型。指定是否在指定位置定位。
ACC100：控制指令。指定在动作过程中执行附加控制和动作。
（1）动作类型　动作类型有不进行轨迹控制、姿势控制的关节（J）动作，进行轨迹控制、姿势控制的直线（L）动作（回转），以及圆弧（C）动作和 C 圆弧动作（A）。

1）关节动作。关节动作是指工具在两个指定的点之间任意运动，不进行轨迹控制和姿势控制。关节动作速度的指定，从 %（相对最大移动速度的百分比）、sec、msec 中选择。关节动作示意图如图 3-24 所示。

2)直线动作。

① 直线动作。直线动作是指工具在两个指定的点之间沿直线运动,从动作开始点到结束点以线性方式对刀尖点移动轨迹进行控制的一种移动方法。在对结束点进行示教时记录动作类型。直线移动速度的指定,从 mm/sec、cm/min、sec、msec 中选择。直线动作示意图如图 3-25 所示。

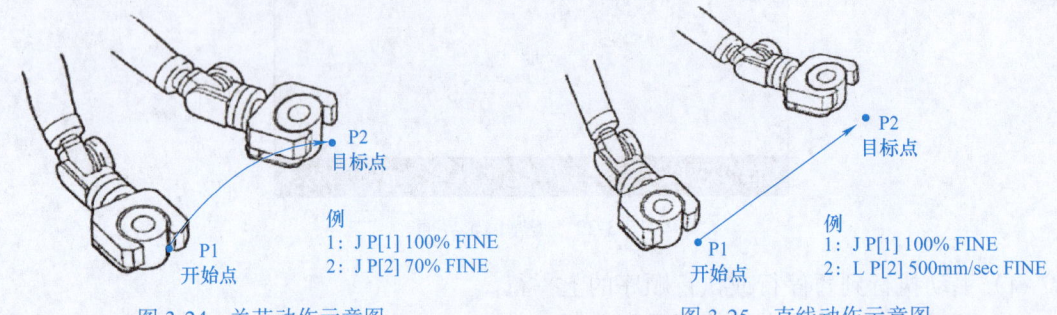

图 3-24　关节动作示意图　　　　　图 3-25　直线动作示意图

② 回转动作。回转动作是指使用直线动作使工具的姿势从开始点到结束点,以刀尖点为中心进行旋转的一种移动方法。移动速度以 deg/sec 指定,移动轨迹通过线性方式进行控制。旋转动作示意图如图 3-26 所示。

3)圆弧动作。圆弧动作是从开始点通过经由点以圆弧方式对工具中心点移动轨迹进行控制的一种移动方法。圆弧移动速度的指定,从 mm/sec、cm/min、inch/min、sec、msec 中予以选择。圆弧动作示意图如图 3-27 所示。

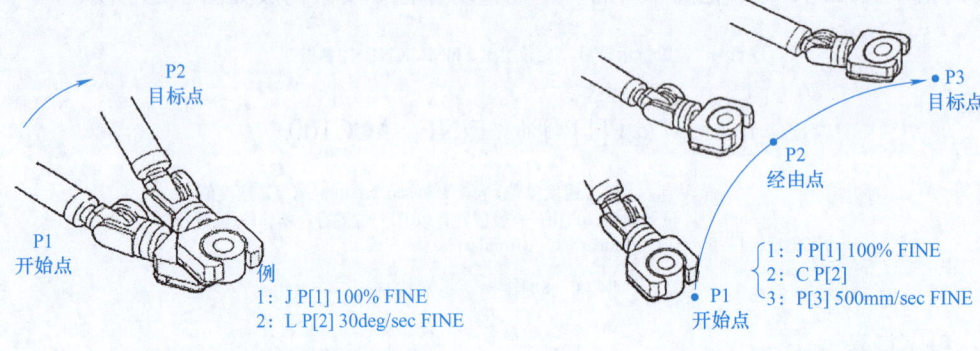

图 3-26　旋转动作示意图　　　　　图 3-27　圆弧动作示意图

注意:①起始点的动作类型是任意的。②C 指令之后的两个点必须是中间经由点和结束点。③C 圆弧动作的圆弧弧度≤180°。

4)C 圆弧动作(A 指令)。圆弧动作指令下,需要在一行中示教经由点和目标点两个位置。C 圆弧动作(A 指令)下,一行只示教一个位置。由连续的三个 C 圆弧动作指令(A 指令)连接而成进行圆弧动作,如图 3-28 所示。需要注意的有以下几点。

① C 圆弧动作指令的起始点必须是 A 指令。

② 最少三个 A 指令一起使用。

③ 第一条 A 指令相当于一条直线。

④ A 指令所绘制的圆弧可以超过 180°。

(2)位置数据

1)P[ ] 表示一般位置,常作为局部变量出现,不能用于计算。如 J P[1] 100% FINE。

项目3 工业机器人的编程操作 71

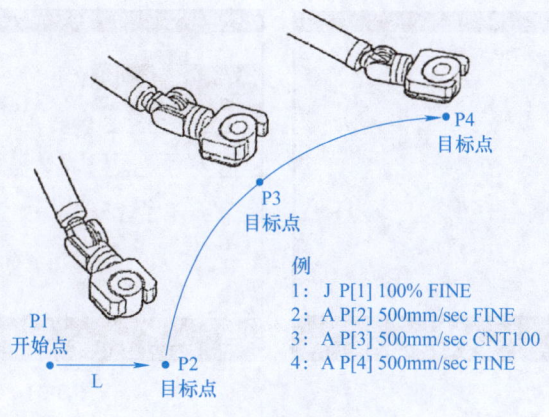

图 3-28 C 圆弧动作示意图

2) PR[ ] 表示位置寄存器,常作为全局变量出现,可以用于计算。如 J PR[1] 100% FINE。

(3)移动速度 不同的动作类型速度单位不同。

1) J:%,sec,msec。

2) L、C、A:mm/sec,cm/min,inch/min,deg/sec,sec,msec。

(4)定位类型

1) FINE:工业机器人在指定的位置暂停后,执行下一个动作,常用于精确定位。

2) CNT(0~100):工业机器人将所指定的位置和下一个动作位置平顺地连接起来,动作的平顺程度越大,越平顺。不同 CNT 值下的平顺程度如图 3-29 所示。

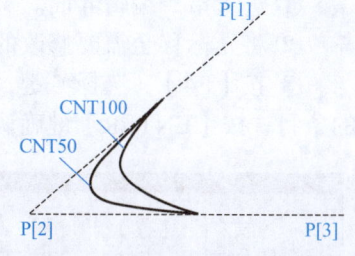

图 3-29 不同 CNT 值下的平顺程度

注意:工业机器人绕过工件的运动,使用 CNT 作为运动定位类型,可以使工业机器人的运动看上去更连贯。奇异点(MOTN-023 STOP In Singularity)表示工业机器人 J5 轴在 0°位置附近点,当示教器产生该报警时,可以使用关节坐标将 J5 轴调离 0°位置,按【RESET】键即可消除该报警。当工业机器人运行程序时产生该报警,可以将运动指令的动作类型改为关节动作,或修改工业机器人的位置姿态,以避开奇异点位置,也可以使用附加动作指令 Wjnt。

2. 动作指令的编辑

动作指令的编辑主要是指动作位置点的示教与修改、动作指令要素的修改等。

(1)示教

1)示教方法一。

① 将 TP 开关打到 ON(开)位置。

② 移动工业机器人达到所需位置。

③ 按住【SHIFT+F1】(点)键。

④ 编辑界面内容将生成动作指令,当前机器人的位置被记录下来,如图 3-30 所示。

2)示教方法二。

① 进入程序编辑界面。

② 按下【F1】(点)键,出现如图 3-31 所示界面。若找不到需要的动作指令格式,可按【F1】(标准)键进行标准指令模板的设定。

图 3-30 生成动作指令界面

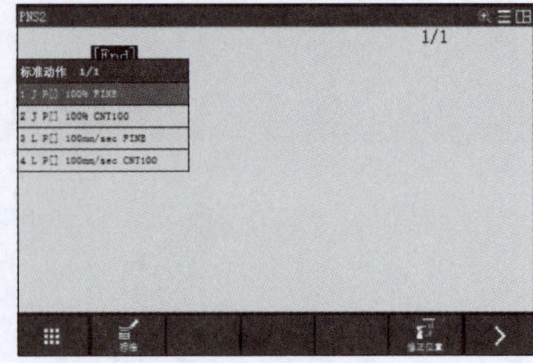
图 3-31 编辑界面

③ 移动光标选择合适的动作指令格式,按【ENTER】键确认,生成默认动作格式的动作指令,界面同图 3-30,此后通过【SHIFT】+"点"记录的动作指令格式将使用当前所选的动作指令格式,如图 3-31 所示,直到选择其他的格式为默认格式。

(2) 修改动作指令四要素

1) 动作类型修改。

① 进入指令编辑界面。

② 将光标移至需要修改的指令要素选项,如图 3-32 所示。

③ 按【F4】(选择)键,显示指令要素选择项一览,如图 3-33 所示。选择需要更改的条目,按【ENTER】键确认。

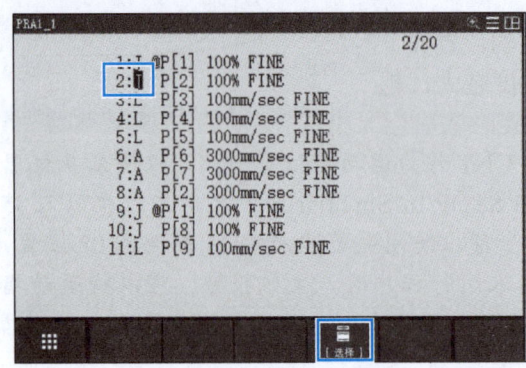
图 3-32 选择动作指令要素

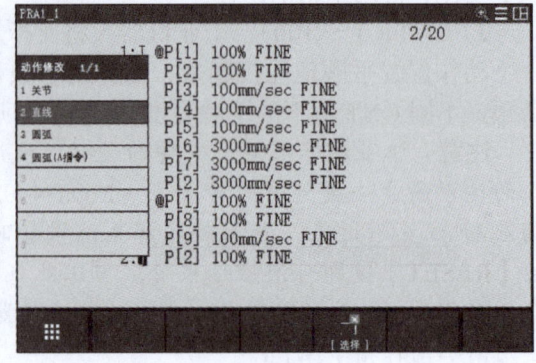
图 3-33 动作修改

2) 位置数据修改。进入指令编辑界面,将光标移到需要修改的指令要素选项,进行位置数据修改,如图 3-34 所示。

3) 速度值修改。进入指令编辑界面,将光标移到需要修改的指令要素选项,进行速度值的修改,如图 3-35 所示。

4) 速度单位修改。进入指令编辑界面,将光标移到需要修改的指令要素选项,进行速度单位的修改,如图 3-36 所示。

(3) 变换动作指令

1) 圆弧动作修改为关节动作。在编辑界面下,将光标移到需要修改的圆弧动作类型处,按【F4】(选择)键,选择对应动作类型,这里选择"关节",按下【ENTER】键确认,圆弧动作修改为关节动作,如图 3-37 所示。圆弧动作指令修改为直线动作指令操作步骤同上。

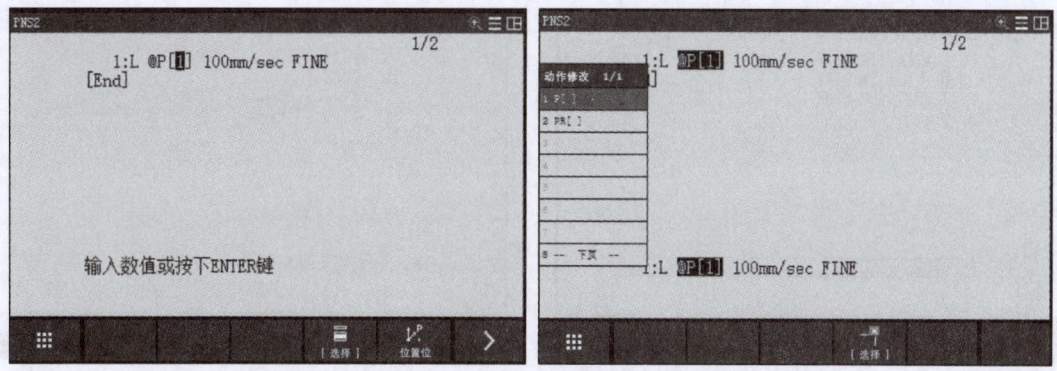

图 3-34 位置数据修改

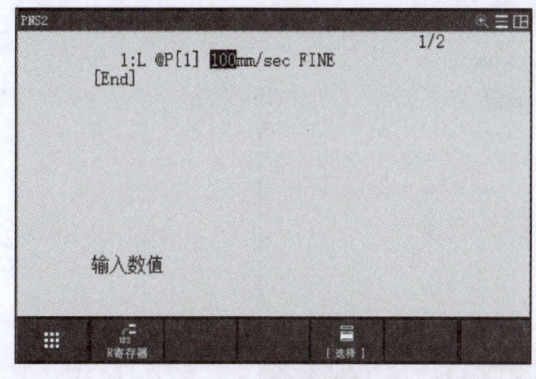

图 3-35 速度值修改

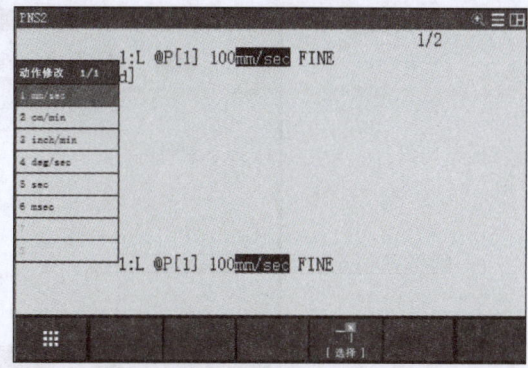

图 3-36 速度单位修改

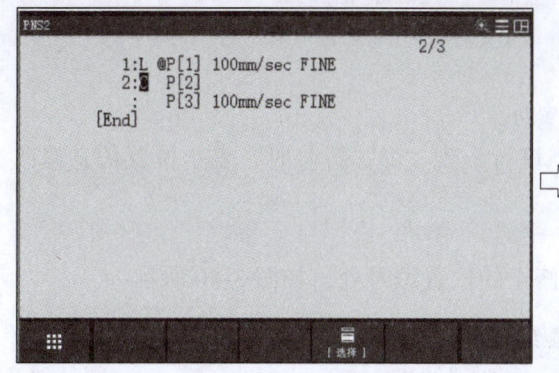 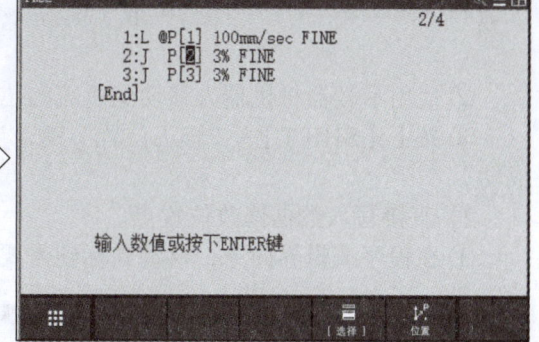

图 3-37 圆弧动作修改为关节动作

2）关节动作修改为圆弧动作。在编辑界面下，将光标移到需要修改的动作类型处，按【F4】（选择）键，选择圆弧动作选项，按下【ENTER】键确认，关节动作修改为圆弧动作，如图 3-38 所示，此时，圆弧目标点的位置数据为空。直线动作指令修改为圆弧动作指令操作步骤同上。

（4）修改位置点

1）示教修改位置点。

① 在程序编辑界面下，移动光标到需要修正的动作指令的行编号处，如图 3-39 所示。

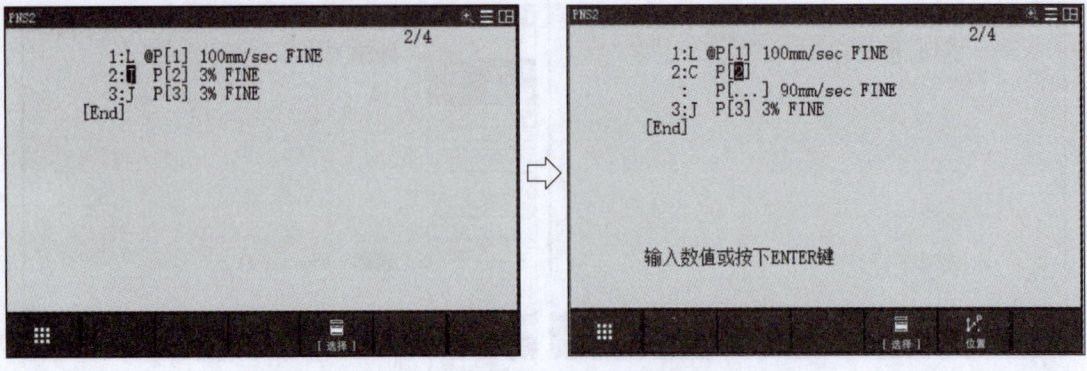

图 3-38 关节动作修改为圆弧动作

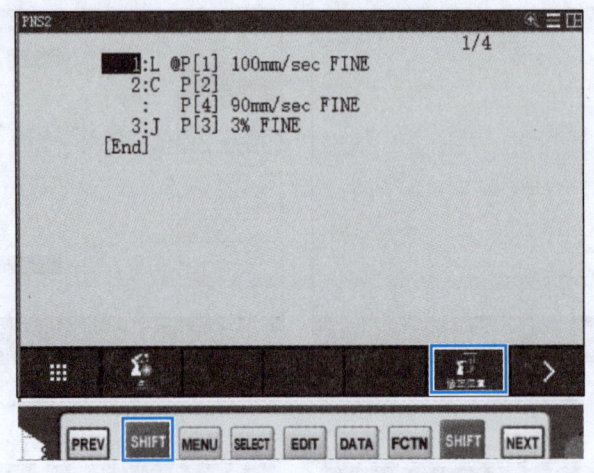

图 3-39 示教修改位置点界面

② 使用示教器将机器人移动到所需的位置处。

③ 按下【SHIFT】+"修正位置"键,当该行出现"@"符号时,表示位置信息修改成功。

2) 直接写入数据修改位置点。

① 在程序编辑界面下,移动光标到需要修正的位置编号处,如图 3-40 所示。

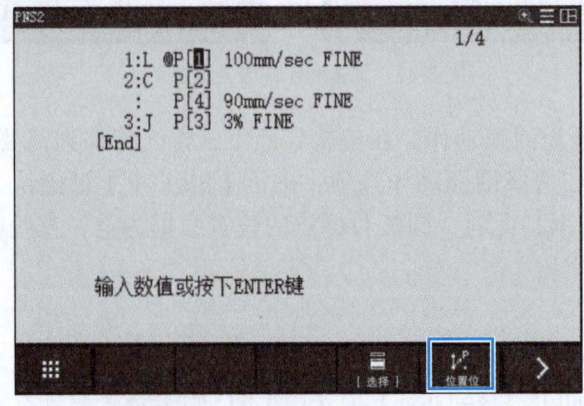

图 3-40 位置编号选择界面

② 单击"位置位",按下【形式】切换位置数据形式,在不同形式下输入目标位置数据。

③ 修改完毕后,按【F4】(完成)键,该位置点记录完成。

【任务考核工单】

工作任务	程序管理与动作指令应用		学时	
姓名		组别	班级	日期

1. 任务描述

示教机器人,采用动作指令编写程序,使机器人按照要求轨迹运行。并且能够编辑、修改动作指令,学会复制、删除程序。

2. 任务实施(过程记录)

(1)程序的创建、执行与动作指令编辑(见图3-41)

1)创建程序 PRA1。

2)激活1号工具坐标系、1号用户坐标系。

3)记录 HOME 位置 P[1],HOME 点的位置数据为:

J1=0.000   J2=0.000   J3=0.000

J4=0.000   J5=-90.000   J6=0.000

4)采用动作指令编辑图3-41轨迹。

5)示教点位并记录位置。

6)选中 STEP 模式,按【SHIFT+FWD】键运行程序。

7)取消 STEP 模式,按【SHIFT+FWD】键运行程序。

(2)程序的复制、删除与修改(见图3-42)

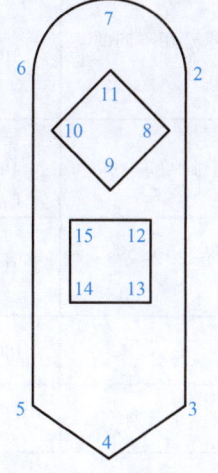

图3-41 轨迹1示意图

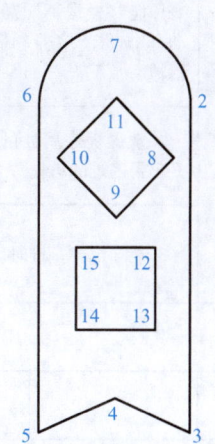

图3-42 轨迹2示意图

1)复制程序:将 PRA1 复制为 PRA1_1,分别记录 PRA1 和 PRA1_1 程序的属性界面中"复制源"(Copy Source)项的内容:

PRA1:_____;PRA1_1:_____

2)删除程序 PRA1。

3)按照图3-42修改程序 PRA1_1。

4)将程序 PRA1_1 改名为 PRA1_2。

5)执行程序 PRA1_2,观察其效果。

6)操作结束,请指导教师检查。

7)关机。

(续)

3. 任务评价（评价具体细则及分值可根据具体情况进行调整）

评价要素	任务要求	考核细则	分值	得分
知识点	1. 了解程序的相关操作内容	1. 能够正确讲出程序管理中的操作内容	10	
	2. 了解 FANUC 工业机器人程序的属性	2. 能够正确讲出机器人的详细属性	10	
	3. 了解 FANUC 工业机器人不同种类的动作指令	3. 能够正确讲出 FANUC 工业机器人不同种类的动作指令及其区别	10	
技能点	1. 掌握程序的管理	1. 能够根据具体情况进行程序的管理操作	15	
	2. 掌握机器人的执行	2. 能够正确执行程序	5	
	3. 掌握动作指令的编辑与执行	3. 能够根据具体情况采用不同的动作指令	15	
	4. 能够根据需要修改轨迹	4. 能够正确修改轨迹	5	
素质点	1. 能够根据不同需求选用合适的动作指令，培养精益求精的工匠精神	1. 能够对不同需求选用不同的动作指令	10	
	2. 掌握程序属性的修改方法，提升不畏困难的勇气	2. 对程序能够进行维护和排查	10	
	3. 遵守纪律，按时出勤	3. 能够遵守纪律，不迟到，不早退	10	
		合计	100	

学生签名		教师签名		日期	

4. 任务反思

在课堂上学会了下面几点：
_____
_____

还有哪个地方有疑问：
_____
_____

本任务实施过程中需要注意的有下面几点：
_____
_____

【任务实施】

一、程序创建、执行与动作指令编辑

程序创建、执行与动作指令编辑

序号	操作说明	示意图
步骤1	创建程序PRA1：按下【SELECT】键，选择"创建"单击"PRA1"，按下【ENTER】键确认	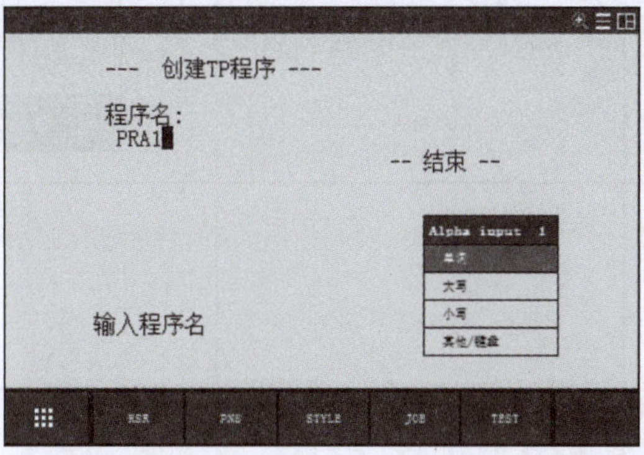
步骤2	按下【SHIFT+COORD】键，将光标移至Tool，输入工具坐标系号"1"	
步骤3	按下【SHIFT+COORD】键，将光标移至User，输入用户坐标系号"1"	
步骤4 记录HOME位置P[1]	方法1：用示教器点动机器人到（0, 0, 0, -90, 0, 0），按下【SHIFT】+"修正位置"，记录当前位置	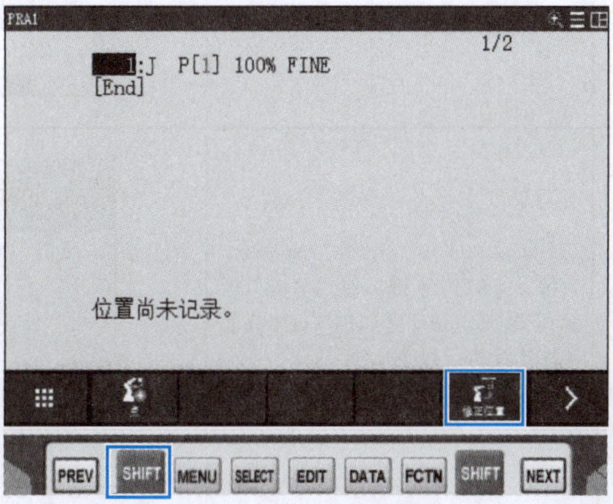

（续）

序号	操作说明	示意图
步骤4 记录 HOME 位置 P[1]	方法2：将光标移至位置号上，依次单击"位置"—"形式"—"正交"，进入位置信息界面，直接输入HOME位置数据，单击"完成"即记录完成	PRA1 P[1] UF:1 UT:1 J1 0.000 deg J4 0.000 deg J2 0.000 deg J5 -90.000 deg J3 0.000 deg J6 0.000 deg 位置详细 1:J @P[1] 100% FINE [End] 输入数值 完成　[形式]
步骤5	轨迹绘制完后，按下【SHIFT】+"修正位置"，记录每一个点位	1:J @P[1] 100% FINE 2:J P[2] 100% FINE 3:L P[3] 100mm/sec FINE 4:L P[4] 100mm/sec FINE 5:L P[5] 100mm/sec FINE 6:A P[6] 3000mm/sec FINE 7:A P[7] 3000mm/sec FINE 8:A P[2] 3000mm/sec FINE 9:J @P[1] 100% FINE 10:J P[8] 100% FINE 11:L P[9] 100mm/sec FINE 12:L P[10] 100mm/sec FINE 13:L P[11] 100mm/sec FINE 14:J @P[1] 100% FINE 15:J P[12] 100% FINE 16:L P[13] 100mm/sec FINE 17:L P[14] 100mm/sec FINE 18:L P[15] 100mm/sec FINE 19:J @P[1] 100% FINE [End]
步骤6	按下【STEP】键，使"单步"指示灯点亮，按下【SHIFT+FWD】，顺序单步执行程序	处理中 单步 暂停 异常 执行 I/O 运转 试运行 PRA1 行0 T2 中止 关节 10 PRA1 20/20 10:J P[8] 100% FINE 11:L P[9] 100mm/sec FINE 12:L P[10] 100mm/sec FINE 13:L P[11] 100mm/sec FINE 14:J @P[1] 100% FINE 15:J P[12] 100% FINE 16:L P[13] 100mm/sec FINE 17:L P[14] 100mm/sec FINE 18:L P[15] 100mm/sec FINE 19:J @P[1] 100% FINE [End]
步骤7	按下【STEP】键，使"单步"指示灯熄灭，按下【SHIFT+FWD】，顺序连续执行程序	处理中 单步 暂停 异常 执行 I/O 运转 试运行 PRA1 行0 T2 中止 关节 10 PRA1 20/20 10:J P[8] 100% FINE 11:L P[9] 100mm/sec FINE 12:L P[10] 100mm/sec FINE 13:L P[11] 100mm/sec FINE 14:J @P[1] 100% FINE 15:J P[12] 100% FINE 16:L P[13] 100mm/sec FINE 17:L P[14] 100mm/sec FINE 18:L P[15] 100mm/sec FINE 19:J @P[1] 100% FINE [End]

二、程序的复制、删除与修改

程序的复制、删除和修改

序号	操作说明	示意图
步骤1	复制程序：按下【SELECT】键，将光标选中程序"PRA1"，单击"复制"	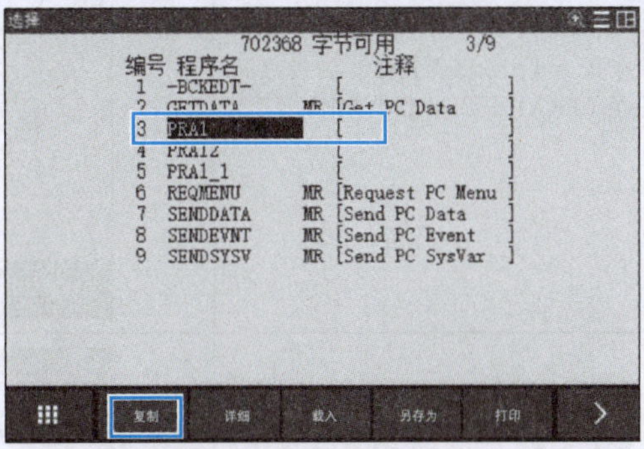
步骤2	将程序改名为"PRA1_1"，单击"是"	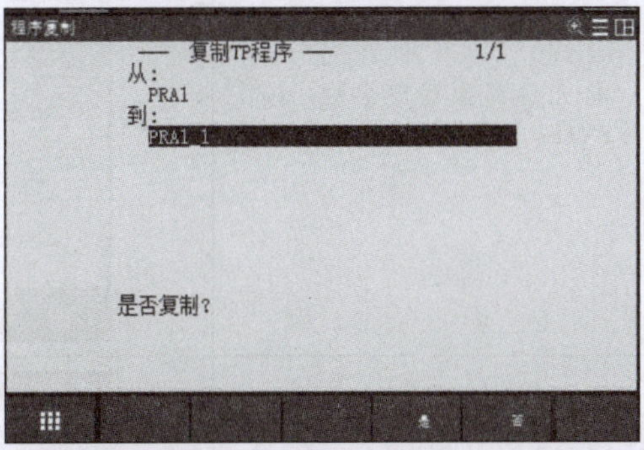
步骤3	按下【SELECT】键，单击"删除"，删除程序"PRA1"	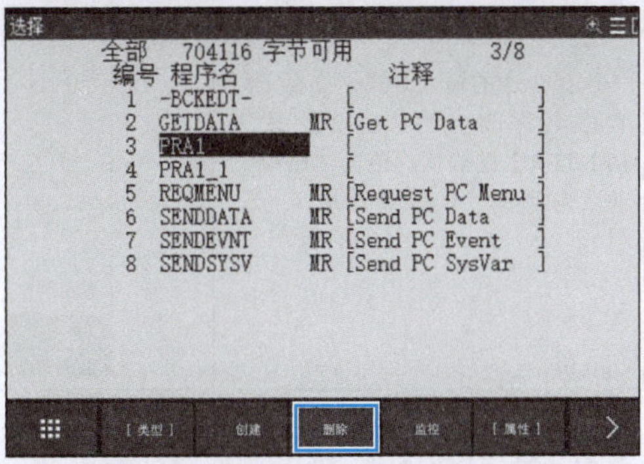
步骤4	将光标移至程序PRA1_1 P[4]行号处，按下【SHIFT】+"修正位置"，记录变化的点位位置	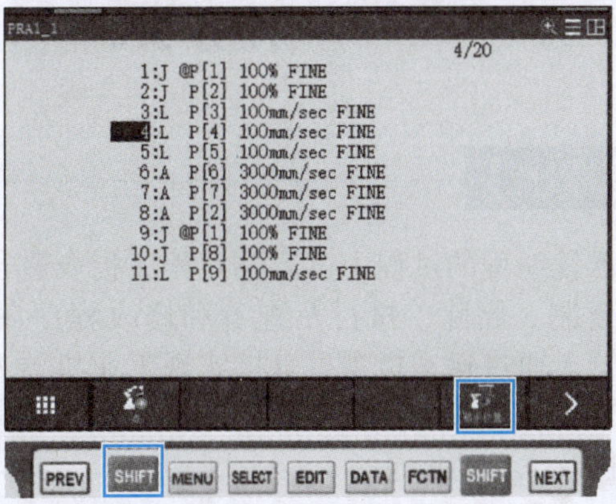

(续)

序号	操作说明	示意图
步骤5	按下【SELECT】键，将光标移至"PRA1_1"，单击"详细"	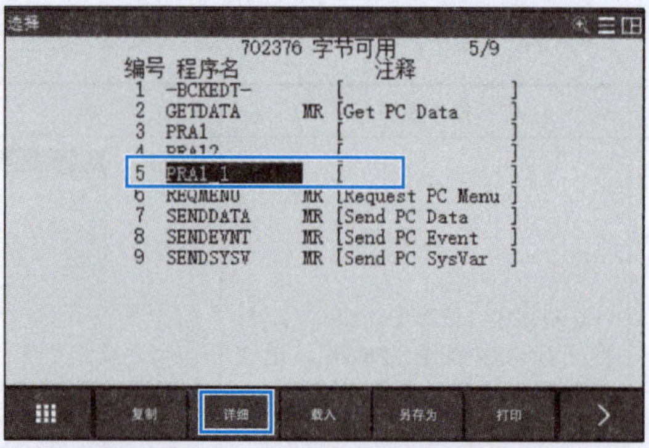
步骤6	将光标移至程序名处，按下【ENTER】键确认	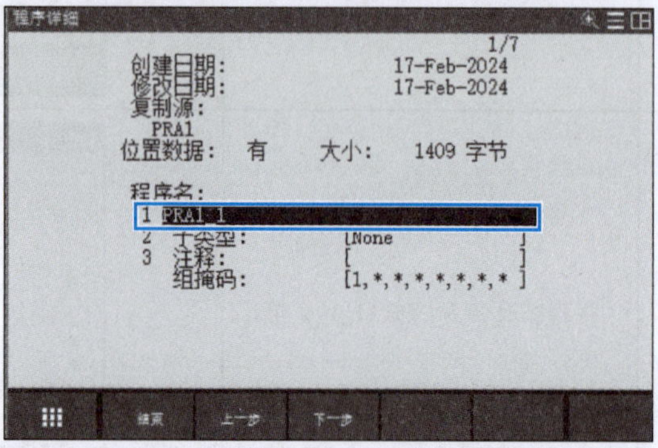
步骤7	选择合适的输入方式，按要求将程序名称改为"PRA1_2"，按下【ENTER】键确认，单击"结束"，改名完成	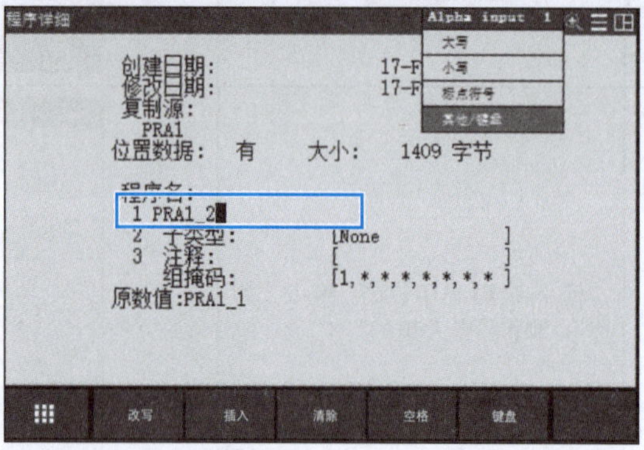

任务3.2　指令的编辑

【任务提出】

在示教编程的过程中，需要对程序指令进行编辑，包括创建、复制、删除、执行及查看和修改程序属性。FANUC工业机器人通过运动指令可直接实现工业机器人以指定的动作速度和运动方式向作业空间内的指定位置移动，从而实现运动轨迹及位置的记录。

指令的编辑

本任务要求如下：
1）掌握指令的复制、删除、执行等操作。
2）理解指令的各个功能并会使用。
3）能够根据需要修改轨迹。
4）掌握运动指令示教和位置数据记录、修改的方法和步骤。

【知识点拨】

在程序编辑过程中，为方便对工业机器人程序指令进行修改，可以对工业机器人进行插入、删除、复制/剪切、粘贴、查找和替换等指令编辑。进入程序编辑界面，如图3-43所示，单击【>】，找到"编辑"，点击后弹出指令编辑界面，如图3-44所示。

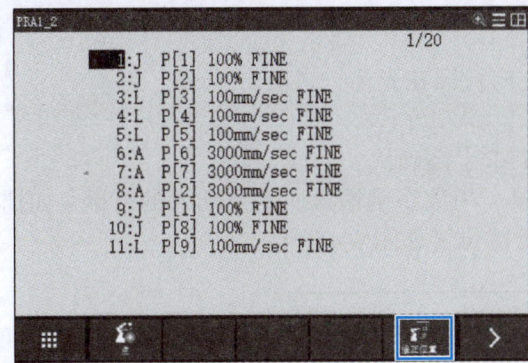
图 3-43　程序编辑界面

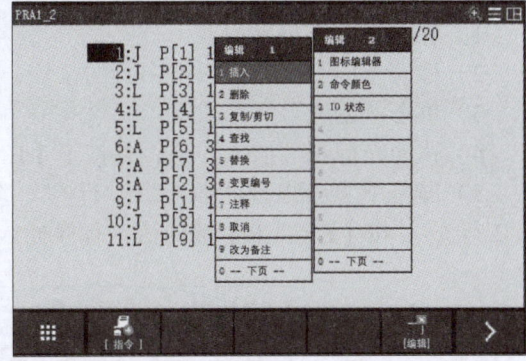
图 3-44　指令编辑界面

在图 3-44 所示的"编辑"指令菜单中，可以看到 12 个编辑指令，其功能说明见表 3-4。

表 3-4　编辑指令功能说明

编辑指令	功能说明
插入（Insert）	插入空白行：将所需数量的空白行插入到现有的程序语句之间。插入空白行后，重新赋予行编号
删除（Delete）	删除程序语句：将所指定范围的程序语句从程序中删除。删除程序语句后，重新赋予行编号
复制/剪切（Copy/Cut）	复制/剪切程序语句：先复制/剪切一连串的程序语句集，然后插入粘贴到程序中的其他位置。复制程序语句时，选择复制源的程序语句范围，将其记录到存储器中。程序语句一旦被复制，可以多次插入粘贴使用
查找（Find）	查找所指定的程序指令要素
替换（Replace）	将所指定的程序指令要素替换为其他要素，例如，在更改了影响程序设置数据的情况下使用该功能
变更编号（Renumber）	以升序重新赋予程序中的位置编号：位置编号在每次对动作指令进行示教时自动累加生成。经过反复执行插入和删除操作，位置编号在程序中会显得凌乱无序。通过变更编号，可使位置编号在程序中依序排列
注释（Comment）	可以在程序编辑画面内对以下指令的注释进行显示/隐藏切换，但是不能对注释进行编辑。 ① DI/DO 指令、RI/RO 指令、GI/GO 指令、AI/AO 指令、UI/UO 指令、SI/SO 指令 ② 寄存器指令 ③ 位置寄存器指令（包含动作指令位置数据格式的位置寄存器） ④ 码垛寄存器指令 ⑤ 动作指令的寄存器速度指令
取消（Undo）	取消一步操作：可以取消指令的更改、行插入、行删除等程序编辑操作。若在编辑程序的某一行时执行取消操作，则相对该行执行的所有操作全部都取消。此外，在行插入和行删除时执行取消操作，取消所有已插入的行和已删除的行

(续)

编辑指令	功能说明
改为备注（Remark）	通过指令的备注，可以不执行该指令，可以对多条指令备注，或者予以解除。被备注的指令，在行的开头显示"//"
图标编辑器	进入图标编辑界面，在带触摸屏的 TP 上，可直接触摸图标进行程序的编辑
命令颜色	使某些命令（如 I/O 命令）以彩色显示
IO 状态	在命令中显示 I/O 的实时状态

1. 插入

将所需数量的空白行插入到现有的程序语句之间。插入空白行后，重新赋予行编号。步骤如下。

1）进入程序编辑界面。
2）移动光标到所需插入空白行的位置，空白行插在光标行之前。
3）单击"编辑"。
4）移动光标到"插入"项，并按下【ENTER】键确认。
5）屏幕下方会出现"插入多少行？"选项，用数字键输入所需要插入的行数（如插入 2 行），并按【ENTER】键确认，程序插入行数位置如图 3-45 所示。

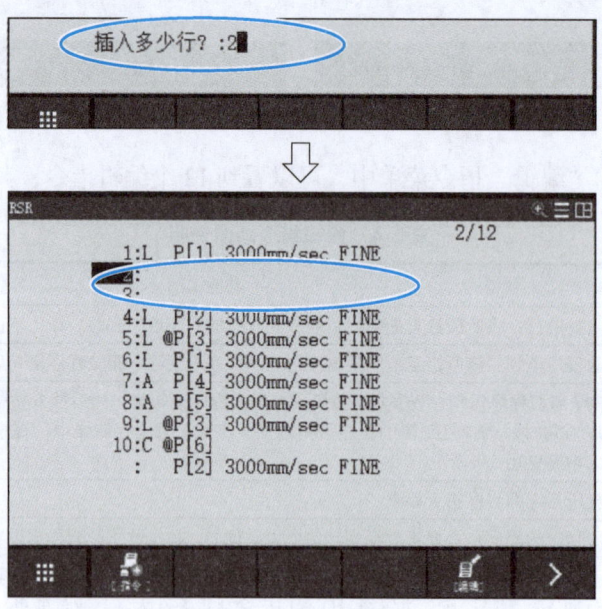

图 3-45　插入窗口

2. 删除

将指定范围的程序语句从程序中删除。删除语句后，重新赋予行编号。步骤如下。

1）进入编辑界面
2）移动光标到要删除的指令号处。
3）依次单击"编辑"—"删除"，如图 3-46 所示。
4）屏幕下方出现"是否删除行？"，移动光标选中需要删除的行，可以是单行或是连续的几行，如图 3-47 所示，单击"是"，即可删除选中的行。

项目 3　工业机器人的编程操作　83

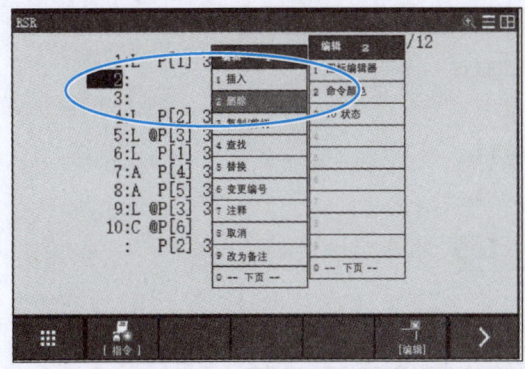

图 3-46　删除指令界面 1

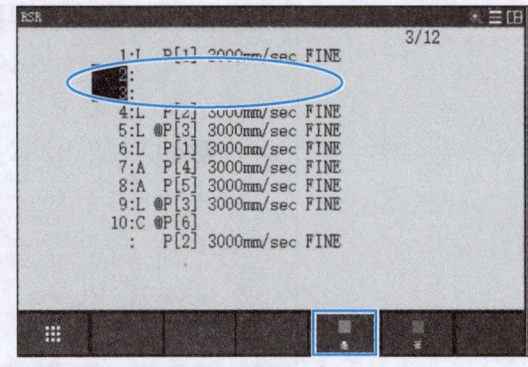

图 3-47　删除指令界面 2

3. 复制 / 剪切

复制 / 剪切程序，先复制 / 剪切一连串的程序语句集，然后插入粘贴到程序中的其他位置。复制程序语句时，选择复制源的程序语句范围，将其记录到存储器中。程序语句一旦被复制，可以多次插入粘贴使用。

复制 / 剪切的主要步骤如下。

1）进入程序编辑界面。

2）移动光标到要复制或剪切的行号处。

3）按下【F5】（编辑）键，选择"复制 / 剪切"，如图 3-48 所示，按【ENTER】键确认。

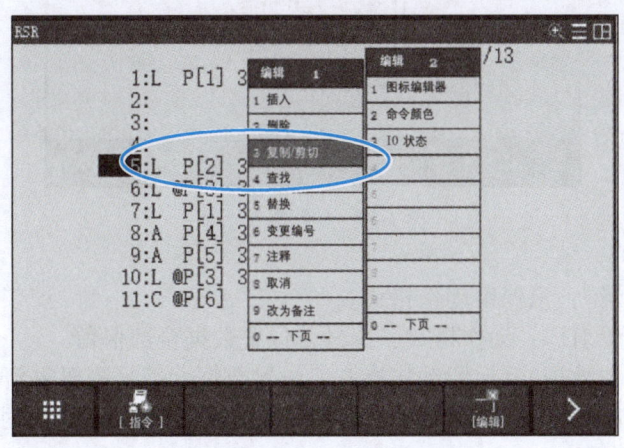

图 3-48　复制 / 剪切指令界面 1

4）按下【F2】（选择）键，屏幕下方会出现"复制""剪切"和"粘贴"三个选项，如图 3-49 所示。

5）向上或向下移动光标，选择需要复制或剪切的指令，然后根据需求选择【F2】（复制）或【F3】（剪切）。

粘贴的主要步骤如下。

1）按照以上步骤复制或剪切所需内容。

2）移动光标到所需要粘贴的行号处（插入式粘贴，不需要先插入空白行）。

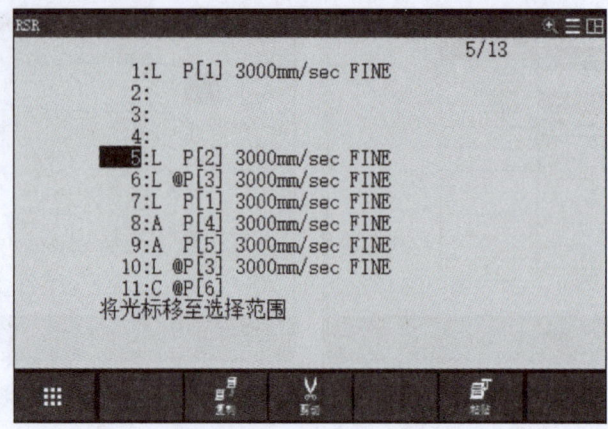

图 3-49　复制/剪切指令界面 2

3）按下【F5】（粘贴）键，屏幕下方会出现"在该行之前粘贴吗？"窗口下方出现【F2】（逻辑）、【F3】（位置 ID）、【F4】（位置数据）共三种粘贴方式，如图 3-50 所示，主要注意以下几点。

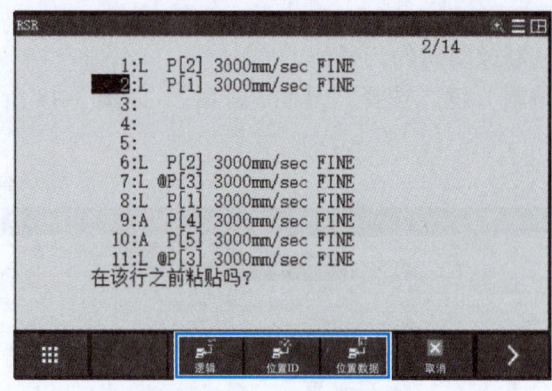

图 3-50　粘贴指令界面

①【F2】（逻辑）：只保留动作格式。
②【F3】（位置 ID）：动作格式、编号、位置数据全部保留。
③【F4】（位置数据）：保留动作格式、位置数据，编号需要重新编号。
④若进行剪切操作，在对动作指令进行 F3（位置 ID）粘贴操作时，粘贴出来的动作指令没有位置信息。

4. 替换

将所指定的程序指令要素替换为其他要素，主要步骤如下。
1）进入编辑界面。
2）移动光标到开始查找的行编号处。
3）按下【F5】（编辑）键，单击"替换"，按下【ENTER】键进行确认，如图 3-51 所示。
4）选择需要替换的指令要素，以动作修改为例，单击"动作修改"，出现替换动作指令界面，如图 3-52 所示。

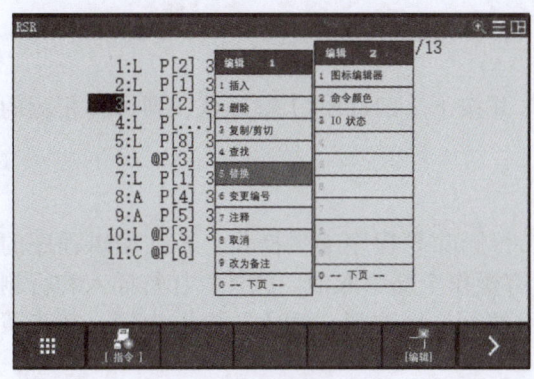 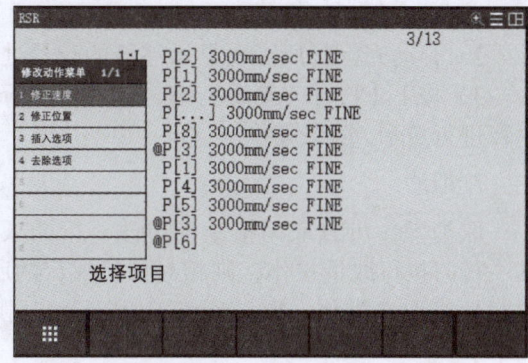

图 3-51　替换指令界面　　　　　　　图 3-52　动作修改界面

动作参数替换分类如下。
① 修正速度：将速度值替换为其他值。
② 修正位置：将定位类型替换为其他值。
③ 插入选项：插入动作控制指令。
④ 去除选项：删除动作控制指令。

5. 变更编号

位置编号在每次对动作指令进行示教时会自动累加生成。在编辑程序的过程中，会出现反复执行插入和删除等操作，将出现位置编号凌乱无序的现象。变更编号可使位置编号在程序中依序排列。以升序重新赋予程序中的位置编号为例，其主要步骤如下。

1）进入程序编辑界面，按下【F5】（编辑）键选项。
2）单击"变更编号"，如图 3-53 所示，按下【ENTER】键确认，进入变更编号界面，如图 3-54 所示。

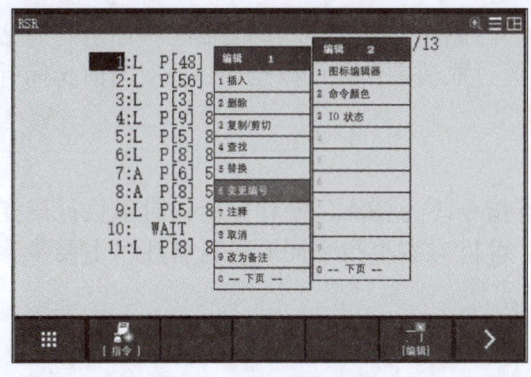 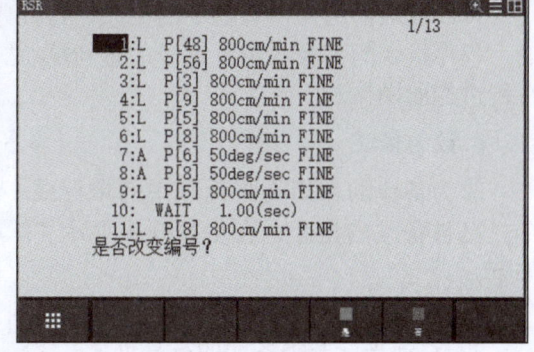

图 3-53　变更编号界面 1　　　　　　　图 3-54　变更编号界面 2

3）按下【F4】（是）键，确认变更编号，程序中位置编号将按照升序重新排列。

6. 注释

注释可以在程序编辑界面内对 DI/DO 指令、RI/RO 指令、GI/GO 指令、AI/AO 指令、UI/UO 指令、SI/SO 指令、寄存器指令、位置寄存器指令（包括动作指令位置数据格式的位置寄存器）、码垛寄存器指令、动作指令的寄存器速度指令的注释进行显示/隐藏切换，但是不能对注释进行编辑。主要步骤如下。

1）进入程序编辑界面。

2）移动光标到所需要显示注释的行号处。

3）按下【F5】（编辑）键，选择"注释"并按下【ENTER】键确认，即可将相应的注释进行显示/隐藏切换。

7. 取消

取消操作可以取消指令的更改、行插入、行删除等程序编辑操作。若在编辑程序的某一行时执行取消操作，则相对该行执行的所有操作全部都取消。此外，在行插入和行删除时执行取消操作，取消所有已插入和已删除的行。以取消"插入"操作为例，其步骤如下。

1）进入程序编辑界面。

2）按下【F5】（编辑）键，选择"取消"，如图 3-55 所示，按下【ENTER】键进行确认，如图 3-56 所示。

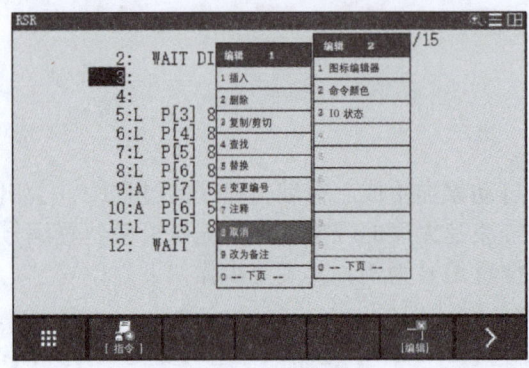

图 3-55　取消选择界面

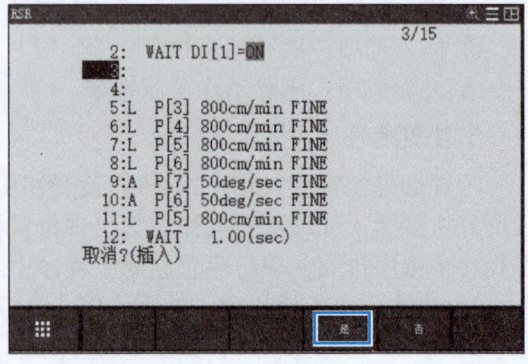

图 3-56　取消插入

3）单击"是"，则取消空白行的插入操作。

可以被取消的操作有指令的更改、行插入、行删除、程序语句的复制、程序语句的粘贴、程序指令的替换、位置编号的重新赋予，通过取消操作，可以全部还原对当前光标所在行进行的操作。

8. 改为备注

改为备注的作用是将程序中的单行或多行指令改为备注，使程序运行时不执行该指令。已被备注的指令，在行的开头显示"//"，可以对多个指令同时进行备注。主要步骤如下。

1）进入程序编辑界面。

2）移动光标至需备注的行号处。

3）按下【F5】（编辑）键，选择"改为备注"，如图 3-57 所示。

4）向上或向下拖动光标选择要改为备注的指令，然后单击"改为备注"，如图 3-58 所示。若要取消备注，则重复以上步骤，单击"取消备注"。

9. 命令颜色

通过此命令可在程序中设置部分指令（如 I/O 指令）的彩色背景是否显示。

10. IO 状态

通过此指令可在程序编辑界面实时显示程序命令中 I/O 的状态。

项目 3　工业机器人的编程操作

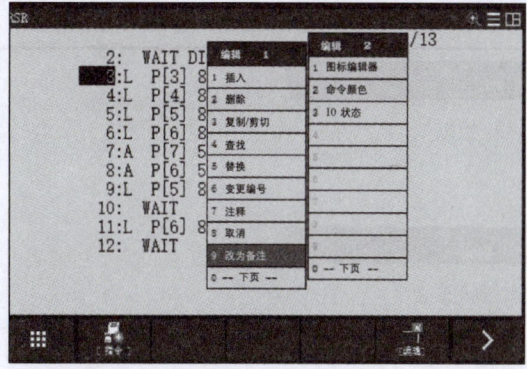

图 3-57　改为备注界面 1

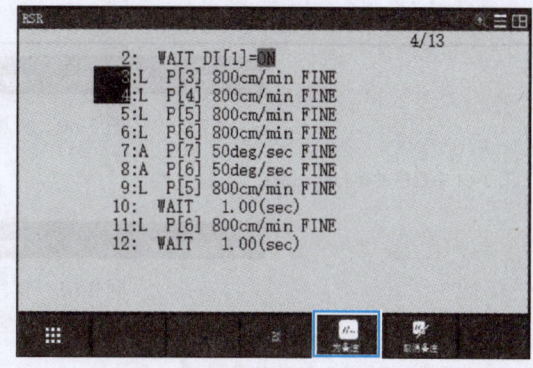

图 3-58　改为备注界面 2

【任务考核工单】

工作任务	指令的编辑		学时		
姓名		组别		班级		日期	

1. 任务描述

示教机器人，能够对指令进行复制、删除、插入、取消等操作，使机器人按照要求轨迹运行

2. 任务实施（过程记录）

1）将模式开关置于 T2 档。
2）进入 PRA1_2 程序界面。
3）插入指令：要求在 P[4] 和 P[5] 点之间增加一个过渡点 P[16]，如图 3-59 所示。步骤如下：

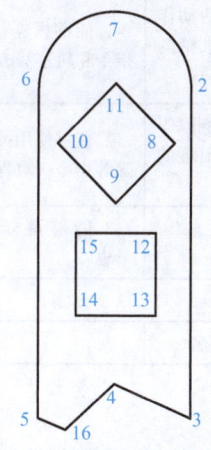

图 3-59　轨迹 3 示意图

① 插入空白行。
② 选择第一个空白行。
③ 按【SHIFT+F1】（点）键，记录一个新的动作指令，即在 P[4] 和 P[5] 之间新增了一个过渡点 P[16]。
4）复制 / 粘贴指令：观察不同粘贴方式的粘贴效果，并做记录：
_____

5）删除指令：要求把复制出来的程序行删除。
6）位置号重新排序。
7）取消操作。
8）图 3-60 中程序的运行状态是：_____；
_____

(续)

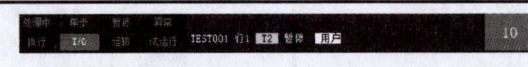

图 3-60　程序运行状态 1

图 3-61 中程序的运行状态是：_____；

图 3-61　程序运行状态 2

9）操作结束，请指导教师检查。
10）将机器人恢复到 HOME 位置。
11）关机。

3. 任务评价（评价具体细则及分值可根据具体情况进行调整）

评价要素	任务要求	考核细则	分值	得分
知识点	1. 了解指令的相关操作内容	1. 能够正确讲出指令操作的内容	10	
	2. 了解指令操作不同选项的功能	2. 能够正确讲出指令操作不同选项的功能	20	
技能点	1. 掌握动作指令的编辑与执行	1. 能够根据具体情况采用不同的动作指令	10	
	2. 能够根据需要修改轨迹	2. 能够正确修改轨迹	10	
	3. 掌握插入、复制/粘贴、删除等指令的用法	3. 能够正确执行插入、复制/粘贴、删除等指令	20	
素质点	1. 能够根据任务编辑合适的动作指令和轨迹修改，培养精益求精的工匠精神	1. 能够根据任务编辑合适的动作指令和轨迹修改	10	
	2. 掌握插入、复制/粘贴、删除等指令的使用方法，培养不畏困难的精神	2. 能够使用插入、复制/粘贴、删除等指令，对程序进行维护和排查	10	
	3. 遵守纪律，按时出勤	3. 能够遵守纪律，不迟到，不早退	10	
合计			100	
学生签名		教师签名	日期	

4. 任务反思

在课堂上学会了下面几点：_____

_____

还有哪个地方有疑问：_____

_____

_____

本任务实施过程中需要注意的有下面几点：_____

_____

_____

【任务实施】

序号	操作说明	示意图
步骤1	进入PRA1_2程序编辑界面	
步骤2	将光标移至P[5]行号处,依次单击"编辑"—"插入"	
步骤3	输入"1",按下【ENTER】键确认	
步骤4	在所插入的空白行处添加一条动作指令,并采用示教器示教点位P[16],记录位置	

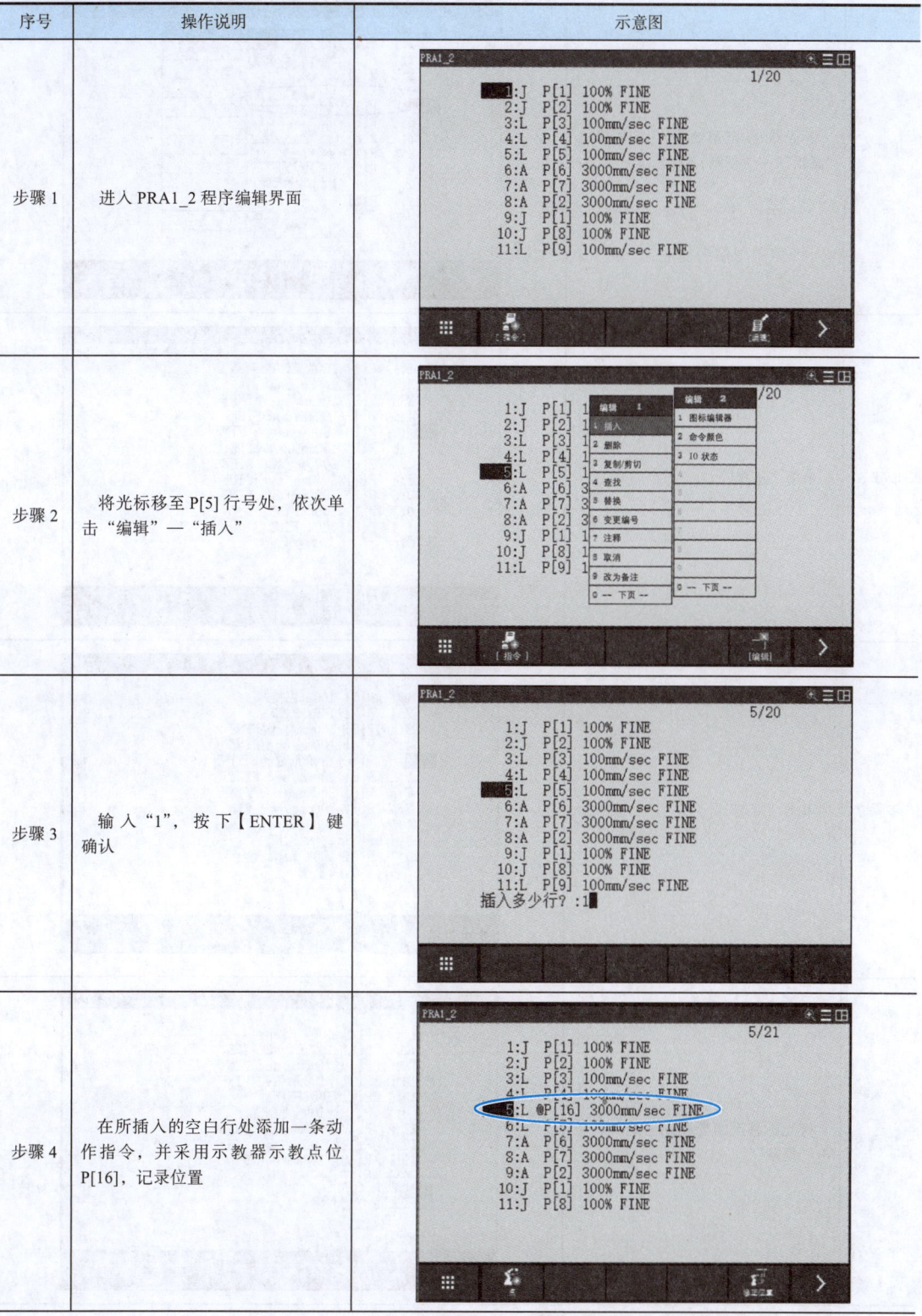

(续)

序号	操作说明	示意图
步骤5	将光标移至第5行,依次单击"编辑"—"复制/剪切"	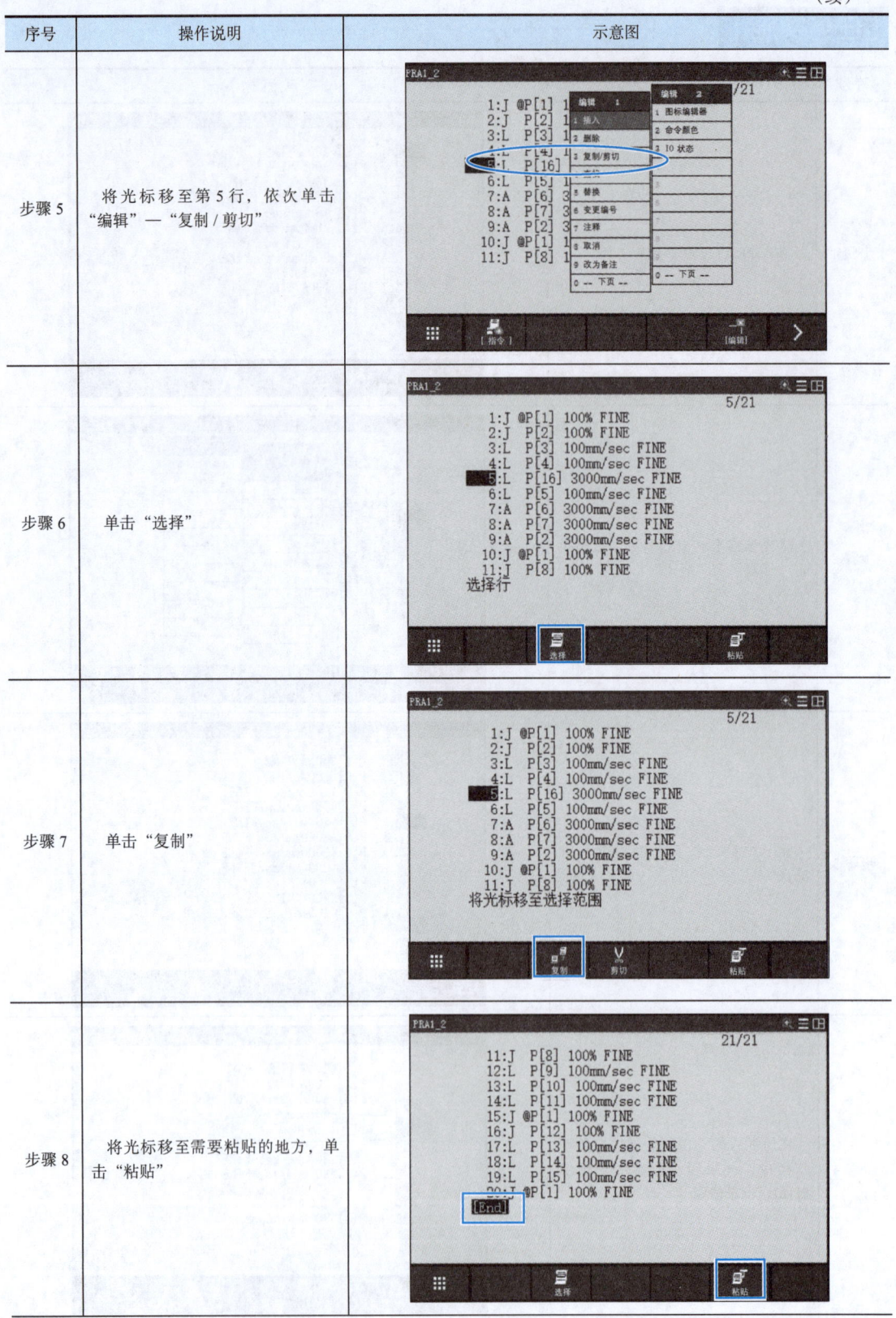
步骤6	单击"选择"	
步骤7	单击"复制"	
步骤8	将光标移至需要粘贴的地方,单击"粘贴"	

（续）

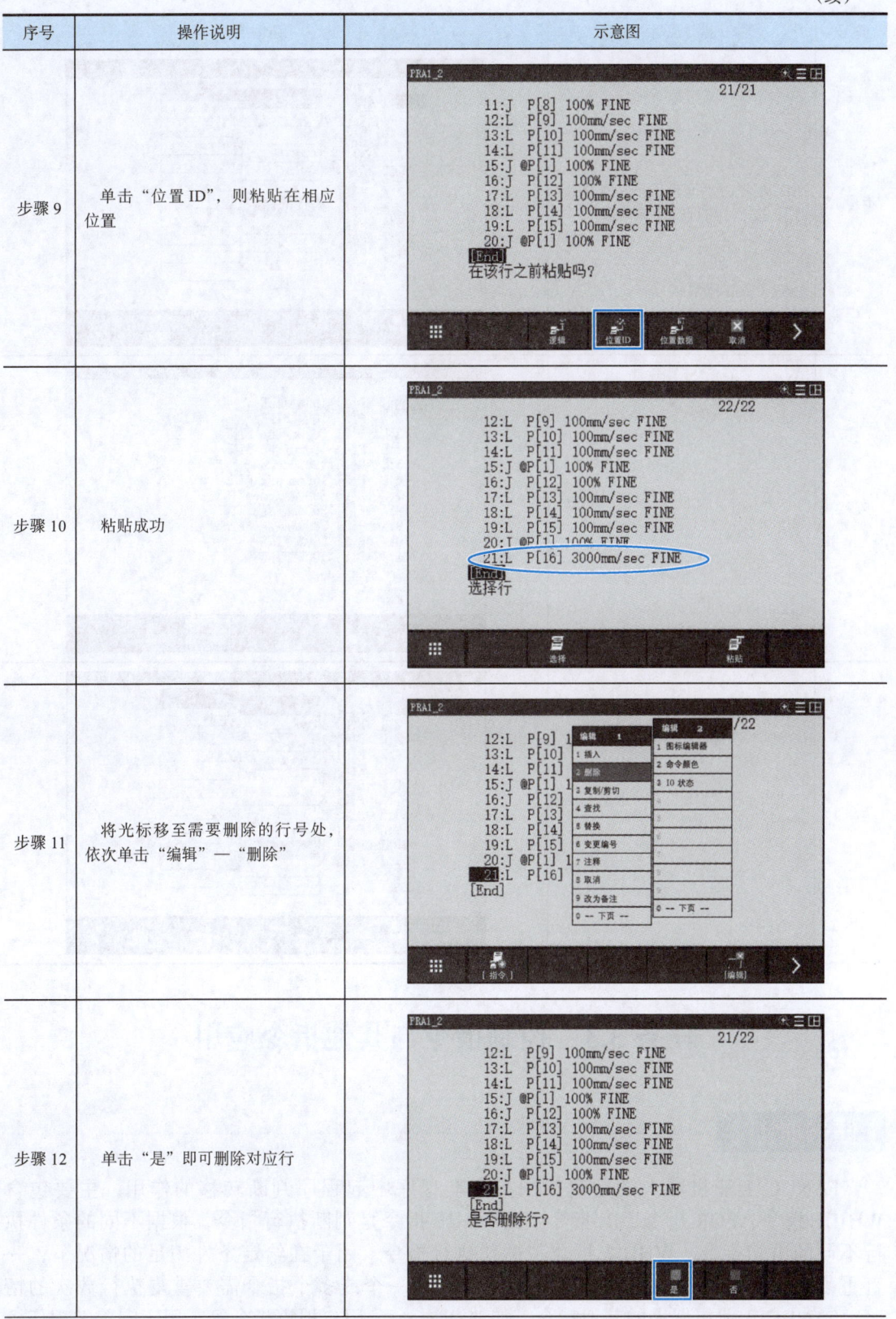

序号	操作说明	示意图
步骤9	单击"位置ID"，则粘贴在相应位置	
步骤10	粘贴成功	
步骤11	将光标移至需要删除的行号处，依次单击"编辑"—"删除"	
步骤12	单击"是"即可删除对应行	

(续)

序号	操作说明	示意图
步骤 13	依次单击"编辑"—"变更编号",按下【ENTER】键确认	
步骤 14	单击"是"即可进行位置号重新排序	
步骤 15	依次单击"编辑"—"取消",即可取消上一步动作	

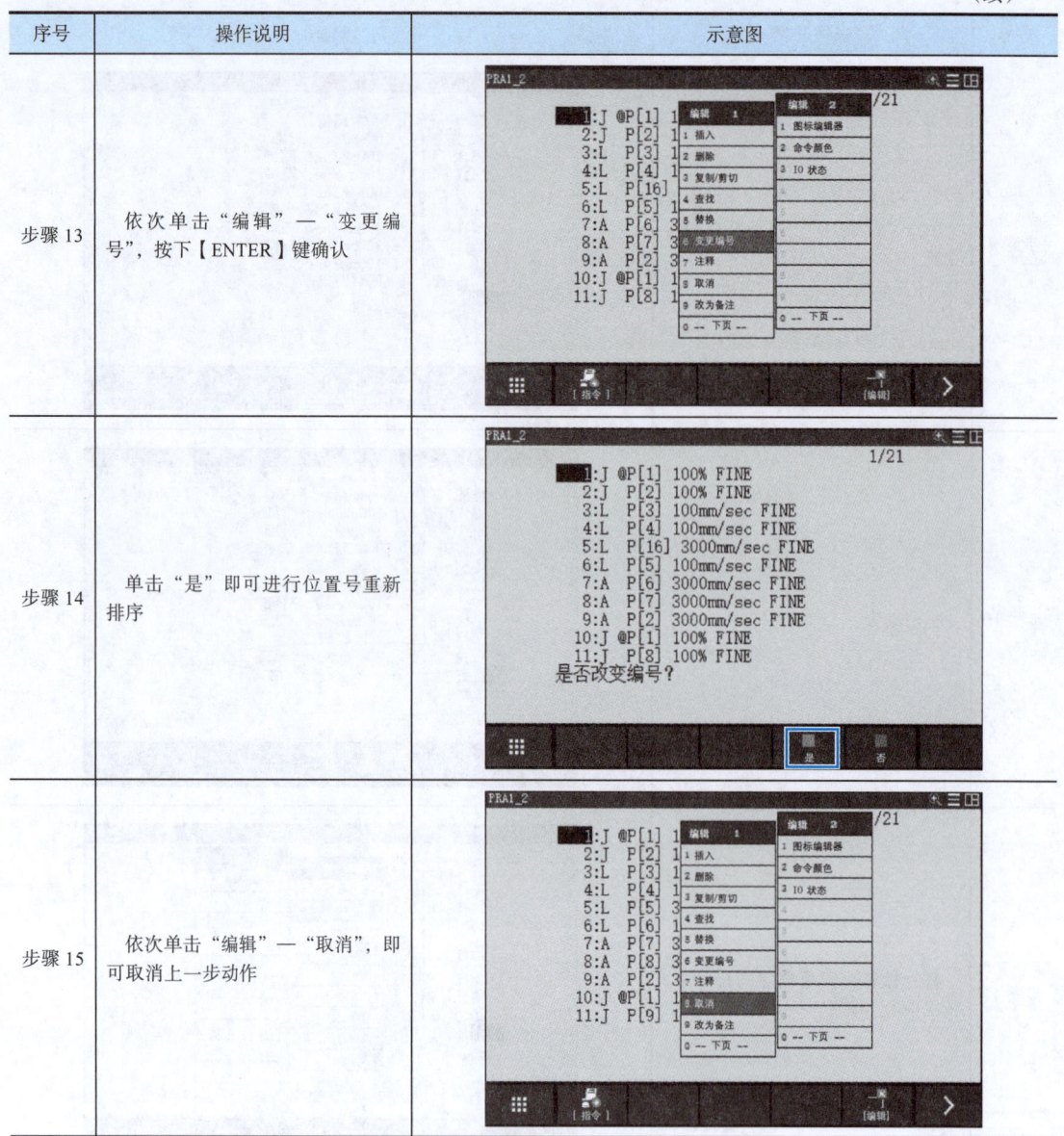

任务 3.3 控制指令与其他指令应用

【任务提出】

FANUC 工业机器人的逻辑控制指令在程序中起程序判断转移的作用,主要包含 WHILE 指令、FOR 指令、IF 指令。其中,IF 指令是判断执行指令,根据不同的条件执行不同的语句指令;WHILE 指令是循环执行指令,用于在给定条件满足的情况下,一直重复执行对应的指令;FOR 指令是用于判断一个或多个指令需要重复执行数次的情况。FANUC 工业机器人的其他指令,如 RSR 指令、用户报警指令等,用于完善编程任务需求。

本任务要求如下：
1）掌握 IF_THEN/ELSE/ENDIF、FOR/ENDFOR 等指令的应用。
2）掌握寄存器、跳转 / 标签等指令的应用。
3）掌握用户报警指令的应用。

【知识点拨】

一、机器人逻辑控制指令

机器人逻辑控制指令也称为转移指令，用于使程序的执行从某一行转移到其他行。机器人逻辑控制指令主要有标签指令、程序结束指令、无条件转移指令、条件转移指令、IF_THEN/ELSE/ENDIF 指令、FOR/ENDFOR 指令等。

1. 标签指令

标签指令（LBL[i]）用来表示程序转移目的地的指令。标签可通过标签定义指令来定义。为了说明标签，还可以追加注释。标签一旦被定义，就可以在条件转移和无条件转移中使用。标签指令中的标签号码不能进行间接指定。将光标指向标签号码后按下【ENTER】键，即可输入注解，如图 3-62 所示。

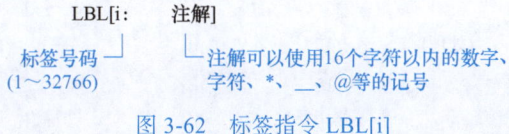

图 3-62　标签指令 LBL[i]

例如，1：LBL[1]
　　　　2：LBL[3：HANDCLOSE]

2. 程序结束指令

程序结束指令（END）是用来结束程序执行的指令。通过该指令可中断程序的执行。在已经从其他程序呼叫了程序的情况下，执行程序结束指令时，执行将返回呼叫源的程序。

3. 无条件转移指令

无条件转移指令一旦被执行，就必定会从程序的某一行转移到程序的其他行。无条件转移指令有两类：跳跃指令和程序呼叫指令。

（1）跳跃指令　JMP LBL[i] 指令，使程序的执行转移到相同程序内所指定的标签处。

例如，3：JMP　LBL[2：HANDOPEN]
　　　　4：JMP　LBL[R[4]]

（2）程序呼叫指令　CALL（程序名）指令，使程序的执行转移到其他子程序的第 1 行后执行该程序。被呼叫的程序执行结束时，返回到紧跟所呼叫程序（主程序）的程序呼叫指令后的指令。

例如，5：CALL SUB1
　　　　6：CALL PROG2

4. 条件转移指令

条件转移指令是根据某一条件是否已经满足而将程序从某一指令处转移到其他指令处执行。条件转移指令有两类：条件比较指令、条件选择指令。

（1）条件比较指令 只要某一条件得到满足，就转移到所指定的标签。条件比较指令包括寄存器条件比较指令、I/O 条件比较指令等。

1）寄存器条件比较指令是对寄存器的值和另外一方的值进行比较，若比较正确，就执行处理，如图 3-63 所示。

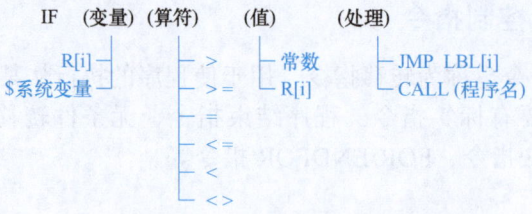

图 3-63 寄存器条件比较指令

2）I/O 条件比较指令是对 I/O 值和另外一方的值进行比较，若比较正确，就执行处理，如图 3-64 所示。

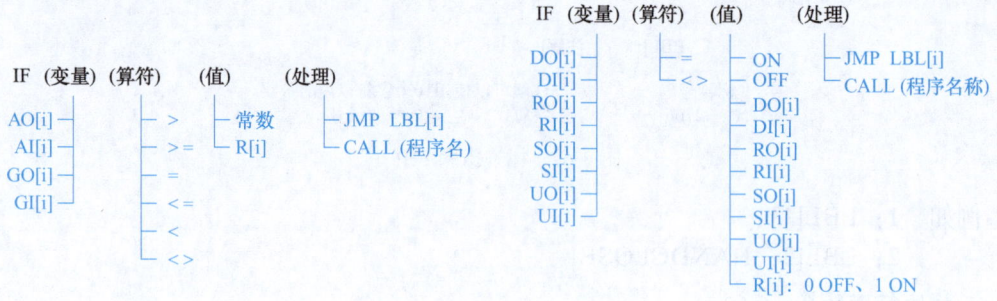

图 3-64 I/O 条件比较指令

例如，7：IF R[1]=R[2], JMP LBL[1]

　　　　8：IF AO[2]>=3000, CALL SUBPRO1

　　　　9：IF RO[2]<>OFF, JMP LBL[1]

　　　　10：IF DI[3]=ON, CALL SUBPROGRAM

（2）条件选择指令 根据寄存器的值转移到所指定的跳跃指令或子程序呼叫指令处。条件选择指令由多个寄存器比较指令构成。条件选择指令将寄存器的值与一个或几个值进行比较，选择比较正确的语句执行处理，如图 3-65 所示。

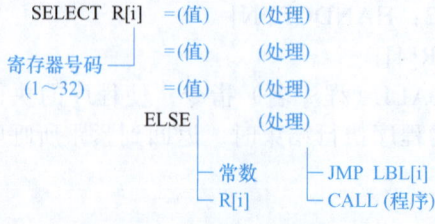

图 3-65 I/O 条件选择指令

1）如果寄存器的值与其中一个值一致，则执行与该值相对应的跳跃指令或子程序呼叫指令。

2）如果寄存器的值与每一个值都不一致，则执行与 ELSE（其他）相对应的跳跃指令或子程序呼叫指令。

3）如果寄存器的值已与其中一个值一致，若还有其他一致值也不会执行处理。

例如，11：SELECT　R[1]=1，JMP　LBL[1]
　　　 12：　　　　 =2，JMP LBL[2]
　　　 13：　　　　 =3，JMP LBL[3]
　　　 14：　　　　 =4，JMP LBL[4]
　　　 15：ELSE，CALL　SUB2

5. IF_THEN/ELSE/ENDIF 指令

IF_THEN 指令、ELSE 指令、ENDIF 指令都是条件转移指令。条件得到满足的话，执行由 IF_THEN 指令和 ELSE（或 ENDIF）指令包围的行。条件得不到满足的话，执行由 ELSE 指令和 ENDIF 指令包围的行。

6. FOR/ENDFOR 指令

FOR/ENDFOR 指令可执行任意次数由 FOR 指令和 ENDFOR 指令包围的区间，即 FOR/ENDFOR 区间的一种功能。

通过用 FOR 指令和 ENDFOR 指令来包围希望反复的区间，就形成了 FOR/ENDFOR 区间。根据由 FOR 指令指定的值确定反复 FOR/ENDFOR 区间的次数，如图 3-66 和图 3-67 所示。

图 3-66　FOR 指令（选择 TO 时）

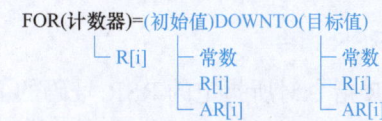
图 3-67　FOR 指令（选择 DOWNTO 时）

指令中各值含义如下：

① 计数器使用寄存器。

② 初始值使用常数、寄存器、参数。常数可以指定从 –32767～32766 的整数。

③ 目标值使用常数、寄存器、参数。常数可以指定从 –32767～32766 的整数。

执行 FOR 指令时，将计数器的值代入初始值。要执行 FOR/ENDFOR 区间，需要满足如下的条件。

① 指定 TO 时，初始值在目标值以下。

② 指定 DOWNTO 时，初始值在目标值以上。此条件得到满足时，光标移动到后续行，执行 FOR/ENDFOR 区间；此条件没有得到满足时，光标移动到对应的 ENDFOR 指令的后续行，不执行 FOR/ENDFOR 区间。FOR 指令在一个 FOR/ENDFOR 区间只执行一次。

执行 ENDFOR 指令时，只要如下条件满足，就反复执行 FOR/ENDFOR 区间。

① 指定了 TO 时，计数器的值小于目标值。

② 指定了 DOWNTO 时，计数器的值大于目标值。此条件满足时，在指定了 TO 的情况下使得计数器的值增加 1。在指定了 DOWNTO 的情况下使得计数器的值减少 1。此外，光标移动到对应的 FOR 指令的后续行，并再次执行 FOR/ENDFOR 区间。此条件没有满足时，光标移动到后续行，FOR/ENDFOR 区间的执行结束。

FOR 指令和 ENDFOR 指令的组合将被自动确定。FOR/ENDFOR 指令的组合从就近的 FOR 指令和 ENDFOR 指令按顺序确定。通过在 FOR/ENDFOR 区间中进一步示教 FOR/ENDFOR 指令，就可以形成嵌套循环。嵌套循环最多可以形成 10 个层级。超过 10 个层级进行示教时，执行中会发生报警。FOR 指令和 ENDFOR 指令必须在同一程序上存在相同数量。在任何一方不足的状态下，执行时会发生报警。

二、工业机器人其他指令

在程序编辑器里单击"指令"查看其他指令，如图 3-68 所示。其他指令的详细类别如图 3-69 所示。

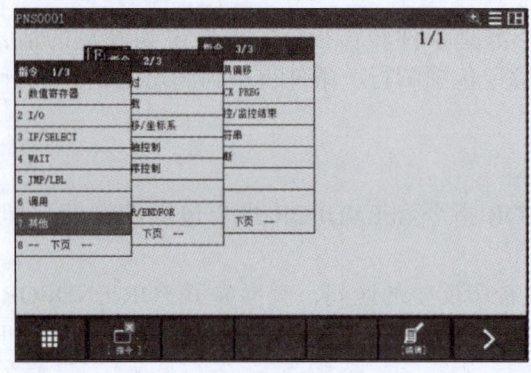

图 3-68　其他指令　　　　　　　　图 3-69　其他指令详细类别

1. RSR 指令

RSR 指令对所指定的 RSR 号码的 RSR 功能的有效/无效进行切换，如图 3-70 所示。

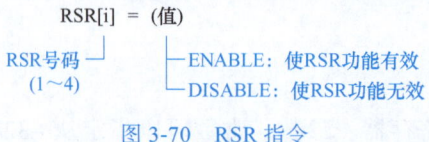

图 3-70　RSR 指令

2. 用户报警指令（UALM[ ]）

用户报警指令在报警显示行显示预先设定的用户报警号码的报警消息。用户报警指令使执行中的程序暂停。用户报警在用户报警设定画面中进行设定，其被登录在系统变量 $UALM_MSG 中。用户报警的总数在控制启动中进行设定。

3. 计时器指令（TIMER[ ]）

计时器指令用来启动或停止程序计时器，如图 3-71 所示。

4. 倍率指令（OVERRIDE）

倍率指令用来改变速度倍率，如图 3-72 所示。

5. 注解指令（REMARK）

注解指令对于程序的执行没有任何影响。通过按下【ENTER】键，即可输入注解，如图 3-73 所示。

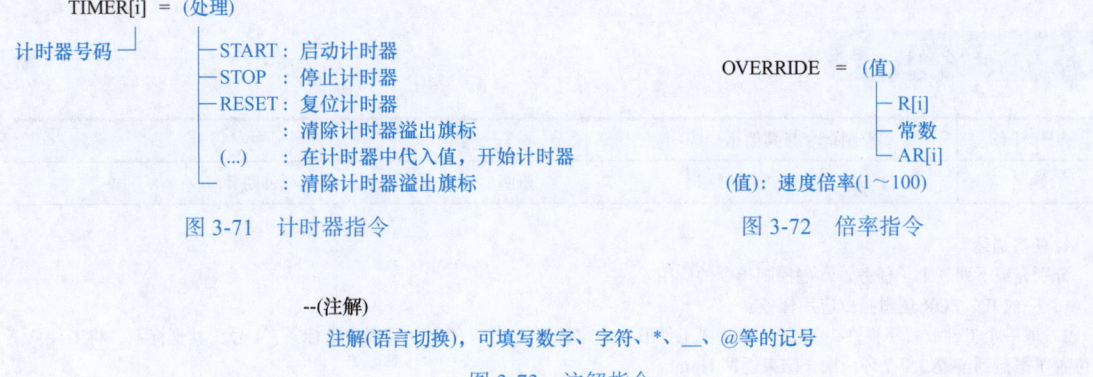

图 3-71　计时器指令　　　　　　　　　图 3-72　倍率指令

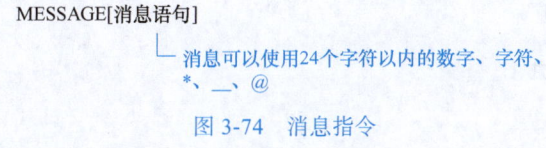

图 3-73　注解指令

6. 消息指令（MESSAGE）

消息指令将所指定的消息显示在用户画面上。消息可以包含 1～24 个字符（字符、数字、*、_、@）。通过按下【ENTER】键即可输入消息。执行消息指令时，自动切换到用户画面，如图 3-74 所示。

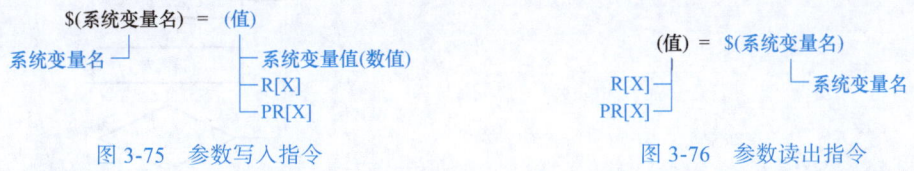

图 3-74　消息指令

7. 参数指令（PARAMETER NAME）

参数指令可以改变系统变量值，或将系统变量值读到寄存器中。通过使用该指令即可创建存取系统变量内容（值）的程序。参数名不包含其开头的 "$"，最多可输入 30 个字符。系统变量中包括变量型数据和位置型数据，其中，变量型的系统变量可以存入数值寄存器，位置型的系统变量可以存入位置寄存器。参数写入指令如图 3-75 所示，参数读出指令如图 3-76 所示。

图 3-75　参数写入指令　　　　　　　　图 3-76　参数读出指令

8. 最高速度指令

最高速度指令设定程序中动作速度的最大值。最高速度指令有设定关节动作速度的指令和设定路径控制动作速度的指令。在指定了超过最高速度指令所设定的值的情况下，按照最高速度指令所指定的值执行。关节最高速度指令如图 3-77 所示，路径控制最高速度指令如图 3-78 所示。

图 3-77　关节最高速度指令　　　　　　图 3-78　路径控制最高速度指令

【任务考核工单】

工作任务	控制指令与其他指令应用		学时		
姓名		组别		班级		日期	

1. 任务描述

分别完成下列三个子任务，掌握控制指令的应用。

1）完成 IF、FOR 逻辑指令应用任务。

2）取一个工件放置于图 3-79 位置 1 处（视工件形状决定放置位置），使用 0 号用户坐标系，1 号工具坐标系，将工件从位置 1 搬运到位置 2，循环两次，结束返回 Home。

3）完成用户报警指令应用任务。

2. 任务实施（过程记录）

子任务一：IF 与 FOR 逻辑指令应用任务

1）设定机器人 Home 点。
2）创建名为 "IF_TEST.TP" 和 "FOR_TEST.TP" 的程序。
3）选择 "IF…THEN" 指令编辑程序。
4）选择 "ELSE" 指令编辑程序。
5）选择 "END" 结束程序。
6）选择 "FOR" 指令编辑程序。
7）示教、测试程序。

子任务二：控制指令的编辑与执行

1）开机、创建新程序。
2）设定机器人 Home 点。
3）按照任务要求及图 3-80 所示流程图完成程序编制与调试。

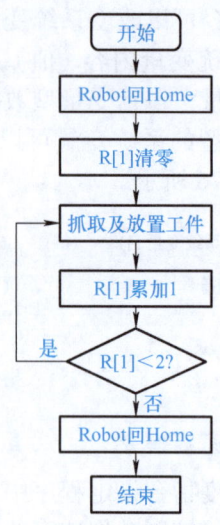

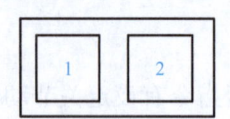

图 3-79　工件位置示意图　　　　图 3-80　流程图

子任务三：用户报警指令及其应用

1）单击【MENU】—"设置"。
2）设置 1 中 "用户报警"，选择报警编号，用户自定义信息。
3）在编程中调用相应的报警信息。
4）按用户报警指令示例，完成其他指令应用任务。

控制指令的编辑与执行

（续）

3. **任务评价**（评价具体细则及分值可根据具体情况进行调整）

评价要素	任务要求	考核细则	分值	得分
知识点	1. 了解 FANUC 工业机器人 IF、FOR 和其他逻辑指令	1. 能够正确讲出 FANUC 工业机器人 IF、FOR 和其他逻辑指令功能	10	
	2. 了解 FANUC 工业机器人寄存器、跳转/标签等指令	2. 能够正确讲出 FANUC 工业机器人寄存器、跳转/标签等指令功能	10	
	3. 了解 FANUC 工业机器人用户报警指令	3. 能够正确讲出 FANUC 工业机器人用户报警指令功能	10	
技能点	1. 掌握 IF_THEN/ELSE/ENDIF、FOR/ENDFOR 指令的应用	1. 能够正确应用 IF_THEN/ELSE/ENDIF 和 FOR/ENDFOR 指令	10	
	2. 掌握寄存器、跳转/标签等指令的应用	2. 能够正确应用寄存器、跳转/标签等指令	20	
	3. 掌握用户报警指令的应用	3. 能够正确应用用户报警指令	10	
素质点	1. 能够根据不同需求选用合适的控制指令与其他指令，培养精益求精的工匠精神	1. 能够对不同需求选用不同的控制指令与其他指令	10	
	2. 掌握控制指令的区别和修改方法，培养不畏困难的精神	2. 能够对不同控制指令根据具体情况进行修改，能够对程序进行维护和排查	10	
	3. 遵守纪律，按时出勤	3. 能够遵守纪律，不迟到，不早退	10	
		合计	100	

学生签名		教师签名		日期	

4. **任务反思**

在课堂上学会了下面几点：_____
_____

还有哪个地方有疑问：_____
_____

本任务实施过程中需要注意的有下面几点：_____
_____
_____

【任务实施】

一、IF 与 FOR 逻辑指令应用

 IF 指令的编辑与执行

 FOR 指令的编辑与执行

序号	操作说明	示意图
步骤 1	在程序编辑器里单击"指令",选择"IF/SELECT"指令	
步骤 2	选择"IF(…)THEN"指令	
步骤 3	选择复合逻辑中的"DI[ ]",输入编号 1	
步骤 4	选择复合逻辑中的"="	
步骤 5	选择复合逻辑中的"ON"	

项目3 工业机器人的编程操作

（续）

序号	操作说明	示意图
步骤6	当IF条件满足时，执行相应运动指令	PNS0001 2/2 1: IF (DI[1]=ON) THEN 标准动作 1/1 1 J P[] 100% FINE 2 J P[] 100% CNT100 3 L P[] 100mm/sec FINE 4 L P[] 100mm/sec CNT100
步骤7	选择"ELSE"指令	PNS0001 4/4]=ON) THEN IF指令 1/2　IF指令 2/2　00% CNT100 1 IF ...=...　1 IF (...) THEN　00mm/sec CNT100 2 IF ...<>...　2 ELSE 3 IF ...<...　3 ENDIF 4 IF ...<=...　4 SELECT R[ ]=.. 5 IF ...>...　5 <select>　=... 6 IF ...>=...　6 <select>ELSE 7 IF (...) 8 -- 下页 --　8 -- 下页 --
步骤8	当IF条件不满足时，执行ELSE内命令	PNS0001 8/8 1: IF (DI[1]=ON) THEN 2:J @P[1] 100% CNT100 3:L @P[2] 100mm/sec CNT100 4: ELSE 5:L @P[3] 100mm/sec CNT50 6:L @P[4] 150mm/sec CNT100 7:L @P[5] 100mm/sec FINE [End]
步骤9	选择"ENDIF"结束指令	PNS0001 8/8]=ON) THEN IF指令 1/2　IF指令 2/2　00% CNT100 1 IF ...=...　1 IF (...) THEN　00mm/sec CNT100 2 IF ...<>...　2 ELSE 3 IF ...<...　3 ENDIF　00mm/sec CNT50 4 IF ...<=...　4 SELECT R[ ]=..　50mm/sec CNT100 5 IF ...>...　5 <select>　=...　00mm/sec FINE 6 IF ...>=...　6 <select>ELSE 7 IF (...) 8 -- 下页 --　8 -- 下页 --
步骤10	"IF/ELSE"指令应用示例	PNS0001 8/9 1: IF (DI[1]=ON) THEN 2:J @P[1] 100% CNT100 3:L @P[2] 100mm/sec CNT100 4: ELSE 5:L @P[3] 100mm/sec CNT50 6:L @P[4] 150mm/sec CNT100 7:L @P[5] 100mm/sec FINE 8: ENDIF [End] <行号>IF:1, ELSE:4
步骤11	在程序编辑器里编写完成FOR_TEST测试程序	FOR_TEST 2/6 1: FOR R[1]=1 TO 3 2:J @P[1] 100% CNT100 3:L @P[2] 100mm/sec FINE 4:J PR[1:Home] 100% CNT100 5: ENDFOR [End]

二、控制指令的编辑与执行

序号	操作说明	示意图
步骤1	在程序编辑器里完成"HOME"子程序的编辑	1:J @PR[1:Home] 100% FINE [End]
步骤2	创建程序。输入程序名"CTRL",单击"编辑",进入编辑界面	创建TP程序 程序名: CTRL 结束 选择功能键 详细 编辑
步骤3	程序编辑	1: CALL HOME 2: R[1]=0 3: RO[1]=ON 4: WAIT .50(sec) 5: LBL[1] 6:L P[1] 1000mm/sec FINE 7:L P[2] 1000mm/sec FINE 8: RO[1]=OFF 9: WAIT .50(sec) 10:L P[1] 1000mm/sec FINE 11:L P[3] 1000mm/sec FINE 12:L P[4] 1000mm/sec FINE 13: RO[1]=ON 14: WAIT .50(sec) 15:L P[3] 1000mm/sec FINE 16: R[1]=R[1]+1 17: IF R[1]<2,JMP LBL[1] 18: CALL HOME [End]
步骤4	在程序"CTRL"中,将光标移到第一行,单击"仿真运行"按钮运行程序,完成控制指令的执行	1: CALL HOME 2: R[1]=0 3: RO[1]=ON 4: WAIT .50(sec) 5: LBL[1]

三、用户报警指令应用

用户报警指令的编辑与执行

序号	操作说明	示意图
步骤1	按下【MENU】键,选择"设置"	设置/用户报警界面

（续）

序号	操作说明	示意图
步骤2	单击设置1中"用户报警",选择报警编号,自定义用户信息	
步骤3	根据实际应用需求自定义报警信息,示例报警编号1定义为"NO WORK"	
步骤4	在程序编辑中调用相应的报警信息	

◆ 项目拓展 ◆

1. 采用 IF 逻辑指令,实现当 DO[1]=ON 时选择调用正方形轨迹运动"ZFX.TP"的程序,以及当 DO[1]=ON 时选择圆轨迹运动"YUAN.TP"的程序。

2. 根据任务 3.3 控制指令的编辑与执行,在任务 3.2 的基础上修改程序,达到以下效果:取两个工件放置于图 3-81 位置 1 和位置 3 处(视工件形状决定放置位置),使用 0 号用户坐标系,1 号工具坐标系,速度倍率为 30%,将工件从位置 1 搬到位置 2,从位置 3 搬到位置 4,使用 TIMER[1] 记录程序执行时间。

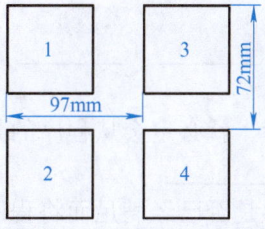

图 3-81 搬运位置示意图

思考与练习

一、选择题（共10题）

1. 动作指令中包含几种动作类型？（　　）
   A. 2　　　　　　B. 3　　　　　　C. 4　　　　　　D. 1
2. 下列动作类型中是圆弧指令的是（　　）。
   A. C　　　　　　B. L　　　　　　C. J　　　　　　D. MOVJ
3. 一条圆弧 C 指令需要示教几个点？（　　）
   A. 1　　　　　　B. 2　　　　　　C. 3　　　　　　D. 4
4. 如果要实现工具绕着 TCP 进行线性旋转，应该使用哪种类型的指令？（　　）
   A. 关节动作指令　　　　　　　　B. 直线动作指令
   C. 圆弧 C 动作指令　　　　　　D. 圆弧 A 动作指令
5. 在示教器上直接按下哪个键可以进入程序编辑界面？（　　）
   A. SELECT　　　　B. EDIT　　　　C. DATE
6. 程序指令中采用 CNT 与 FINE 的区别是（　　）。
   A. CNT 速度较快，但定位不准，而 FINE 定位准确
   B. FINE 速度较快，但定位不准，而 CNT 定位准确
   C. CNT 速度较慢，但定位准确，而 FINE 定位不准
   D. FINE 速度较慢，但定位不准，而 CNT 定位准确
7. 程序中需要进行插入行、删除指令等操作，应选择哪个指令？（　　）
   A. POINT（点）　　　　　　　　B. INST（指令）
   C. TOUCHUP（修正位置）　　　D. EDCMD（编辑）
8. 机器人的运动速度实际是指（　　）的运动速度。
   A. J6 轴法兰的中心点　　　　　B. 工具中心点
   C. J5 轴手腕处　　　　　　　　D. 底座中心
9. 以下哪个程序名是正确的？（　　）
   A. TEST*001　　B. 123SE　　　C. TFR_008　　D. $YHHT003
10. 如果要求机器人准确到达位置点，应选择（　　）。
    A. CNT0　　　　B. CNT10　　　C. CNT50　　　D. CNT100

二、填空题（共10题）

1. 圆弧动作是_____通过_____以圆弧方式对_____移动轨迹进行控制的一种移动方法。
2. 工业机器人定位类型 FINE 在所指定位置暂停后，执行下一个动作，常用于_____定位。
3. 机器人逻辑控制指令主要有_____、_____、_____、_____、_____、_____等指令。
4. 无条件转移指令一旦被执行，就必定会从程序的某一行转移到程序的其他行。无条件转移指令有两类：_____、_____。
5. 条件转移指令根据某一条件是否已经满足而将程序从某一指令转移到其他指令处执行。条件转移指令有两类：_____、_____。

6. 若在编辑程序的某一行时执行取消操作，则相对该行执行的_____全部都取消。
7. 通过_____指令可在程序编辑界面实时显示程序命令中 I/O 的状态。
8. _____指令可在报警显示行显示预先设定的用户报警号码的报警消息。
9. RSR 指令对所指定的 RSR 号码的_____有效 / 无效进行切换。
10. 参数指令中参数名不包含其开头的 "$"，最多可输入_____个字符。

三、简答题（共 5 题）

1. 执行 FOR 指令时，将计数器的值代入初始值。要执行 FOR/ENDFOR 区间，需要满足哪些条件？
2. 工业机器人其他指令有哪些？
3. 在程序命名时，需要注意哪几点？
4. 如何查看报警记录？
5. 常见的动作类型有哪些？

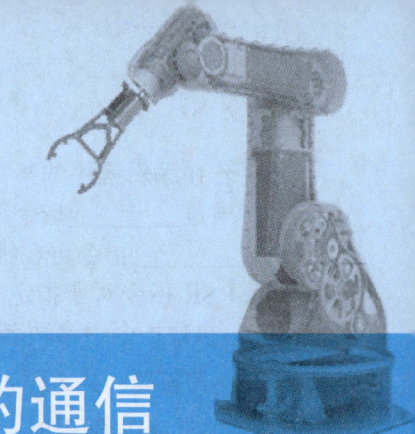

项目 4　工业机器人的通信

项目导入

使用机器人时,操作人员需要借助外部装置与机器人建立通信信号,从而使机器人与末端执行器、外部设备等进行相互通信,以方便对机器人进行操作、编程和调试。机器人与外界相互交换的信息称为 I/O 信息,这些通信信号是通过外部 I/O 设备进行的,外部 I/O 设备需要通过相应的电路来完成与工业机器人之间的速度匹配、信号转换,并完成某些控制功能。

任务 4.1　工业机器人的通信信号和参考位置设置

【任务提出】

工业机器人与周边设备进行通信的信号称为通信信号,在对通信信号理解和配置的基础上,操作人员可以通过作业指令程序及传感器反馈的信号支配工业机器人的执行机构去完成规定的运动和功能。

本任务要求如下:
1) 掌握信号的种类。
2) 能够根据具体情况进行信号配置。
3) 掌握参考位置的设置方法。

【知识点拨】

一、信号的分类

FANUC 工业机器人的通信信号主要分为两类,即通用信号和专用信号,这与 ABB 和 KUKA 工业机器人基本相似。其中,通用信号是用户可自由定义使用用途的信号,专用信号是线路已经被固定或功能已经被定义的信号。

1. 通用信号

通用信号是可编辑的,包括数字信号(DI/DO)、模拟信号(AI/AO)和群组信号

（GI/GO）。

（1）数字信号

1）数字输入信号。数字输入信号用 DI[i] 表示，其中 i 的值最大为 512。

2）数字输出信号。数字输出信号用 DO[i] 表示，其中 i 的值最大为 512。

（2）模拟信号

1）模拟输入信号。模拟输入信号用 AI[i] 表示，其中 i 为 0～16383。

2）模拟输出信号。模拟输出信号用 AO[i] 表示，其中 i 为 0～16383。

（3）群组信号

1）群组输入信号。群组输入信号用 GI[i] 表示，其中 i 为 0～32767。

2）群组输出信号。群组输出信号用 GO[i] 表示，其中 i 为 0～32767。

2. 专用信号

专用信号是工业机器人自身内部的物理信号，通路或功能已经被固化。专用信号主要包括外部设备信号（UI/UO）、操作面板信号（SI/SO）和工业机器人专用信号（RI/RO）。

（1）外部设备信号

1）系统输入信号。系统输入信号用 UI[i] 表示，其中 i 为 1～18。

2）系统输出信号。系统输出信号用 UO[i] 表示，其中 i 为 1～20。

（2）操作面板信号

1）操作面板输入信号。操作面板输入信号用 SI[i] 表示，其中 i 为 1～15。

2）操作面板输出信号。操作面板输出信号用 SO[i] 表示，其中 i 为 1～15。

（3）工业机器人专用信号

1）工业机器人输入信号。工业机器人输入信号用 RI[i] 表示，其中 i 为 1～8。

2）工业机器人输出信号。工业机器人输出信号用 RO[i] 表示，其中 i 为 1～8。

二、信号配置

信号配置用于建立工业机器人的软件端口与通信设备之间的关系。操作面板输入/输出信号 SI[i]/SO[i] 和工业机器人专用信号 RI[i]/RO[i] 为硬件连线，不需要配置。

在进行信号配置时，按下【MENU】键，选择"I/O"，单击类型或按【F1】键，选择"数字"（Digital），显示界面如图 4-1 所示，按【F3】（IN/OUT）键可切换到 DI 界面。单击"分配"（CONFIG）进入输出信号配置界面，如图 4-2 所示。

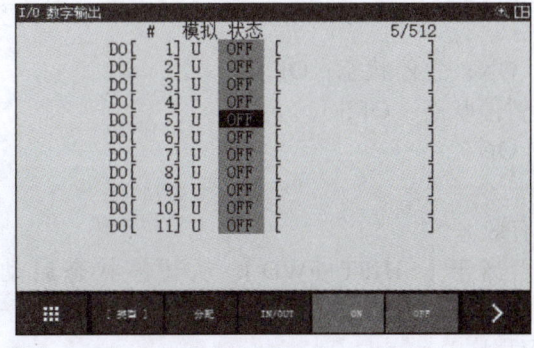

图 4-1 信号配置界面

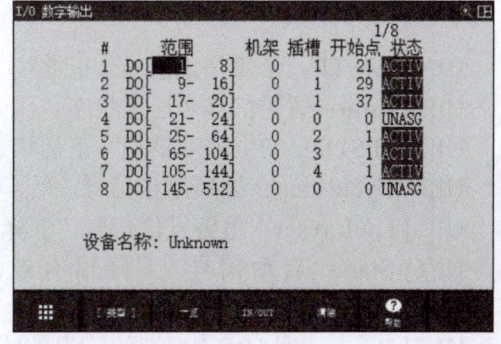

图 4-2 输出信号配置界面

1）范围（RANGE）：软件端口的范围，可设置。

2）机架（RACK）：I/O 通信设备的种类。

① 机架值为 0 时，通信设备的种类为 Process I/O board。

② 机架值为 1～16 时，通信设备的种类为 I/O Model A/B。

③ 机架值为 48 时，通信设备的种类为 CRMA15/CRMA16。

3）插槽（SLOT）：I/O 模块与主板连接的顺序。

① 使用 Process I/O 板时，按与主板的连接顺序定义插槽（SLOT）号。

② 使用 I/O Model A/B 时，插槽（SLOT）号由每个单元所连接的模块顺序确定。

③ 使用 CRMA15/CRMA16 时，则机架号为 48，插槽（SLOT）号为 1。

4）开始点（START）：对应于软件端口 I/O 设备的起始信号位。

5）状态（STAT）。

① ACTIVE：激活。

② UNASG：未分配。

③ PEND：需要重启生效。

④ INVALID：无效。

三、系统信号

系统信号（UOP）是工业机器人发送和接收远端控制器或周边设备的信号。工业机器人通过发送和接收系统信号，可以实现选择、开始和停止程序，从报警状态中恢复系统和其他功能。按下【MENU】键，依次单击"I/O"-"UOP"，系统输入信号和系统输出信号界面如图 4-3 和图 4-4 所示。

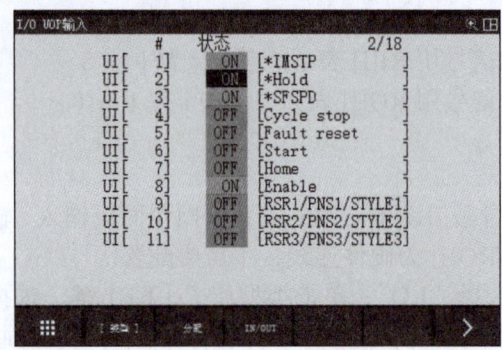

图 4-3 系统输入信号界面

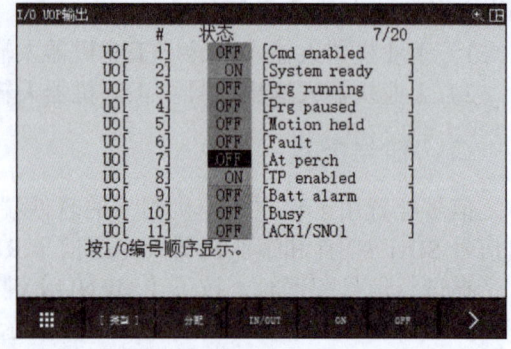

图 4-4 系统输出信号界面

1. 系统输入信号（UI）

UI[1] IMSTP：紧急停止信号（正常状态：ON；急停状态：OFF）。

UI[2] Hold：暂停信号（正常状态：ON；暂停状态：OFF）。

UI[3] SFSPD：安全速度信号（正常状态：ON）。

UI[4] Cycle stop：循环停止信号。

UI[5] Fault reset：报警复位信号（下降沿有效）。

UI[6] Start：启动信号（下降沿有效，相当于【SHIFT+FWD】，从暂停状态启动信号）。

UI[7] Home：回 HOME 信号（需要设置宏程序）。

UI[8] Enable：使能信号。

UI[9]～UI[16] RSR1～RSR8：工业机器人启动请求信号。

UI[9]～UI[16] PNS1～PNS8：程序号选择信号。
UI[9]～UI[16] STYLE1～STYLE8：编号选择信号。
UI[17] PNSTROBE：PNS滤波信号。
UI[18] PROD_START：自动操作开始信号（信号下降沿有效）。

2. 系统输出信号（UO）

UO[1]Cmd enabled：命令使能信号输出（自动运行条件满足时，UO[1]自动置ON，无法强制为ON）。
UO[2]System ready：系统准备完毕输出（当前没有报警时为ON）。
UO[3]Prg running：程序执行状态输出（程序运行时为ON）。
UO[4]Prg paused：程序暂停状态输出（有报警或按下Hold键时为ON）。
UO[5]Motion held：暂停输出（当UI[2]为OFF时为ON）。
UO[6]Fault：错误输出。
UO[7]At Perch：工业机器人就位输出（当工业机器人在第1个参考基准位置时为ON）。
UO[8]TP enabled：示教器使能输出（反映当前TP状态）。
UO[9]Batt alarm：电池报警输出（控制柜电池或本体电池电量不足，输出为ON）。
UO[10]Busy：处理器忙输出。
UO[11]～UO[18]ACK1～ACK8：证实信号，当RSR输入信号被接收时，输出一个相应的脉冲信号（即UI[9]～UI[16]的反馈信号）。
UO[11]～UO[18]SNO1～SNO8：该信号以8位二进制码表示相应的当前选中的PNS程序号。
UO[19]SNACK：信号确认输出（当外部信号选择PNS程序自动运行时，程序选择成功为ON）。
UO[20]Reserved：预留信号。

四、参考位置

参考位置（Ref Position）也称为基准位置、基准点。工业机器人在这一位置时通常远离工件和周边的机器。当工业机器人到达参考位置时，会同时发出信号给其他远端控制设备（如PLC），根据此信号，远端控制设备可以判断工业机器人是否在规定位置。

当机器人在参考位置1时，系统指定的UO[7]（ATPERCH）将发信号给外部设备，但到达其他参考位置的输出信号需要定义。当工业机器人在参考位置时，相应的参考位置可以用DO或RO给外部设备发信号。

【任务考核工单】

工作任务	工业机器人的通信信号和参考位置设置		学时		
姓名		组别	班级		日期

1. 任务描述
对机器人信号进行配置，了解通用信号与专用信号，进行参考位置的设置。
2. 任务实施（过程记录）
1）信号配置。
2）信号强制输出。
3）仿真输入/输出。
4）设置参考位置。

(续)

3. 任务评价（评价具体细则及分值可根据具体情况进行调整）

评价要素	任务要求	考核细则	分值	得分
知识点	1. 了解工业机器人的信号分类	1. 能够正确讲出工业机器人的信号分类	10	
	2. 了解工业机器人系统信号的功能	2. 能够正确讲出工业机器人系统信号的功能	10	
	3. 了解参考位置的作用	3. 能够正确讲出参考位置的作用	10	
技能点	1. 掌握信号的配置方法	1. 能够根据具体情况正确配置信号	10	
	2. 掌握信号强制输出的方法	2. 能够正确进行信号的强制输出	10	
	3. 掌握输入/输出信号的仿真	3. 能够正确对输入/输出信号进行仿真	10	
	4. 掌握参考位置的设置	4. 能够正确设置参考位置	10	
素质点	1. 能分析通信信号之间的区别，培养精益求精的工匠精神	1. 能够对通信信号的功能进行分类说明	10	
	2. 能够根据具体应用场景合理设置参考位置，提升岗位意识	2. 能够根据情况合理设置参考位置	10	
	3. 遵守纪律，按时出勤	3. 能够遵守纪律，不迟到，不早退	10	
	合计		100	
学生签名		教师签名	日期	

4. 任务反思

在课堂上学会了下面几点：_____

还有哪个地方有疑问：_____

本任务实施过程中需要注意的有下面几点：_____

【任务实施】

一、信号配置

在进行信号配置时，要确定好对应的机架和插槽号，并选用合适的开始点。下面以机器人 I/O 通信设备 CRMA15/CRMA16 为例进行数字输出信号配置。

信号配置

项目 4　工业机器人的通信　　111

序号	操作说明	示意图
步骤 1	按下【MENU】键，选择"I/O"，单击"数字"，按下【ENTER】键确认	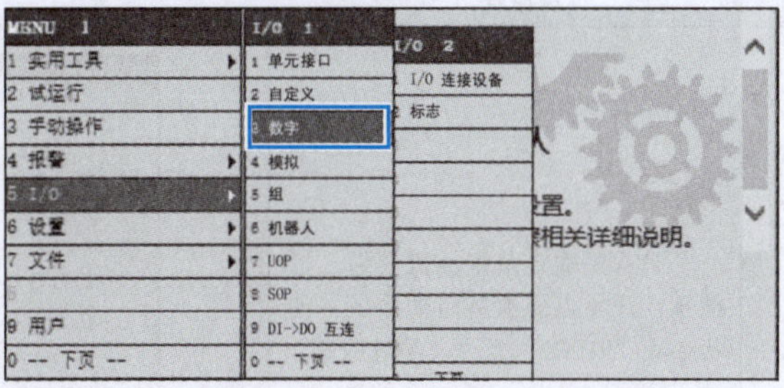
步骤 2	按【F2】（分配）键进入输出信号配置界面	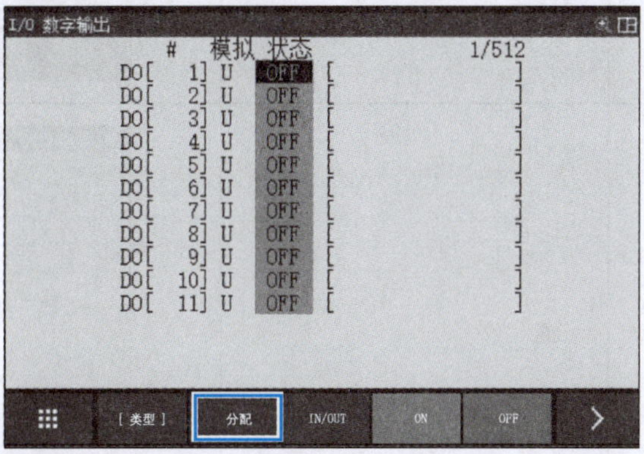
步骤 3	按【F3】（IN/OUT）键，可在输入/输出间进行切换	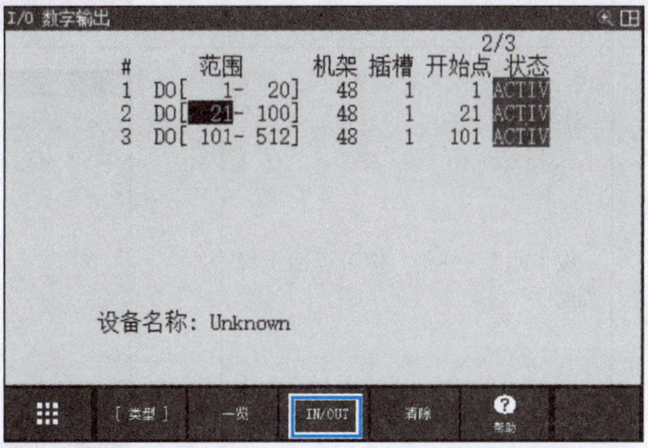
步骤 4	按【F4】（清除）键删除光标所在项的分配	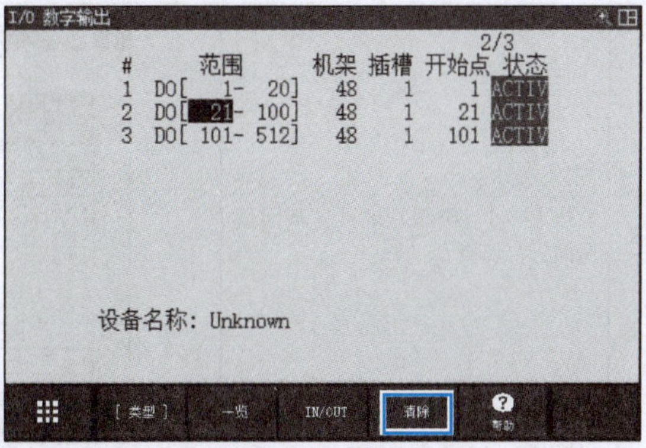

（续）

序号	操作说明	示意图
步骤5	根据需要输入范围、机架号、插槽号、开始点，重新启动系统，使状态从"PEND"变为"ACTIVE"	
步骤6	分配生效	
步骤7	按【F2】（一览）键可返回上级界面	
步骤8	按【F1】（类型）键可在不同信号间进行切换	

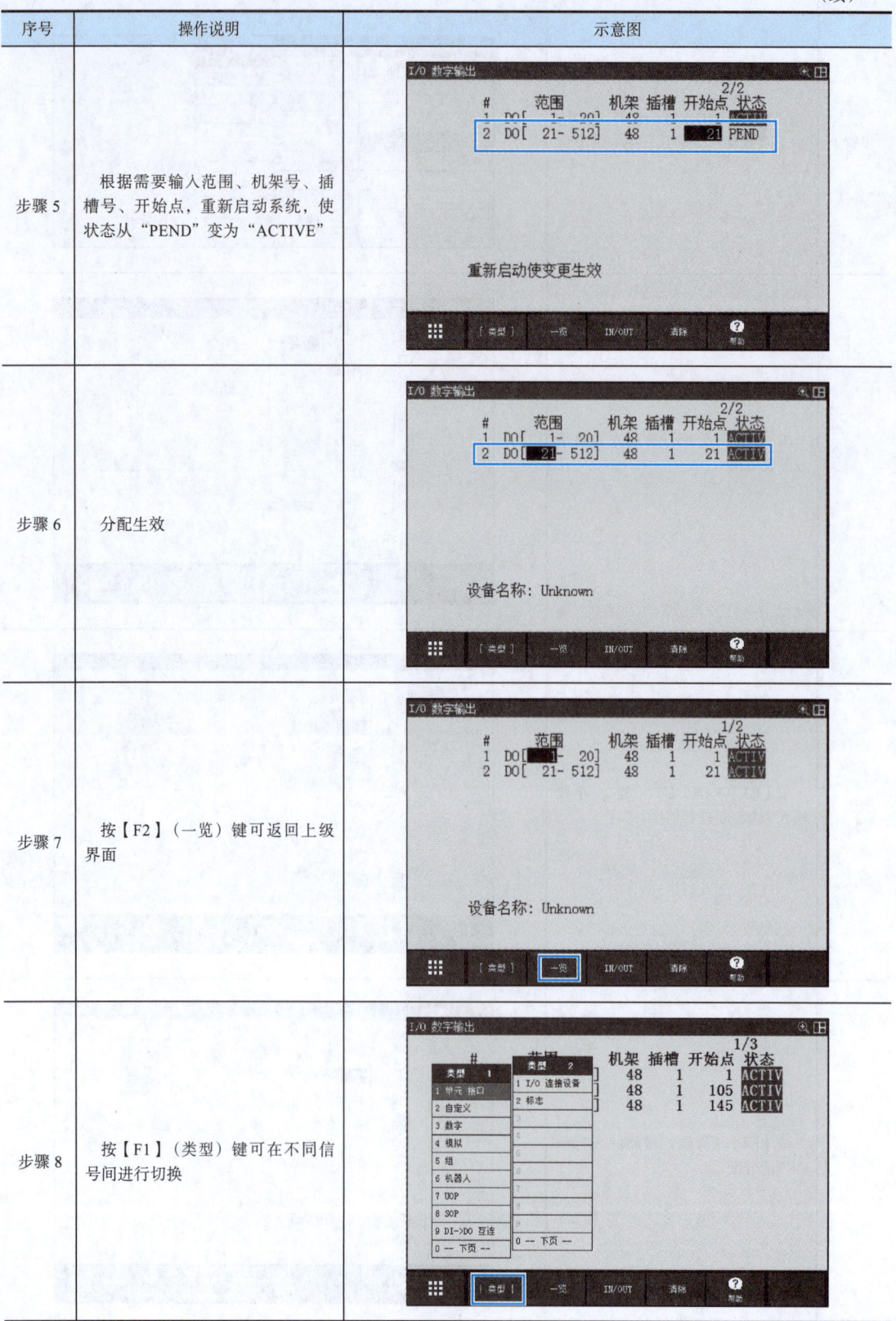

二、信号强制输出

信号强制输出指的是给外部设备手动强制输出信号。下面以数字输出信号强制为例进行操作。

序号	操作说明	示意图
步骤1	按下【MENU】键,选择"I/O",单击"数字",按【F3】(IN/OUT)键选择输出界面	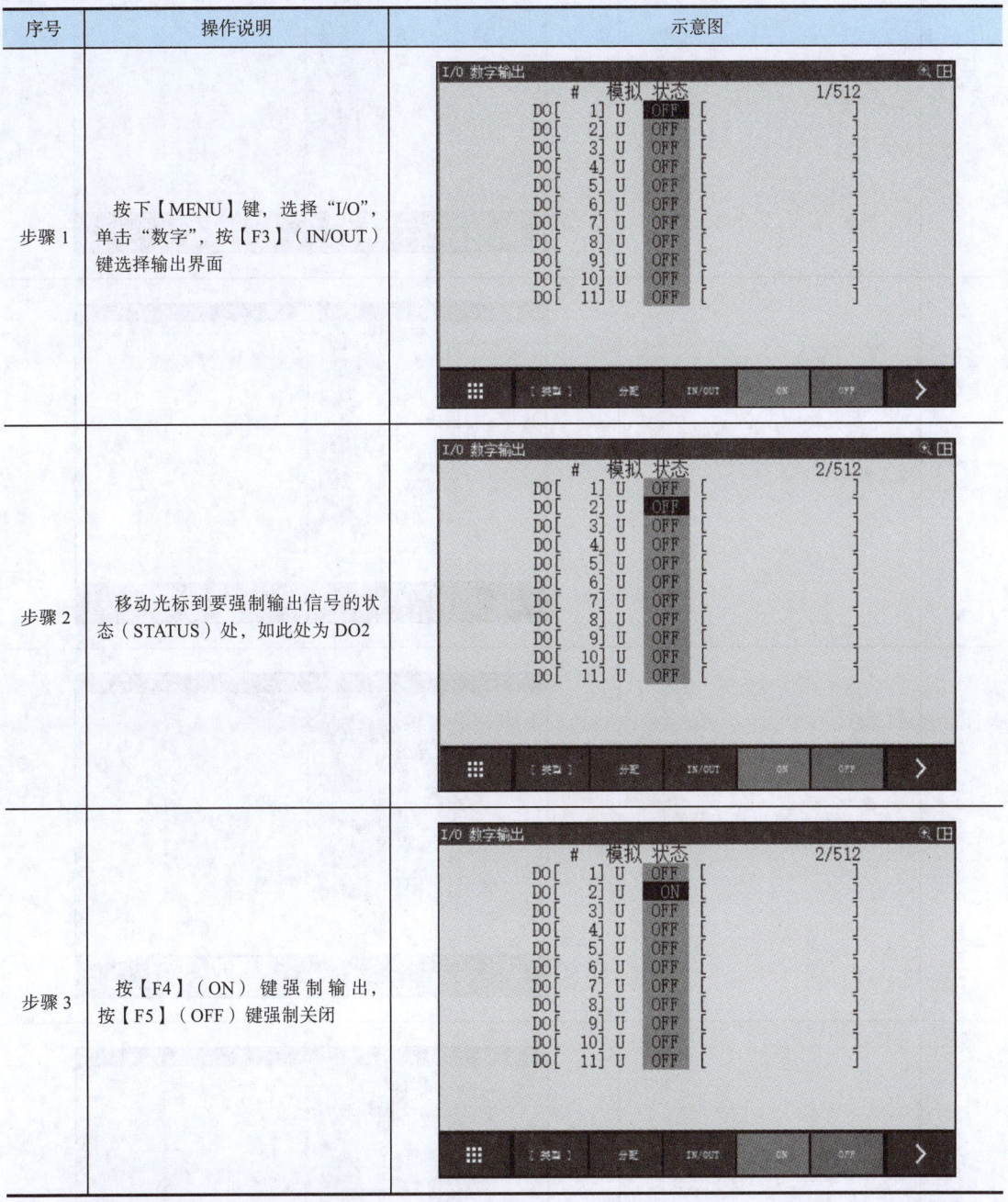
步骤2	移动光标到要强制输出信号的状态(STATUS)处,如此处为DO2	
步骤3	按【F4】(ON)键强制输出,按【F5】(OFF)键强制关闭	

三、仿真输入/输出

仿真输入/输出功能可以在不和外部设备通信的情况下从内部改变信号的状态。这一功能可以在外部设备没有连接好的情况下检测信号语句。下面以数字输入信号为例进行输入/输出信号仿真。

序号	操作说明	示意图
步骤1	按下【MENU】键，选择"I/O"，单击"数字"	
步骤2	按【F3】（IN/OUT）键切换至输入界面	
步骤3	移动光标到要仿真信号的模拟"U"处，如DI2	
步骤4	按【F4】（模拟）键，"U"变为"S"	

(续)

序号	操作说明	示意图
步骤 5	把光标移到"状态"处,按【F4】(ON)键或【F5】(OFF)键切换信号状态	
步骤 6	移动光标至要仿真信号的模拟(S)处,按【F5】(解除)键取消仿真	

四、设置参考位置

FANUC 工业机器人最多可以设置 30 个参考位置。当工业机器人到达参考位置 1 时,系统指定的 UO[7](ATPERCH)将发送信号给外部设备,但到达其他参考位置的输出信号需要用户采用数字输出(DO)或工业机器人输出(RO)自行定义。

序号	操作说明	示意图
步骤 1	按下【MENU】键,选择"设置"(SETUP),单击"参考位置"(REF POSN),按下【ENTER】键进入参考位置设置界面	

(续)

序号	操作说明	示意图
步骤2	移动光标至要设置的参考位置，如此处选择编号为1的参考位置，按【F3】（详细）键进入参考位置设置界面	
步骤3	输入注释，将光标置于注释行，按【ENTER】键确认，通过移动鼠标选择以何种方式输入注释，按相应的【F1】～【F5】键输入注释，输入完毕后，按【ENTER】键退出	
步骤4	将光标移至第2项，将"启用/禁用"状态改为"启用"	
步骤5	将光标移至第3项，将"原点"状态改为"有效"	
步骤6	将光标移至第4项，进行信号定义，即指定当机器人到达该参考位置时发出信号的端口，可以通过【F4】键或【F5】键在数字输出（DO）和工业机器人输出（RO）间切换端口类型。此处输出信号为RO[1]	

(续)

序号	操作说明	示意图
步骤 7	示教参考位置： 方法 1——示教法。 把光标移动到 J1～J9 轴的设置项，按下【SHIFT+F5】（记录）键，机器人的当前位置被作为参考位置记录下来	
步骤 8	示教参考位置： 方法 2——直接输入法。 把光标移动到 J1～J9 轴的设置项，可以直接输入参考位置的关节坐标数据	
步骤 9	右侧数据为允许的误差范围，一般设为 1。按下【PREV】键返回上级画面	
步骤 10	参考位置设置成功后，若系统检测到机器人在参考位置，则相应的"范围内"自动变为"有效"	
步骤 11	若定义过信号端口，则当系统检测到机器人在该参考位置时，相应的信号自动置 ON，且信号无论是 DO 还是 RO，其状态都无法强制为 OFF	

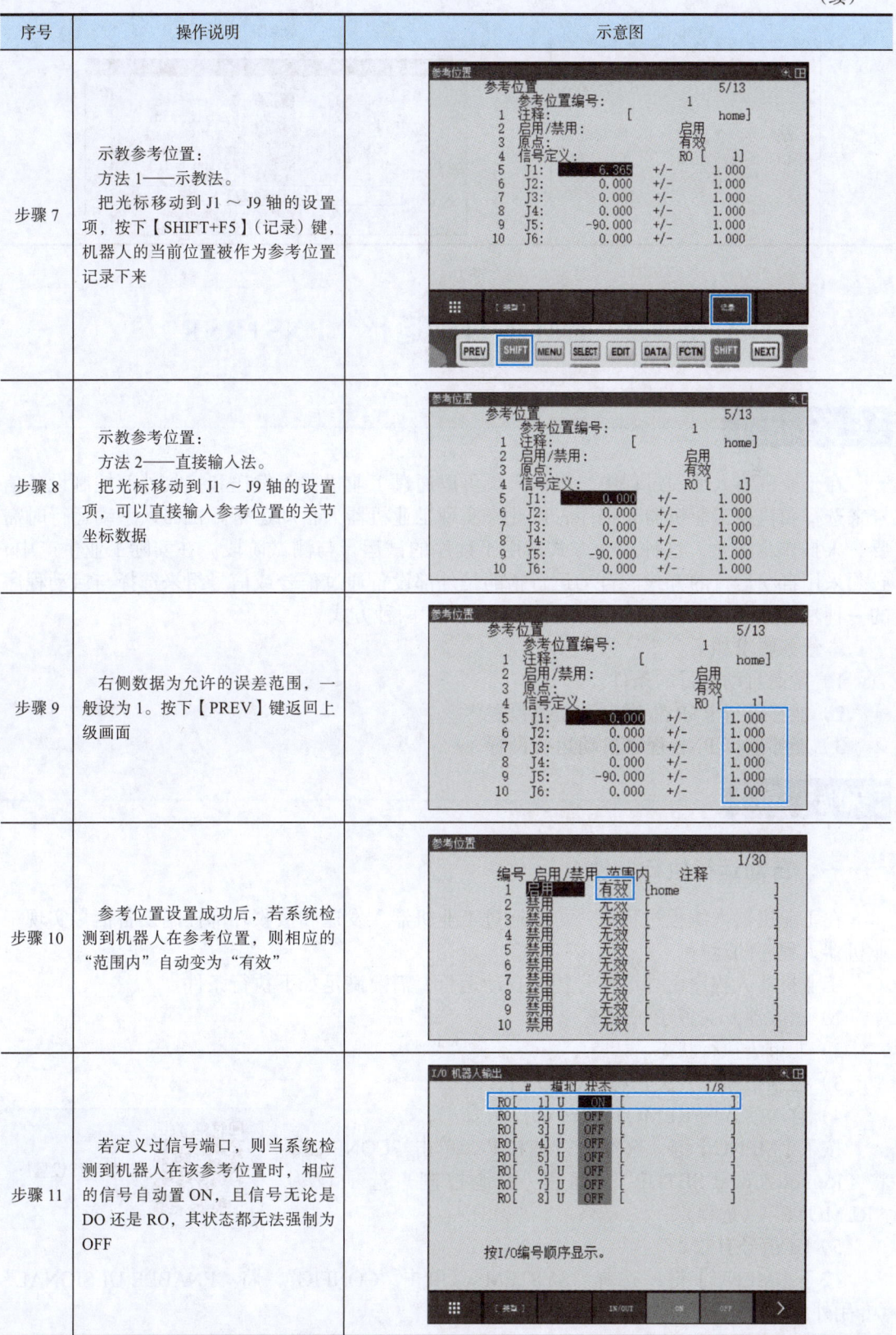

（续）

序号	操作说明	示意图
步骤12	若参考位置编号为1，则系统信号 UO[7] 自动置 ON	

任务 4.2　程序的自动运行（PNS+RSR）

【任务提出】

在工业机器人编程过程中，操作人员可以通过工业机器人发送和接收外部控制设备信号来选择和执行工业机器人程序，以此来实现工业机器人自动运行。机器人手动运行时需要有人操作示教盒，这种运行方式适用于程序的试运行与测试阶段。在实际工业生产中，必须采用自动运行的方式。自动运行指的是外部设备通过信号或信号组来选择与启动程序的一种功能，在日常应用中主要有 RSR 和 PNS 两种方式。

本任务要求如下：
1）掌握自动运行的条件。
2）能够进行 RSR 程序自动运行设置。
3）能够进行 PNS 程序自动运行设置。

【知识点拨】

一、自动运行执行条件

在工业机器人编程过程中，可以通过工业机器人发送和接收外部控制设备信号实现工业机器人程序的运行。

工业机器人程序由外部信号控制自动运行，需要满足如下执行条件。
1）示教器开关置于"OFF"。
2）非单步执行状态。
3）控制柜模式开关选择 AUTO 档。
4）自动模式为 REMOTE（外部控制）。
按下【MENU】键，选择"SYSTEM"，单击"CONFIG"，将"Remote/Local SETUP"（远程/本地控制）选项设为"REMOTE"（远程）。
5）UI 信号有效。
按下【MENU】键，选择"SYSTEM"，单击"CONFIG"，将"ENABLE UI SIGNAL"（专用外部信号）选项设为"TRUE"（启用）。

自动运行设置

6）将 UI[1]～UI[3]、UI[8] 选项设为 ON。
7）系统变量 $RMT_MASTER 为 0（默认值为 0）。

按下【MENU】键，选择"SYSTEM"，单击"Variables"，将"RMT_MASTER"选项设为"0"。

系统变量 $RMT_MASTER 用于定义下列远端设备：
0—外围设备；1—显示器/键盘；2—主控计算机；3—无外围设备。

二、RSR 自动运行方式

RSR 自动运行方式通过机器人启动请求信号（RSR1～RSR8）选择和开始程序。其主要特点如下。

1）当一个程序正在执行或中断时，被选择的程序处于等待状态，一旦原先的程序停止，就开始运行被选择的程序。
2）只能选择 8 个程序。

RSR 的程序命名要求如下：
1）程序名必须为 7 位。
2）由 RSR+4 位程序号组成。
3）程序号 =RSR 程序编号 + 基准号码（不足以 0 补齐）。

RSR 自动运行

RSR 自动运行方式设置如下：
1）按下【MENU】键，选择"SETUP"，单击"Prog Select"（选择程序）。
2）将光标置于图 4-5 所示第 1 项"1 程序选择模式"上，按下【F4】（选择）键，选中"1 RSR"，并根据提示信息重启机器人。
3）单击"详细"，进入 RSR 程序号码设置界面，如图 4-6 所示，将光标移至程序号码处，输入对应的数值，并将对应 RSR 程序改为"启用"。
4）将光标移至"基准"号码处，输入基准号码（可以为 0）。如图 4-6 所示，目前 RSR1～RSR4 为启用状态，则外部专用信号 UI[9]～UI[12] 有效，此时，RSR1 程序编号为 3，基准号码为 1，当 UI[9] 信号有效时，将选中 RSR0004。

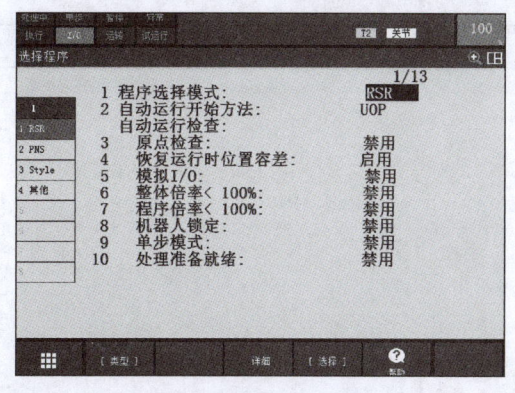

图 4-5 RSR 程序选择设置界面

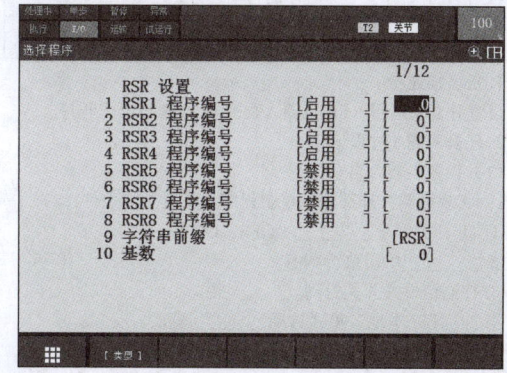

图 4-6 RSR 程序号码设置界面

三、PNS 自动运行方式

程序号码选择信号（PNS1～PNS8 和 PNSSTROBE）选择一个程序，其主要特点是当一个程序被中断或执行时，这些信号被忽略。自动开始操作信号（PROD_START），从第一行开始执行被选中的程序，当一个程序被中断或执行时，这个信号不被接收，最多可以选择 255 个程序。

远程控制方式 PNS 的程序命名要求如下：
1）程序名必须为 7 位。
2）由 PNS+4 位程序号组成。
3）程序号 =PNS 号 + 基准号码组成（不足的用 0 补齐）。

PNS 自动运行方式设置步骤如下：

1）按下【MENU】键，选择"SETUP"，单击"Prog Select"（选择程序）。

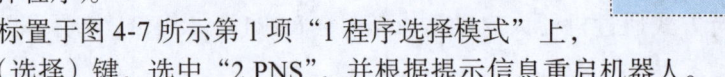

2）将光标置于图 4-7 所示第 1 项"1 程序选择模式"上，按下【F4】（选择）键，选中"2 PNS"，并根据提示信息重启机器人。

3）单击"详细"，进入 PNS 基准号码设置界面，如图 4-8 所示，将光标移至"基数"号码处，输入基准号码（可以为 0），此时，PNS 基数为 1。

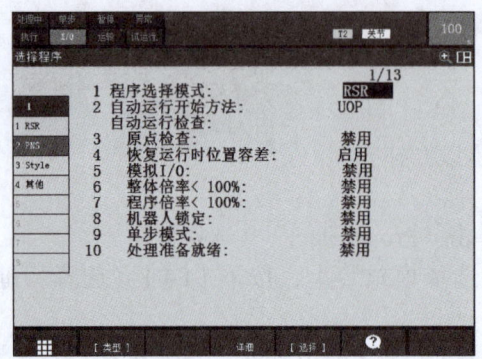

图 4-7 PNS 程序选择设置界面

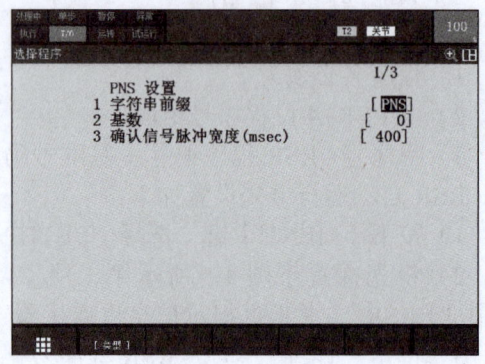

图 4-8 PNS 基准号码设置界面

【任务考核工单】

工作任务	程序的自动运行（PNS+RSR）		学时	
姓名		组别	班级	日期

1. 任务描述
设置并自动运行 RSR 机器人程序和 PNS 机器人程序

2. 任务实施（过程记录）
（1）设置机器人自动运行
1）实现机器人外部信号控制程序自动启动的条件：
① TP 开关置于_____（OFF、ON）。
② _____单步执行状态。
③ 控制柜模式开关打到_____档。
④ "远程/本地"模式选择_____模式。
⑤ 专用外部信号处于_____（有效、无效）状态。
⑥ 系统变量 $RMT_MASTER 的值设定为_____（0、2）。
⑦ UI[1]、UI[2]、UI[3]、UI[8] 为_____（ON、OFF）。
2）实现机器人控制柜本体控制程序自动启动的条件：
① TP 开关置于_____。
② _____单步执行状态。
③ 控制柜模式开关打到_____档。
④ "远程/本地"模式选择_____模式。
⑤ 系统变量 $RMT_MASTER 的值设定为_____（0、2）。

(续)

(2) RSR 程序自动运行方式
RSR 的程序命名要求：
① _____。
② _____。
③ _____。
(3) PNS 程序自动运行方式
PNS 的程序命名要求：
① _____。
② _____。
③ _____。
（注意：RSR 程序和 PNS 程序自动运行时的程序号计算方法不同）

3. 任务评价（评价具体细则及分值可根据具体情况进行调整）

评价要素	任务要求	考核细则	分值	得分
知识点	1. 了解自动运行的不同方法	1. 能够正确讲出自动运行的不同方法	10	
	2. 了解 RSR 程序自动运行的条件	2. 能够正确讲出 RSR 程序自动运行的条件	10	
	3. 了解 PNS 程序自动运行的条件	3. 能够正确讲出 PNS 程序自动运行的条件	10	
技能点	1. 掌握由外部信号实现自动运行的设置方法	1. 能够正确设置由外部信号自动运行	10	
	2. 掌握由控制柜实现自动运行的设置方法	2. 能够正确设置由控制柜自动运行	10	
	3. 掌握 RSR 程序自动运行的设置方法	3. 能够正确进行 RSR 程序自动运行设置	10	
	4. 掌握 PNS 程序自动运行的设置方法	4. 能够正确进行 PNS 程序自动运行设置	10	
素质点	1. 能分析不同状况自动运行设置方法的不同，培养精益求精的工匠精神	1. 能够对不同情况自动运行设置产生的情况进行分类说明	10	
	2. 掌握 RSR 程序、PNS 程序的自动运行设置方法的区别，培养不畏困难的精神	2. 能够对不同情况的自动运行进行维护和排查	10	
	3. 遵守纪律，按时出勤	3. 能够遵守纪律，不迟到，不早退	10	
		合计	100	
学生签名		教师签名	日期	

4. 任务反思
在课堂上学会了下面几点：_____
_____
还有哪个地方有疑问：_____
_____
本任务实施过程中需要注意的有下面几点：_____
_____

【任务实施】

一、自动运行设置

序号	操作说明	示意图
步骤1	准备好I/O信号面板，将UI[1]~UI[3]、UI[8]置于ON	
步骤2	按下【MENU】键，选择"系统"，单击"变量"	
步骤3	找到变量$RMT_MASTER，设置该变量为0	
步骤4	单击"类型"，选择"配置"	

（续）

序号	操作说明	示意图
步骤5	检查第7项"专用外部信号"是否"启用"，若为"禁用"，将其改为"启用"	系统/配置 1/65 1 停电处理： 启用 2 停电处理中的I/O： 恢复所有 3 停电处理无效时自动执行的程序： [****************************] 4 停电处理有效时自动执行的程序： [****************************] 5 停电处理确认信号： DO[0] 6 所选程序的退出(PNS)： 启用 7 专用外部信号： 启用 8 恢复运行专用(外部启动)： 启用 9 用CSTOPI信号强制中止程序： 禁用
步骤6	将"远程/本地设置"改为"远程"	系统/配置 42/65 42 远程/本地设置： 远程 43 外部I/O(ON:远程)： DI [0] 44 UOP自动分配： 禁用 45 多个程序选择： 禁用 46 在示教位置等待： 禁用
步骤7	重启控制柜，检查为非单步模式，将示教器打到OFF	

二、RSR 程序自动运行设置

机器人由外部信号控制 RSR 程序自动启动时，首先要设置好要选择的程序号，然后将机器人设置为自动运行状态，选择对应的外部信号即可启动对应 RSR 程序。

序号	操作说明	示意图
步骤1	按下【MENU】键，选择"设置"，单击"选择程序"	MENU 1 / 设置 1 / 2 / 3 1 实用工具 / 1 选择程序 / 报警严重度 / 密码 2 试运行 / 2 ZDT 客户端 / Pendant设置 3 手动操作 / 3 常规 / 舞台逻辑 4 报警 / 4 坐标系 / 恢复运行时偏移 5 I/O / 5 宏 / 恢复运行容差 6 设置 / 6 参考位置 / 可变始范围 7 文件 / 7 端口设定 / 可止干涉区域 / 8 DI速度选择 / 故障诊断设定
步骤2	选中当前程序选择模式，单击"选择"，选择"1 RSR"	选择程序 1/13 1 程序选择模式： PNS 2 自动运行开始方法： UOP 自动运行检查： 1 RSR / 3 原点检查： 禁用 2 PNS / 4 恢复运行时位置容差： 禁用 3 Style / 5 模拟I/O： 禁用 4 其他 / 6 整体倍率＜100%： 禁用 7 程序倍率＜100%： 禁用 8 机器人锁定： 禁用 9 单步模式： 禁用 10 处理准备就绪： 禁用

（续）

序号	操作说明	示意图
步骤3	按照要求进行重新启动	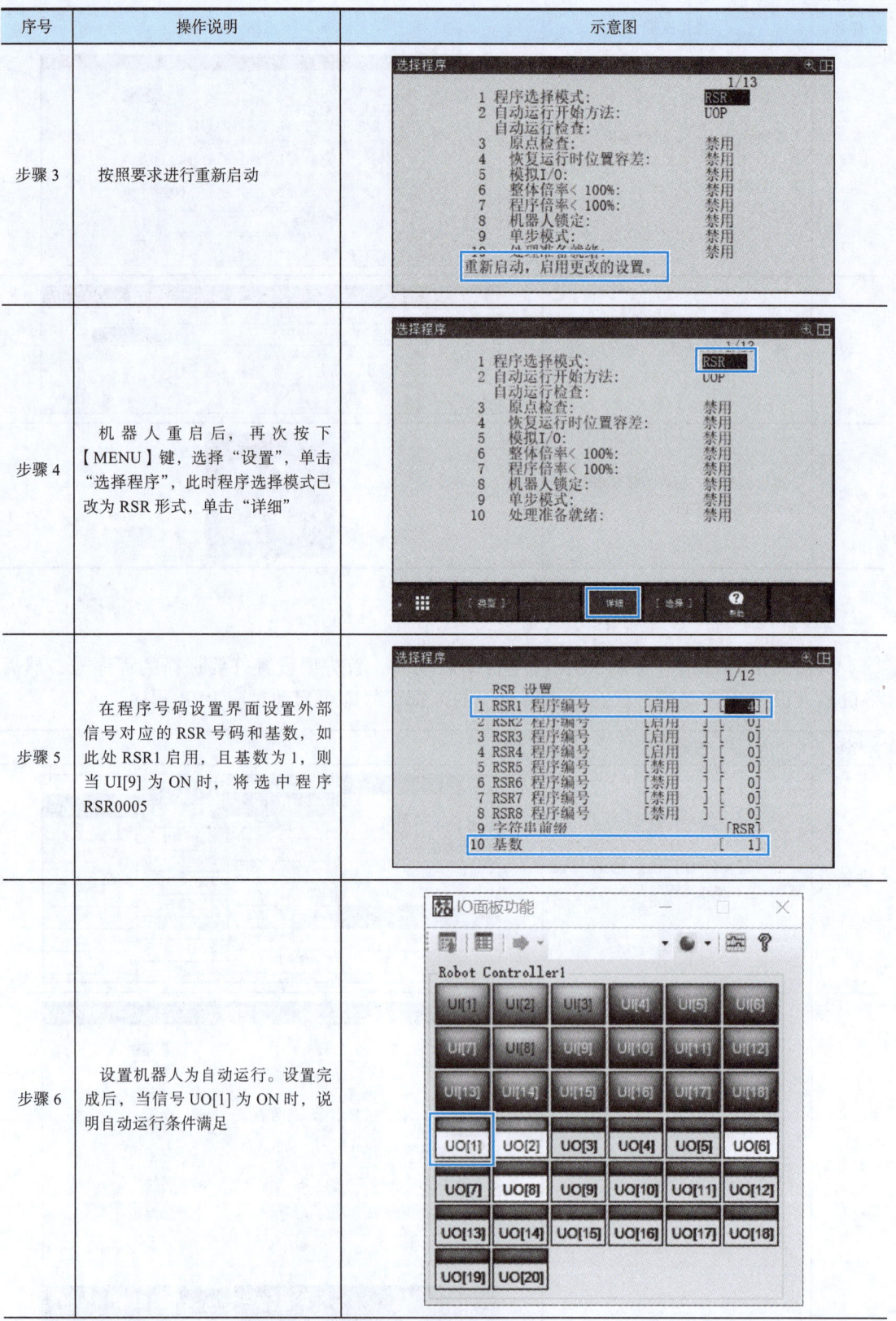
步骤4	机器人重启后，再次按下【MENU】键，选择"设置"，单击"选择程序"，此时程序选择模式已改为RSR形式，单击"详细"	
步骤5	在程序号码设置界面设置外部信号对应的RSR号码和基数，如此处RSR1启用，且基数为1，则当UI[9]为ON时，将选中程序RSR0005	
步骤6	设置机器人为自动运行。设置完成后，当信号UO[1]为ON时，说明自动运行条件满足	

(续)

序号	操作说明	示意图
步骤7	将对应信号 UI[9] 置为 ON	
步骤8	此时，机器人将开始自动执行对应 RSR0005 程序；RSR 程序自动运行成功	

三、PNS 程序自动运行设置

机器人由外部信号控制 PNS 程序自动启动时，步骤基本和 RSR 程序自动运行设置相同，但程序号的选择和外部信号有关，而且启动时需要先滤波才能下降沿启动，具体步骤如下。

序号	操作说明	示意图
步骤1	按下【MENU】键，选择"设置"，单击"选择程序"	

(续)

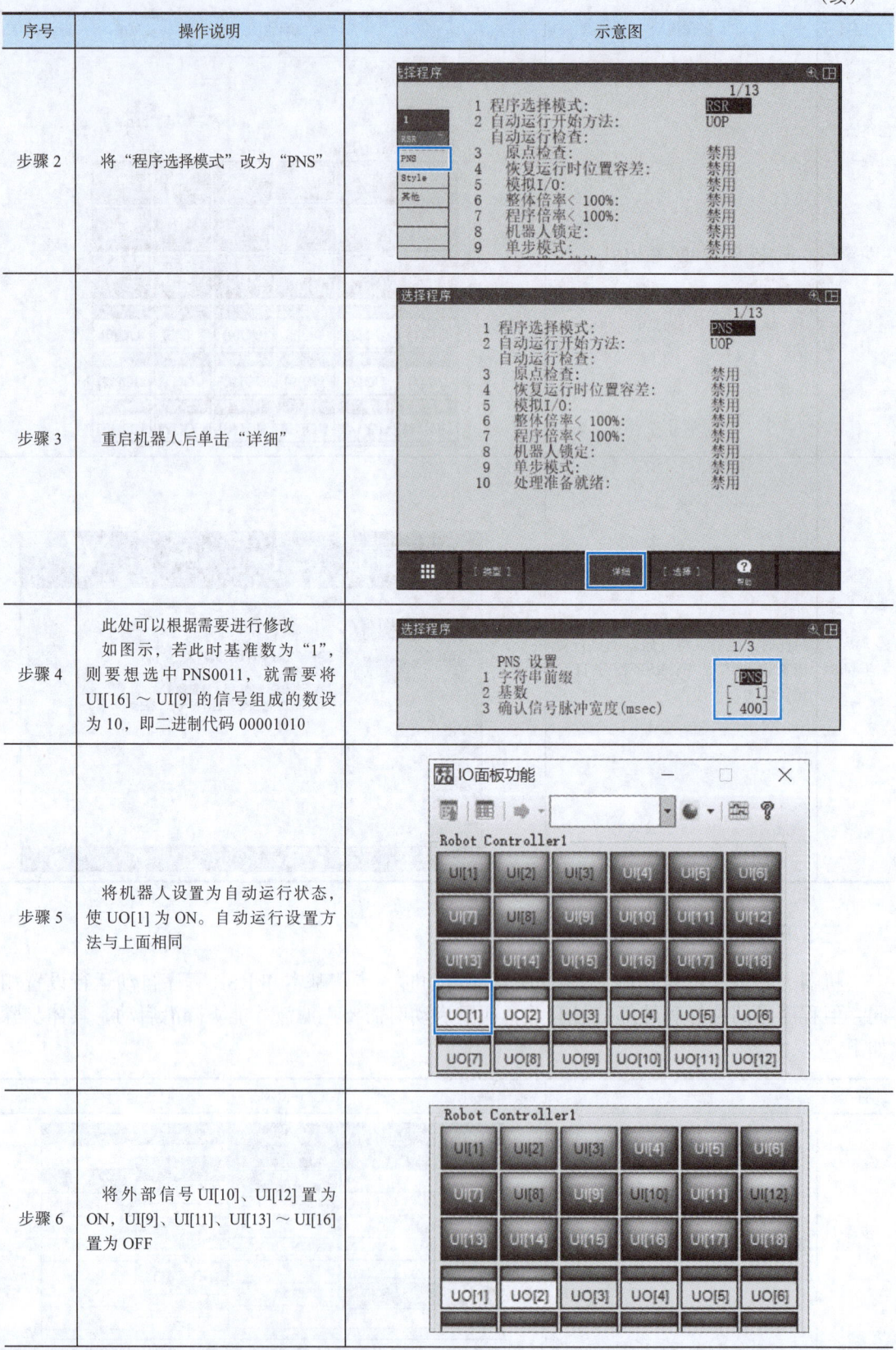

(续)

序号	操作说明	示意图
步骤7	将 UI[17] 置为 ON，进行滤波，选择程序	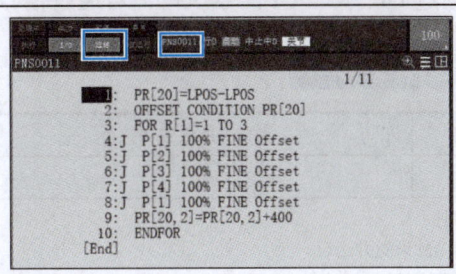
步骤8	将 UI[18] 置为 ON-OFF（下降沿触发），即可自动启动对应 PNS 程序	

任务 4.3　宏指令的设置和执行

【任务提出】

在工业机器人编程过程中，可以把若干指令集合在一起作为一个指令来记录，这种指令就是宏指令。宏指令不仅可以作为程序中的指令出现，还可以通过示教器、外部信号等形式来执行。

本任务要求如下：
1) 掌握宏指令的定义。
2) 能够进行宏指令的设置。
3) 能够执行相应的宏指令。

【知识点拨】

宏指令是指由若干条指令集合在一起作为一个指令来记录，从而调用并执行该指令的功能。宏指令总共可以记录 150 个，使用宏指令时可按如下步骤进行。
① 通过宏指令创建要执行的程序。
② 将所创建的宏程序作为宏指令予以记录。此外，分配用来调用宏指令的方法。
③ 执行宏指令。

宏指令设置与执行

1. 宏指令的设备定义

宏指令可以用下列设备定义。

1）MF[1]～MF[99] 可用手动操作功能（MANUAL FCTN）菜单定义。
2）UK[1]～UK[7] 可用工业机器人用户键 1～7 定义。
3）SU[1]～SU[7] 可用工业机器人用户键 1～7+【SHIFT】键定义。
4）DI[1]～DI[99] 可用控制柜扩展板数字输入信号定义。
5）RI[1]～RI[8] 可用工业机器人本体输入信号定义。

2. 宏指令的调用执行

在编程过程中，FANUC 工业机器人调用并执行该指令时有以下几种方式。
1）作为程序中的指令执行。
2）通过示教器上的手动操作界面执行。
3）通过示教器上的用户键执行。
4）通过 DI、RI、UI 信号执行，若通过信号启动，宏指令必须处于自动启动模式下。

【任务考核工单】

工作任务	宏指令的设置和执行		学时		
姓名		组别		班级		日期	

1. 任务描述
进行宏指令的设置并运行。

2. 任务实施（过程记录）
1）设置宏指令的方法：
① MF 可以用_____定义。
② UK 可以用_____定义。
③ SU 可以用_____+_____定义。
④ DI 方式可以用_____定义。
⑤ RI 方式可以用_____定义。
2）宏指令的执行：
① 可以作为程序中的_____来执行。
② 可以通过示教器上的_____操作界面来执行。
③ 可以通过示教器的_____键来执行。
④ 可以通过_____信号来执行，此时机器人必须处于_____模式下。

3. 任务评价（评价具体细则及分值可根据具体情况进行调整）

评价要素	任务要求	考核细则	分值	得分
知识点	1. 了解宏指令的不同设置方法	1. 能够正确讲出宏指令常见的设置方法	10	
	2. 了解宏指令不同设置方法的执行条件	2. 能够正确讲出宏指令不同设置方法的执行条件	10	
	3. 了解 DI、RI 信号执行宏指令的条件	3. 能够正确讲出 DI、RI 信号执行宏指令的条件	10	
技能点	1. 掌握宏指令的不同设置方法	1. 能够正确进行宏指令设置	10	
	2. 掌握宏指令不同设置方法的执行条件	2. 能够正确执行宏指令	10	
	3. 掌握 UK 与 SU 方式的区别	3. 能够正确进行 UK 与 SU 方式运行设置	10	
	4. 掌握 DI、RI 信号启动宏指令的前提条件	4. 能够正确采用 DI、RI 信号启动宏指令	10	

（续）

（续）

评价要素	任务要求	考核细则	分值	得分
素质点	1. 能分析不同配置方法的区别，达到举一反三的效果	1. 能够对不同配置方法的不同条件进行比较	10	
	2. 掌握不同配置方法的不同执行条件，培养不畏困难的精神	2. 能够对不同配置方法进行不同的执行条件的设置	10	
	3. 遵守纪律，按时出勤	3. 能够遵守纪律，不迟到，不早退	10	
合计			100	
学生签名		教师签名	日期	

4. 任务反思

在课堂上学会了下面几点：_____
_____

还有哪个地方有疑问：_____
_____

本任务实施过程中需要注意的有下面几点：_____
_____

【任务实施】

一、宏指令的设置

序号	操作说明	示意图
步骤1	按下【MENU】键，选择"设置"，单击"宏"	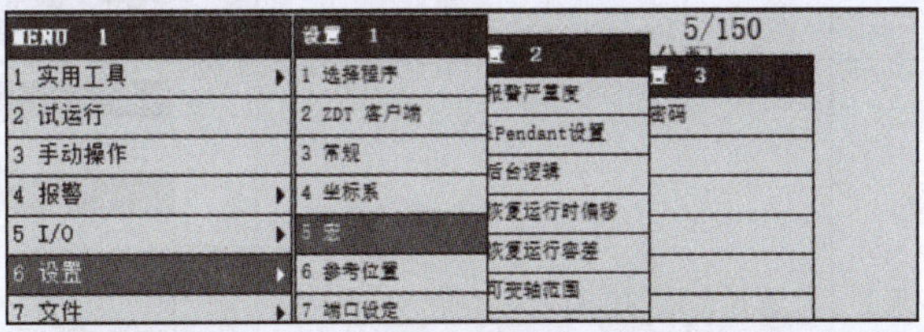
步骤2	移动光标到"指令名称"上，按下【ENTER】键，为宏指令命名	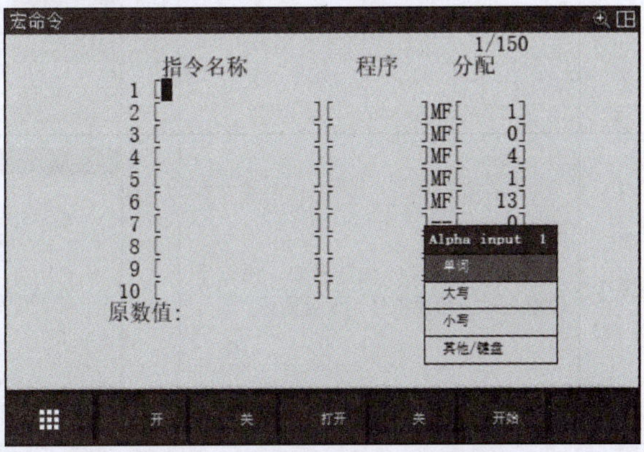

(续)

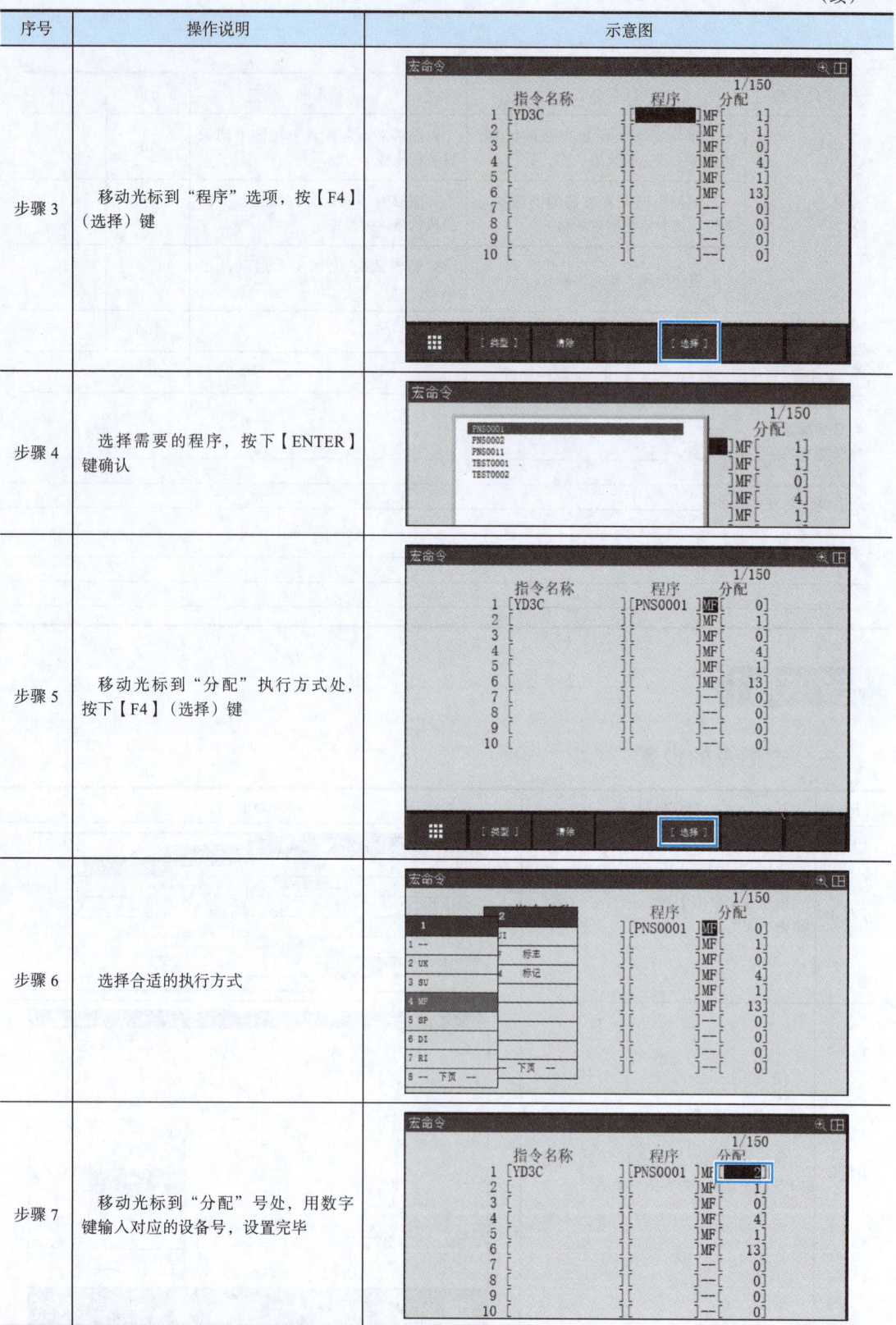

序号	操作说明	示意图
步骤3	移动光标到"程序"选项，按【F4】（选择）键	
步骤4	选择需要的程序，按下【ENTER】键确认	
步骤5	移动光标到"分配"执行方式处，按下【F4】（选择）键	
步骤6	选择合适的执行方式	
步骤7	移动光标到"分配"号处，用数字键输入对应的设备号，设置完毕	

二、宏指令的执行

注意：方法 1～3 为 T1/T2 模式且 TP 为 ON 状态，方法 4 为 AUTO 模式且 TP 为 OFF 状态。

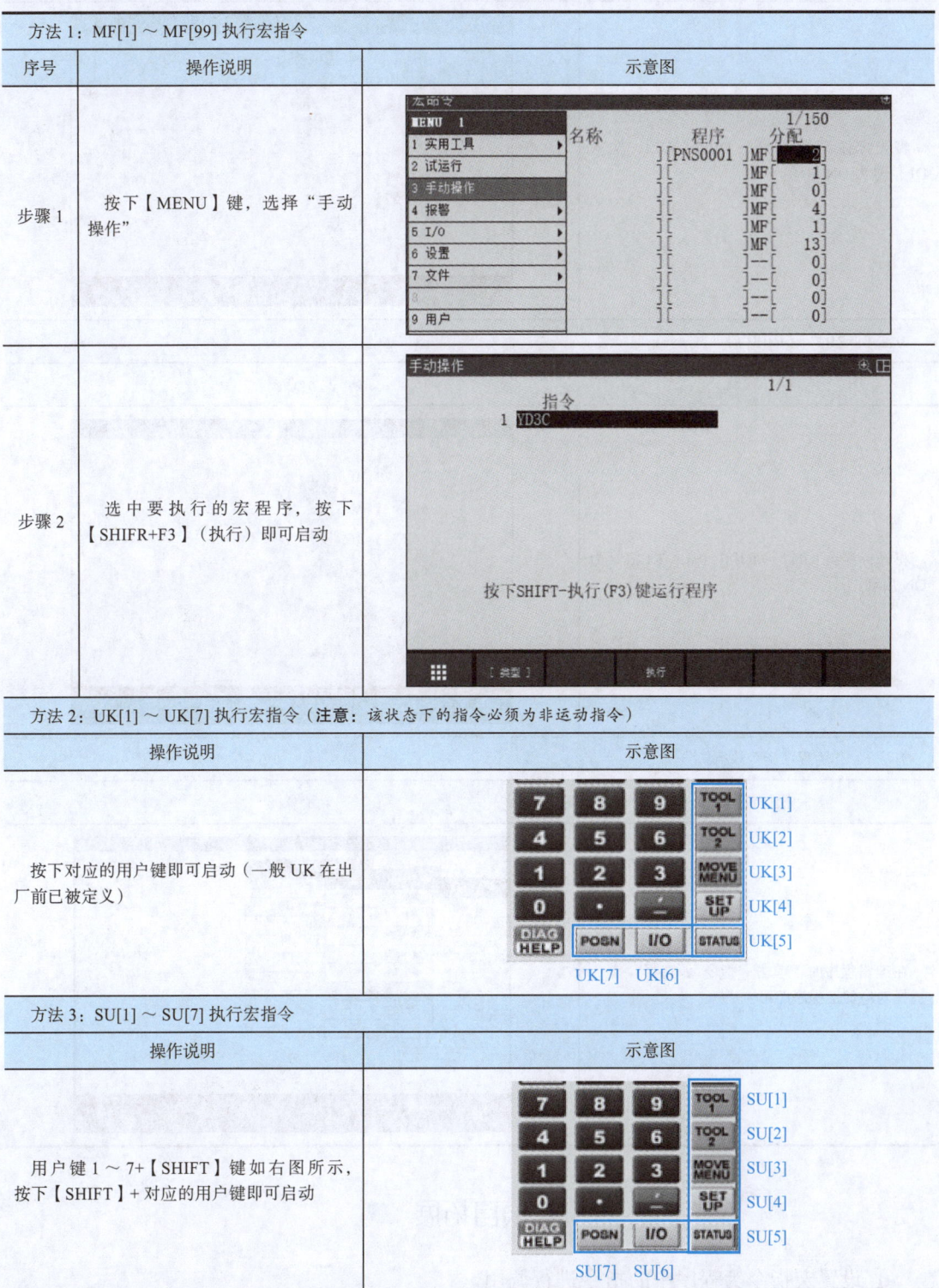

方法 1：MF[1]～MF[99] 执行宏指令		
序号	操作说明	示意图
步骤 1	按下【MENU】键，选择"手动操作"	
步骤 2	选中要执行的宏程序，按下【SHIFR+F3】（执行）即可启动	

方法 2：UK[1]～UK[7] 执行宏指令（**注意**：该状态下的指令必须为非运动指令）	
操作说明	示意图
按下对应的用户键即可启动（一般 UK 在出厂前已被定义）	

方法 3：SU[1]～SU[7] 执行宏指令		
序号	操作说明	示意图
	用户键 1～7+【SHIFT】键如右图所示，按下【SHIFT】+对应的用户键即可启动	

（续）

方法4：DI[1]～DI[99]执行宏指令

操作说明	示意图
将光标移动至DI[1]～DI[99]选项，输入DI信号为ON启动	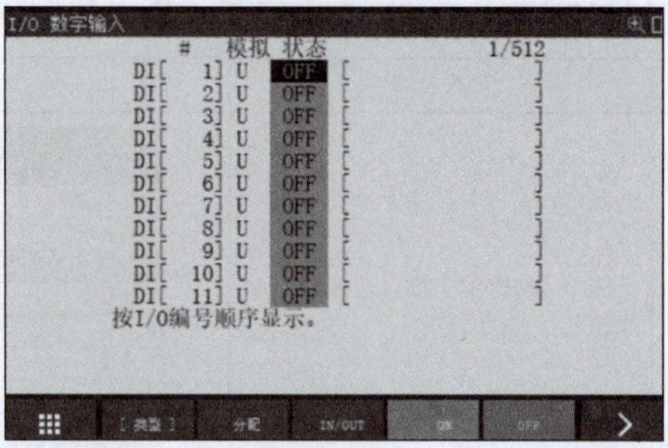

方法5：RI[1]～RI[8]启动

操作说明	示意图
将光标移至RI[1]～RI[8]，输入RI信号为ON启动	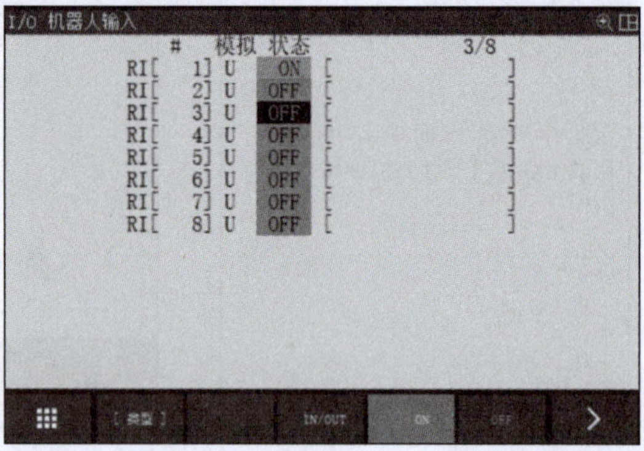

方法6：作为程序指令执行

操作说明	示意图
在编辑程序时，单击"指令"，选择"宏"，选择对应的宏程序即可	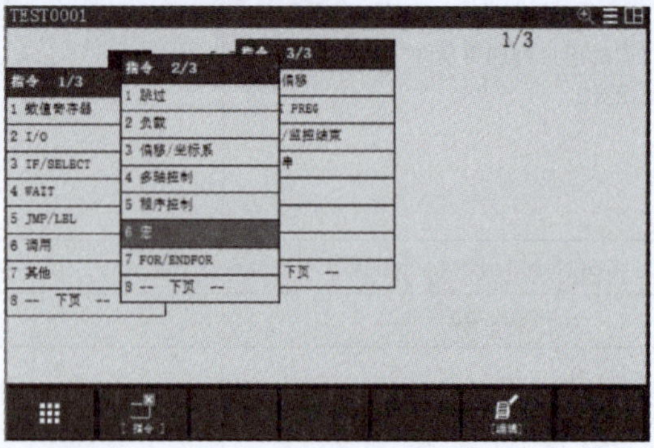

▼ 项目拓展 ▼

1. 设置宏指令为程序中的指令进行调用。
2. 如图3-81所示，采用DI、RI、UI信号执行机器人。将工件从位置1搬到位置2，工件从位置 3 搬到位置 4 的功能。

3. 设置宏指令,采用示教器上的用户键恢复机器人至 HOME 位置。

4. 如图 3-81 所示,通过示教器上的手动操作界面执行机器人。将工件从位置 1 搬到位置 2,工件从位置 3 搬到位置 4 的功能。

思考与练习

一、选择题(共 10 题)

1. FANUC 工业机器人在使用 RSR 自动运行方式工作前,模式开关应处于(　　)位置。
   A. AUTO　　　　　　B. T1　　　　　　C. T2　　　　　　D. 任意位置

2. 当机器人需要进行 RSR 自动运行时,其程序命名格式应为(　　)。
   A. RSR+3 位数字　　B. RSR+4 位数字　　C. RSR+5 位数字　　D. 任意命名即可

3. 当机器人需要进行 PNS 自动运行时,其程序命名格式应为(　　)。
   A. PNS+3 位数字　　B. PNS+4 位数字　　C. PNS+5 位数字　　D. 任意命名即可

4. FANUC 工业机器人的通用 I/O 信号有(　　)种。
   A. 2　　　　　　　　B. 3　　　　　　　　C. 4　　　　　　　　D. 5

5. 对 I/O 信号配置需要进行一些参数设定,如 RANGE(范围)、RACK(机架)、SLOT(插槽)等,那么,当 STAT(状态)为 ACTIVE 时表示(　　)。
   A. 激活　　　　　　B. 未分配　　　　　　C. 重启后生效　　　　D. 无效

6. 对 I/O 信号配置,需要进行一些参数设定,如 RANGE(范围)、RACK(机架)、SLOT(插槽)等,那么,当 STAT(状态)为 PEND 时表示(　　)。
   A. 激活　　　　　　B. 未分配　　　　　　C. 重启后生效　　　　D. 无效

7. 在 FANUC 工业机器人中,数字输入信号 DI[i] 共有(　　)个。
   A. 128　　　　　　　B. 256　　　　　　　C. 512　　　　　　　D. 1024

8. 在 FANUC 工业机器人中,外部设备输出信号 UO[i] 共有(　　)个。
   A. 18　　　　　　　B. 19　　　　　　　C. 20　　　　　　　D. 21

9. 在 FANUC 工业机器人中,工业机器人输出信号 RO[i] 共有(　　)个。
   A. 6　　　　　　　　B. 7　　　　　　　　C. 8　　　　　　　　D. 9

10. UI[9] 可以启动的 RSR 程序是(　　)。
    A. RSR1　　　　　　B. RSR2　　　　　　C. RSR3　　　　　　D. RSR4

二、填空题(共 10 题)

1. FANUC 工业机器人的通信信号主要分为两类,即_____和_____。_____是用户可自由定义使用用途的信号,_____是已经被固定或功能已经被定义的信号。

2. 通用信号是可编辑的,包括_____、_____和_____。

3. 专用信号主要包括_____、_____和_____。

4. _____用于建立工业机器人软件端口与通信设备之间的关系。操作面板输入/输出信号_____和工业机器人专用信号_____为硬件连线,不需要配置。

5. RSR 自动运行方式只能选择_____个程序,PNS 自动运行方式最多可以选择_____个程序。

6. 宏指令是指由若干条指令集合在一起作为_____来记录,从而来调用并执行该指令的功能。宏指令总共可以记录_____个。

7. _____可用工业机器人用户键 1～7 定义，_____可用工业机器人用户键 1～7+"SHIFT"键定义。

8. 若宏指令通过 DI、RI、UI 信号来执行，宏指令必须处于_____启动模式下。

9. 当机器人在参考位置 1 时，系统指定的_____将发信号给外部设备。

10. 当工业机器人在参考位置时，相应的参考位置可以用_____或_____给外部设备发信号。

三、简答题（共 5 题）

1. 系统变量 $RMT_MASTER=2，代表什么？

2. 在 PNS 启动方式中，如果同时按下 UI[9]～UI[11] 启动了一个程序，程序基数为 0，那么这个程序的名称是什么？

3. 按下【MENU】键，选择"SYSTEM"，单击"CONFIG"（配置），若选择"Local SETUP"，则控制方式将为什么控制方式？

4. FANUC 工业机器人自动启动程序的条件是什么？

5. 宏指令的执行有哪几种方式？

项目 5 搬运机器人的离线仿真

项目导入

在工业领域中,搬运机器人通常是指需要完成搬运作业的工业机器人。工业机器人搬运是利用已安装的末端执行器,完成对各种形状工件的搬运,例如,输送带上下料搬运、工作站上下料搬运等。在 FANUC 机器人的编程过程中,常采用 ROBOGUIDE 进行离线编程。离线编程是在仿真工程文件中移动机器人的位置、调整机器人的姿态,并配合虚拟 TP 或仿真程序编辑器来记录机器人的位置信息,从而编写机器人的运行控制程序。虚拟 TP 的操作方法与真实 TP 几乎相同,因此,现场示教的方法同样适用于仿真环境中。

本项目在 ROBOGUIDE 软件中创建仿真搬运工作站,通过工业机器人搬运工件并将工件搬运至指定位置的任务编写仿真程序,模拟工业机器人搬运的离线编程,完成工业机器人搬运应用的虚拟仿真和视频录制。

任务 5.1 创建仿真搬运工作站

【任务提出】

本次任务要求采用 ROBOGUIDE 软件实现仿真搬运工作站的搭建,熟悉仿真搬运工作站的组成及任务,掌握搬运仿真技术原理,完成仿真搬运工作站的搭建和布局。搬运机器人选用 FANUC R-2000iC/165F,末端执行器选用夹爪,有开和合两种状态,搬运的工件为正方体物料。

搬运工作站的功能是利用工业机器人改变物料模型的位置,从而模拟真实的物料搬运过程。搬运机器人的夹爪在 1 号工作台位置夹紧抓取物料,将正方体物料从左侧工作台搬运到右侧的传输带 2 号位置,而后搬运机器人松开夹爪,物料被放下,如图 5-1 所示。

在 ROBOGUIDE 软件中,仿真搬运工作站中的物料模型可以被安装在工业机器人末端的工具抓取、搬运和放置。整个仿真过程中,物料模型分别在搬运前的 1 号工作台位置、夹爪上和搬运后的 2 号传输带位置出现。这种模型位置改变的仿真效果是由 ROBOGUIDE 软件中的模型隐藏与再现技术实现的,具体地,在物料出现的所有位置都需要关联同一个 Part 物料模型。1 号工作台位置上的物料是在被夹爪抓取之前显示,夹爪抓取后便自动隐藏;跟随夹爪运动的物料是在夹爪抓取与放置的时间段内显示,其他时间自动隐藏；2号传输带位置上的物料是在被夹爪放置后至仿真结束前的时间段内显示，其他时间隐藏。

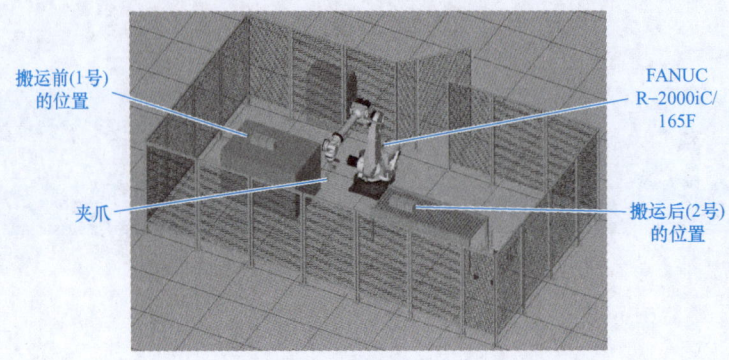

图5-1 仿真搬运工作站

本任务要求如下：
1）掌握ROBOGUIDE软件中工业机器人的创建。
2）掌握工作站中常见仿真模型的创建。
3）完成工作站的布局。

【知识点拨】

一、ROBOGUIDE的认知

ROBOGUIDE是FANUC工业机器人配套的一款软件，其常用的仿真模块有ChamferingPRO、HandlingPRO、WeldPRO、PalletPRO和PaintPRO等。其中，ChamferingPRO模块用于去毛刺、倒角等工件加工的仿真应用；HandlingPRO模块用于机床上下料、冲压、装配、注塑机等物料的搬运仿真；WeldPRO模块用于焊接、激光切割等工艺的仿真；PalletPRO模块用于各种码垛的仿真；PaintPRO模块用于喷涂的仿真。

在ROBOGUIDE中进行工业机器人的离线编程与仿真，主要有以下几个步骤。

1. 创建工程文件

根据真实机器人创建相应的仿真机器人工程文件。创建过程中需要从事作业的仿真模块、控制柜、控制系统版本、软件工具包、机器人型号等。工程文件会以三维模型的形式显示在软件的视图窗口中，在初始状态下只提供三维空间内的机器人模型和机器人的控制系统。

2. 构建虚拟工作环境

根据现场设备的真实布局，在工程文件的三维世界中通过绘制或导入模型来搭建虚拟的工作场景，从而模拟真实的工作环境。例如，要模拟焊接的工作场景，就需要搭建焊接机器人、焊接设备及其他焊接辅助设备组成的三维模型环境。

3. 模型的仿真设置

由三维绘图软件绘制的模型除了在形状上有所不同外，其他并无本质上的差别。而ROBOGUIDE建立的工程文件要求这些模型充当不同的角色，如工件、机械设备等。编程人员要对相应的模型进行设置，赋予它们不同的属性以达到仿真的目的。当机器人工程文件能够仿真某些任务时，也可称为机器人仿真工作站。

4. 控制系统的设置

仿真工作站的场景搭建完成以后，需要按照真实的机器人配置对虚拟机器人控制系统进行设置。控制系统的设置包括工具坐标系的设置、用户坐标系的设置、系统变量的设置等，以赋予仿真工作站与真实工作站同等的编程和运行条件。

5. 编写离线程序

在 ROBOGUIDE 的工程文件中利用虚拟示教器（Teach Pendant，TP）或轨迹自动规划功能的方法创建并编写机器人程序，实现真实机器人所要求的功能，如焊接、搬运、码垛等。

6. 仿真运行程序

相对于真实机器人运行程序，在软件中进行程序的仿真运行实际上是让编程人员提前预知运行结果。可视化的运行结果使得程序的预期性和可行性更为直观，如程序是否满足任务要求，机器人是否会发生轴的限位、碰撞等。针对仿真结果中出现的情况进行分析，可及时纠正程序错误并进一步优化程序。

7. 程序的导出和上传

由于 ROBOGUIDE 中机器人控制系统与真实机器人控制器的高度统一，所以离线程序只须小范围地转化和修改，甚至无须修改便可直接导出到存储设备并上传到真实的机器人中运行。

二、ROBOGUIDE 界面的认知

首先了解软件的界面分布及各个部分的主要作用，为后续 ROBOGUIDE 的离线编程与仿真打下良好的基础。ROBOGUIDE 界面如图 5-2 所示。上方是标题栏显示当前打开的工程文件名称。紧邻的下面一排是菜单栏，它涵盖了常用的工具选项。工具栏的下方是软件的视图窗口，视图中的内容以 3D 形式展现，仿真工作站的搭建也是在视图窗口中完成的。在视图窗口中会默认存在一个"导航窗口（Cell Browser）"，这是工程文件的导航目录，以结构树的形式展现，可以关闭，导航目录对整个工程文件进行模块划分，包括模型、程序、坐标系、日志等，并为各个模块的打开提供了入口。

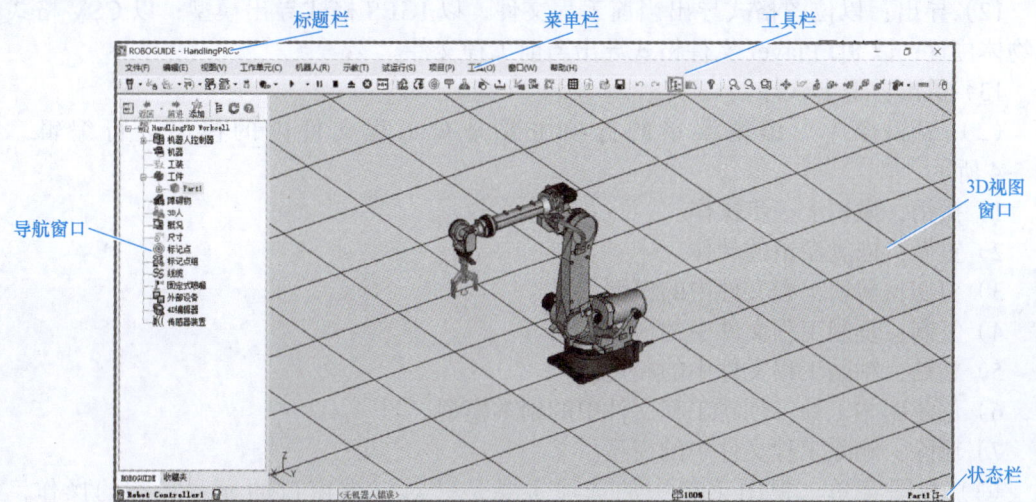

图 5-2 ROBOGUIDE 界面分布

1. 常用菜单简介

（1）文件菜单　文件菜单中的选项主要是对整个工程文件进行操作，如工程文件的保存、打开、备份等，如图 5-3 所示。

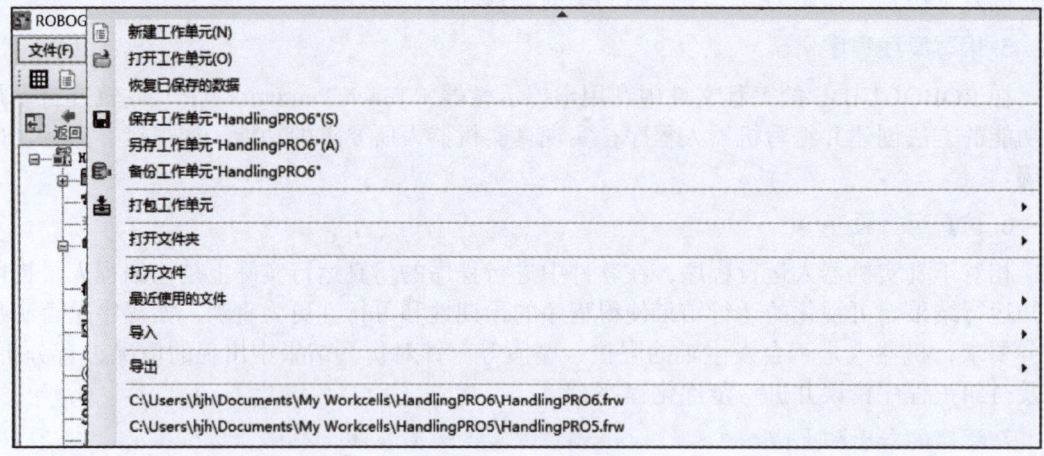

图 5-3　文件菜单

1）新建工作单元：新建一个工程文件。
2）打开工作单元：打开已有的工程文件。
3）恢复已保存的数据：将工程文件恢复到上一次保存时的状态。
4）保存工作单元：保存工程文件。
5）另存工作单元：另存工程文件。
6）备份工作单元：备份生成一个 rgx 压缩文件到默认的备份目录。
7）打包工作单元：压缩生成一个 rgx 文件到任意目录。
8）打开文件夹：打开相应文件夹。
9）打开文件：查看当前打开工程文件目录下的其他文件。
10）最近使用的文件：最近打开过的工程文件。
11）导入：导入工程文件。
12）导出：以位图格式导出当前工程文件；以 IGES 格式导出模型；以 CSV 格式导出物体位置；以 3D Player 文件格式导出当前工程文件。
13）退出：退出软件。

（2）编辑菜单　编辑菜单的选项主要是对工程文件内的模型进行编辑，如图 5-4 所示。

1）撤销：撤销上一步操作。
2）重做：恢复撤销的动作。
3）剪切：剪切工程文件中的模型。
4）复制：复制工程文件中的模型。
5）粘贴：粘贴工程文件中的模型。
6）创建副本工件：创建工程文件中的副本模型。
7）删除：删除工程文件中的模型。

（3）视图菜单　视图菜单中的选项主要是针对三维窗口的显示状态的操作，如图 5-5 所示。

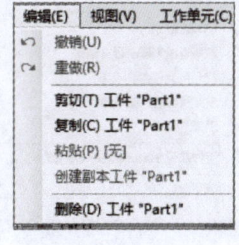

图 5-4 编辑菜单

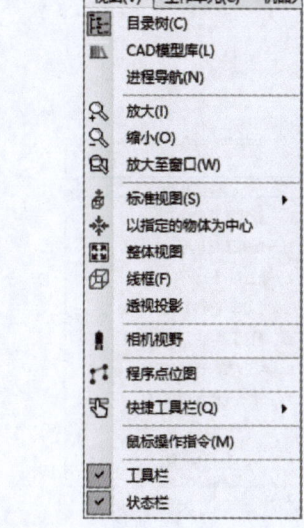

图 5-5 视图菜单

1）目录树：工程文件组成元素一览窗口的显示选项，单击此选项可用于导航窗口的弹出或退出。导航窗口将整个工程文件的组成元素（包括控制系统、机器人、组成模型、程序及其他仿真元素）以树状结构图的形式展示出来，相当于工程文件的目录。

2）CAD 模型库：单击可用于当前 CAD 模型库窗口的弹出。

3）进程导航：离线编程与仿真操作向导窗口的显示选项，如图 5-6 所示。此向导主要用于辅助初学者完成离线编程与仿真的工作，分为定义工作单元、TP 程序示教、开始仿真三大步骤。每个大步骤中含有多个小步骤，将模型创建、系统设置、模块设置、工作站的编程及最后的工作站仿真等一系列过程整合在一套标准的流程内，依次单击每一个小步骤，会弹出相应的功能模块，从而提高学习者的学习效率。

4）放大：视图场景放大显示。

5）缩小：视图场景缩小显示。

6）放大至窗口：视图窗口局部放大显示。

7）标准视图：当前视图分别以俯视图（+Z）、左视图（+Y）、右视图（-Y）、前视图（+X）、后视图（-X）、等距视图（I）的视角出现。

8）以指定的物体为中心：以当前选中的物体为当前视图的显示中心。

9）整体视图：显示整个工作单元的 3D 视图。

10）线框：当前工作单元视图中所有模型以线框的形式出现。

11）透视投影：远景模式显示。

12）相机视野：用于外加相机组件时使用。

13）程序点位图：可显示或隐藏程序中节点的相关信息。

14）快捷工具栏：显示手动进给坐标系、倍率、示教、MoveTo、标记点、3D 人、物体移动/复制等快捷工具。

15）鼠标操作指令：显示或隐藏快捷提示窗口。

16）工具栏：用于工具栏的显示与隐藏。

17）状态栏：用于状态栏的显示与隐藏。

（4）工作单元菜单　工作单元菜单主要用于工程文件内部模型的编辑，如设置工程文件的界面属性，添加各种外部设备模型和组件等，如图 5-7 所示。

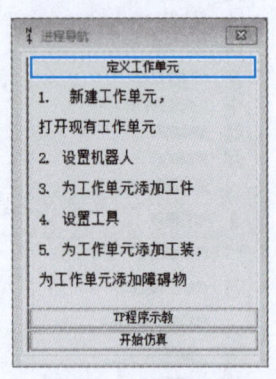

图 5-6 进程导航窗口

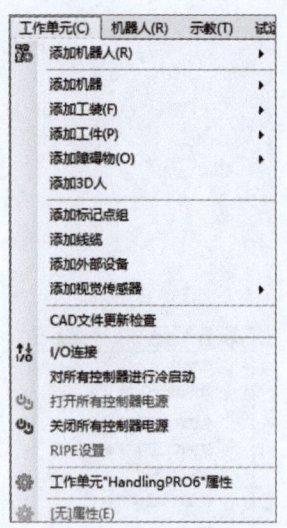

图 5-7 工作单元菜单

1) 添加机器人~添加视觉传感器：添加各种外加设施的模型来构建仿真工作站，包括机器人、机器、工装、外部设备等。

2) CAD 文件更新检查：工作单元上物体的 CAD 文件被更新时，可检查更新。

3) I/O 连接：用于 I/O 的连接。

4) 对所有控制器进行冷启动：对当前工作单元中所有控制器进行冷启动。

5) 打开/关闭所有控制器电源：打开/关闭当前工作单元中的所有控制器。

6) 工作单元"HandlingPRO6"属性：调整工程文件视图窗口中部分内容的显示状态，如平面格栅的样式。

（5）机器人菜单　机器人菜单选项主要是对机器人及控制系统进行操作，如图 5-8 所示。

1) 示教器：打开虚拟示教器。

2) 重新启动控制器：重启控制系统，包括控制启动、冷启动和热启动。

（6）示教菜单　示教菜单选项的主要作用是对程序的操作，包括创建 TP 程序、加载 TP 程序等，如图 5-9 所示。

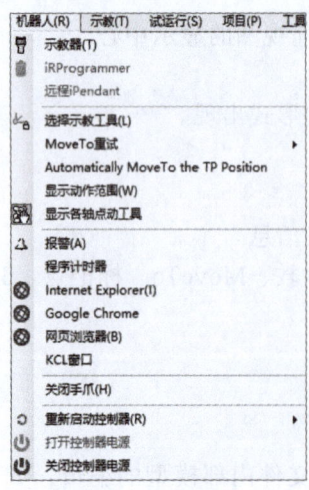

图 5-8 机器人菜单

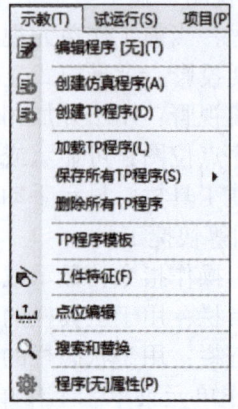

图 5-9 示教菜单

1）编辑程序：编辑当前程序。
2）创建仿真程序：创建仿真程序。
3）创建 TP 程序：创建 TP 程序。
4）加载 TP 程序：把程序上传到仿真文件中。
5）保存所有 TP 程序：以二进制或文本的形式导出所有 TP 程序。

2. 常用工具简介

（1）视图操作工具　视图操作工具如图 5-10 所示。

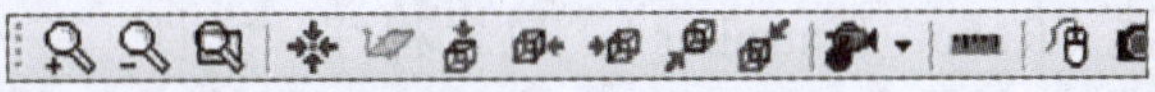

图 5-10　视图操作工具

1）（放大）：视图场景放大显示。
2）（缩小）：视图场景缩小显示。
3）（放大至窗口）：视图场景局部放大显示。
4）（以指定的位置为视图中心）：所选对象的中心在屏幕的中央显示。
5）：分别表示俯视图、右视图、左视图、前视图和后视图。
6）（观察点记录）：记录当前 3D 画面的观察点，可利用"观察点移动"按钮返回到记录的观察点。
7）（测量工具）：此功能可用来测量两个目标位置间的距离和相对位置，分别在 "From" 和 "To" 下选择两个目标位置，即可在下面的 "Distance" 中显示直线距离和 X、Y、Z 三个轴上的投影距离和三个方向的相对角度。
8）（鼠标操作指令）：显示或隐藏快捷提示窗口。
9）（捕捉工作单元）：输出当前工作单元的快照。

（2）机器人控制工具　机器人控制工具如图 5-11 所示。

1）（示教器）：显示/隐藏虚拟 TP。
2）（锁定/解开示教工具的选择）：选择示教工具并保持选中状态。
3）（MoveTo 重试/MoveTo 干涉规避）：用于进行 MoveTo 重试/MoveTo 干涉规避。
4）（显示/隐藏机器人动作范围）：显示/隐藏机器人的动作范围。
5）（显示/隐藏各轴点动工具）：可直接在 3D 画面上移动机器人轴。
6）（打开/关闭 手爪）：手动控制机器人手爪的打开/闭合。

（3）程序运行工具　程序运行工具如图 5-12 所示。

图 5-11　机器人控制工具 　　　　图 5-12　程序运行工具

1）（仿真录像）：以 2D 或 3D 的文件形式开始或停止仿真录像。
2）（循环启动）：运行机器人当前程序。
3）（暂停）：暂停机器人的运行。
4）（停止）：停止机器人的运行。
5）（取消报警）：消除机器人运行时的报警。
6）（紧急停止）：紧急停止机器人的运行。

7）▦（运行面板）：显示或隐藏运行控制面板。

三、仿真工作站对象类型

在 ROBOGUIDE 仿真工作站中有不同的对象类型用以赋予对象不同的属性，从而来模拟真实场景中工业机器人对应机器、工装等设备的属性和动作。

常见的对象类型有机器人控制器、机器、工装（夹具）、工件、障碍物、3D 人、概况、尺寸、标记点、标记点组、线缆、4D 编辑器和传感器装置等，如图 5-13 所示，其中，常用的对象类型为机器人控制器、机器、工装（夹具）、工件、障碍物 5 种。

1）机器人控制器（Robot Controller）：包含程序、文件、工作和变量等内容，如图 5-14 所示。在机器人控制器中，可以设置对应的工具、用户坐标系和变量，同时可以对系统进行程序的编写。

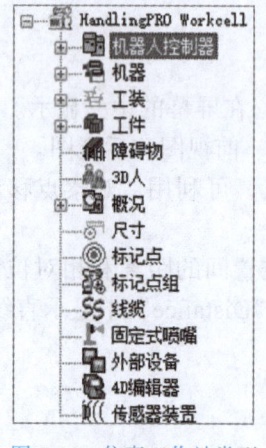

图 5-13 仿真工作站类型

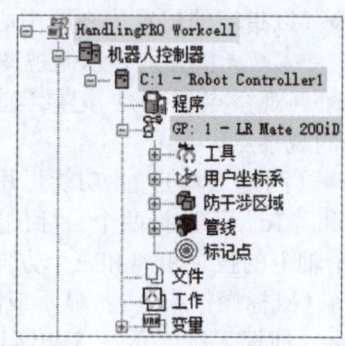

图 5-14 机器人控制器

2）机器（Machines）：机器类型的模型通常用于可自主运动的机械装置，如可进行直线运动的传输带、伸缩气缸、行走轴等，或可进行旋转运动的旋转台、变位机等设备。在整个仿真场景中，除了机器人以外的其他所有模型要想实现自主运动，都是通过机器来实现的。另外，机器下的模型还是工件模型的重要载体之一，为工件的加工、搬运等仿真功能的实现提供平台。

3）工装（Fixtures）：工装也称为夹具，该类型的模型主要为工件模型的加工、搬运、存放等仿真功能提供实现平台，即充当工件类型模型的载体。

4）工件（Parts）：工件类型的模型主要为系统仿真过程中的操作对象，是离线编程与仿真的核心，可用于工件（Parts）的加工和搬运仿真，并模拟真实的效果。工件类型的模型除了用于演示仿真动画外，最重要的是具有"模型-程序"转换功能，ROBOGUIDE 能够获取工件类型模型的数模信息，并将其转换成程序轨迹的信息，用于快速编程和复杂轨迹编程。

5）障碍物（Obstacles）：障碍物下的模型是仿真工作站非必需的辅助模型，此类模型一般用于外围设备模型和装饰性模型，包括焊接设备、电子设备、围栏等。障碍物本身的模型属性对于仿真并不具备实际的意义，其主要作用是保证虚拟环境和真实场景的布置保持一致，使用户在编程时考虑更全面。例如，在编写离线程序时，机器人的路径应绕开这些物体，避免发生碰撞。

创建仿真搬运工作站

【任务考核工单】

工作任务	创建仿真搬运工作站		学时	
姓名		组别	班级	日期

1. 任务描述

采用 ROBOGUIDE 软件实现仿真搬运工作站的搭建，熟悉搬运工作站的组成及任务，掌握搬运仿真技术原理，完成仿真搬运工作站的搭建和布局。

2. 任务实施（过程记录）

1）新建仿真搬运工作站。
2）工作站仿真模型的创建与布局。

3. 任务评价（评价具体细则及分值可根据具体情况进行调整）

评价要素	任务要求	考核细则	分值	得分
知识点	1. 了解工业机器人搬运工作站的组成	1. 能够正确讲出工业机器人搬运工作站的组成部分	15	
	2. 了解搬运仿真技术原理	2. 能讲出 ROBOGUIDE 搬运仿真技术原理	15	
技能点	1. 掌握仿真搬运工作站的创建方法	1. 能够正确搭建工业机器人搬运仿真工作站	10	
	2. 掌握仿真搬运工作站的模型导入	2. 能够正确导入仿真搬运工作站模型	15	
	3. 掌握仿真搬运工作站的模型布局	3. 能够正确布局仿真搬运工作站模型	15	
素质点	1. 掌握工作站系统布局的优化方法，培养精益求精的工匠精神	1. 能够对工作站布局进行优化与完善	10	
	2. 掌握工作站搭建过程中故障的排查，培养不畏困难的精神	2. 能够对工作站搭建过程中出现的问题进行排查	10	
	3. 遵守纪律，按时出勤	3. 能够遵守纪律，不迟到，不早退	10	
合计			100	
学生签名		教师签名	日期	

4. 任务反思

在课堂上学会了下面几点：_____

还有哪个地方有疑问：_____

本任务实施过程中需要注意的有下面几点：_____

【任务实施】

一、新建搬运工作站

序号	操作说明	示意图
步骤1	打开ROBOGUIDE软件，单击"新建工作单元"，选择"HandlingPRO ROBOGUIDE标准工作单元"，单击"下一步"	
步骤2	输入新建的工作单元名称，如"搬运工作站"，单击"下一步"	
步骤3	选择"新建"，单击"下一步"	

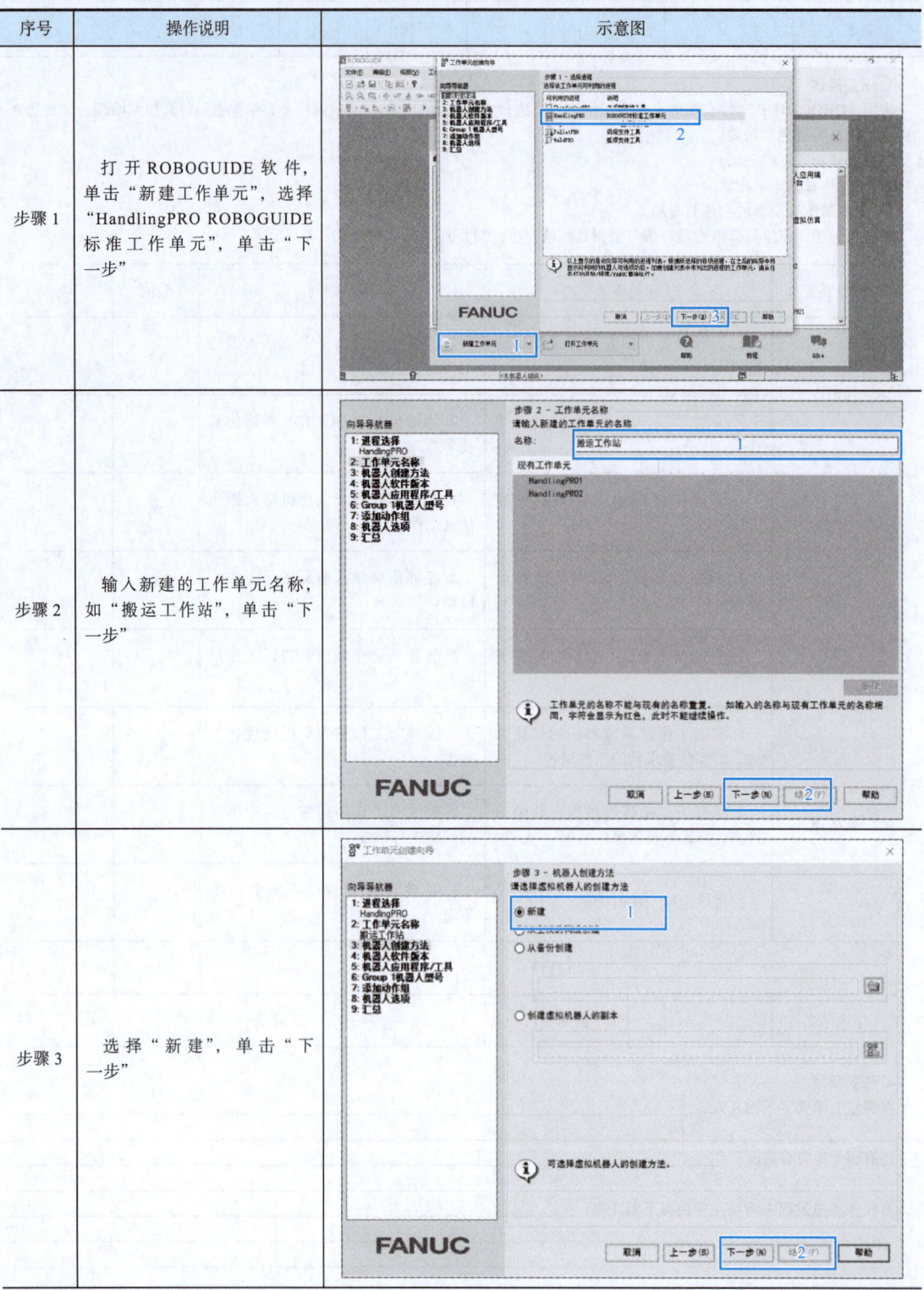

（续）

序号	操作说明	示意图
步骤4	机器人软件版本选择"V9.10"，单击"下一步"	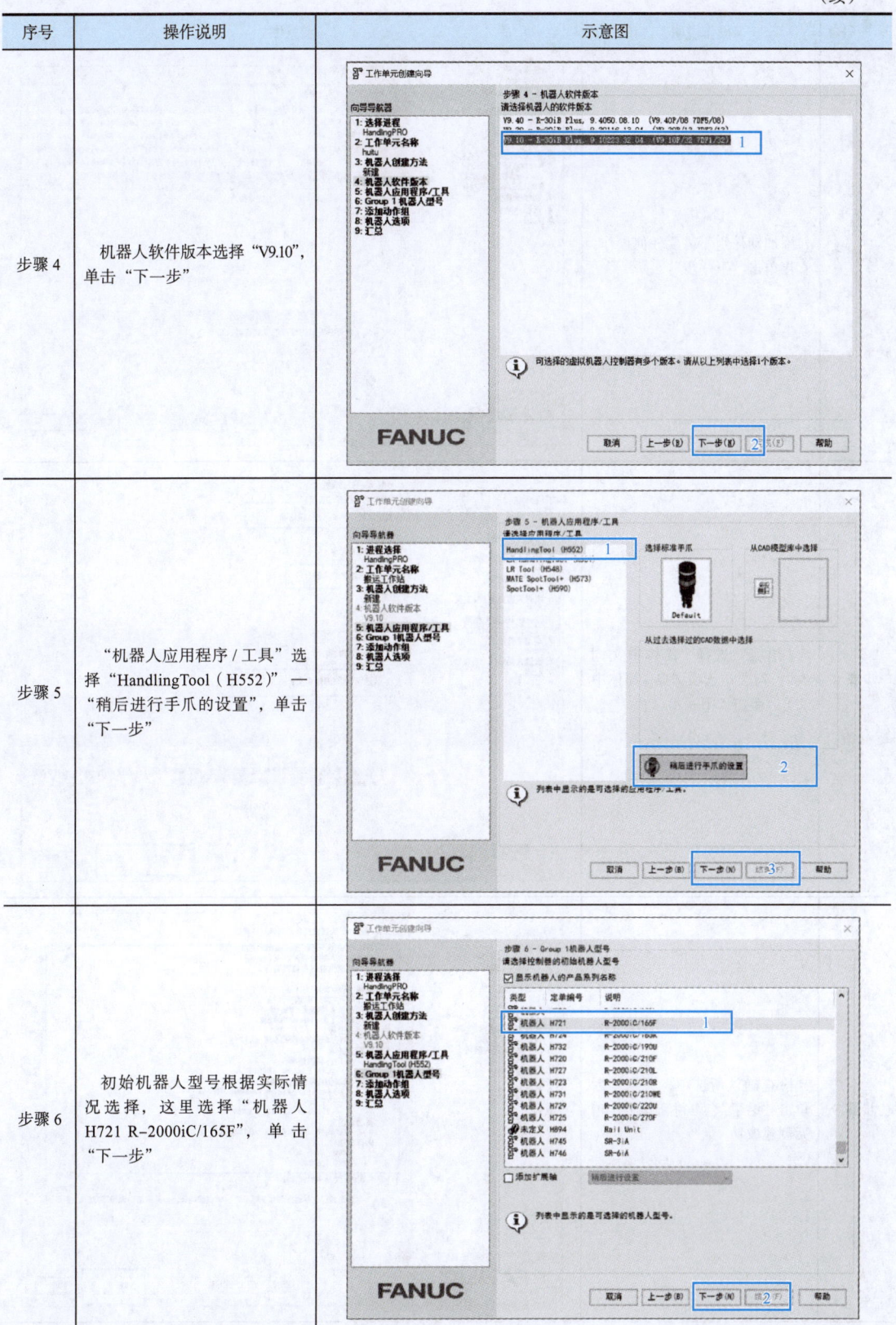
步骤5	"机器人应用程序/工具"选择"HandlingTool（H552）"—"稍后进行手爪的设置"，单击"下一步"	
步骤6	初始机器人型号根据实际情况选择，这里选择"机器人H721 R-2000iC/165F"，单击"下一步"	

（续）

序号	操作说明	示意图
步骤7	添加动作组不需要任何操作，直接单击"下一步"	
步骤8	"语言"选择"简体中文词典"，勾选"选项词典（简体中文）"，单击"下一步"	
步骤9	检查确认所选项，无问题后单击"结束"，等待新建工作单元创建成功	

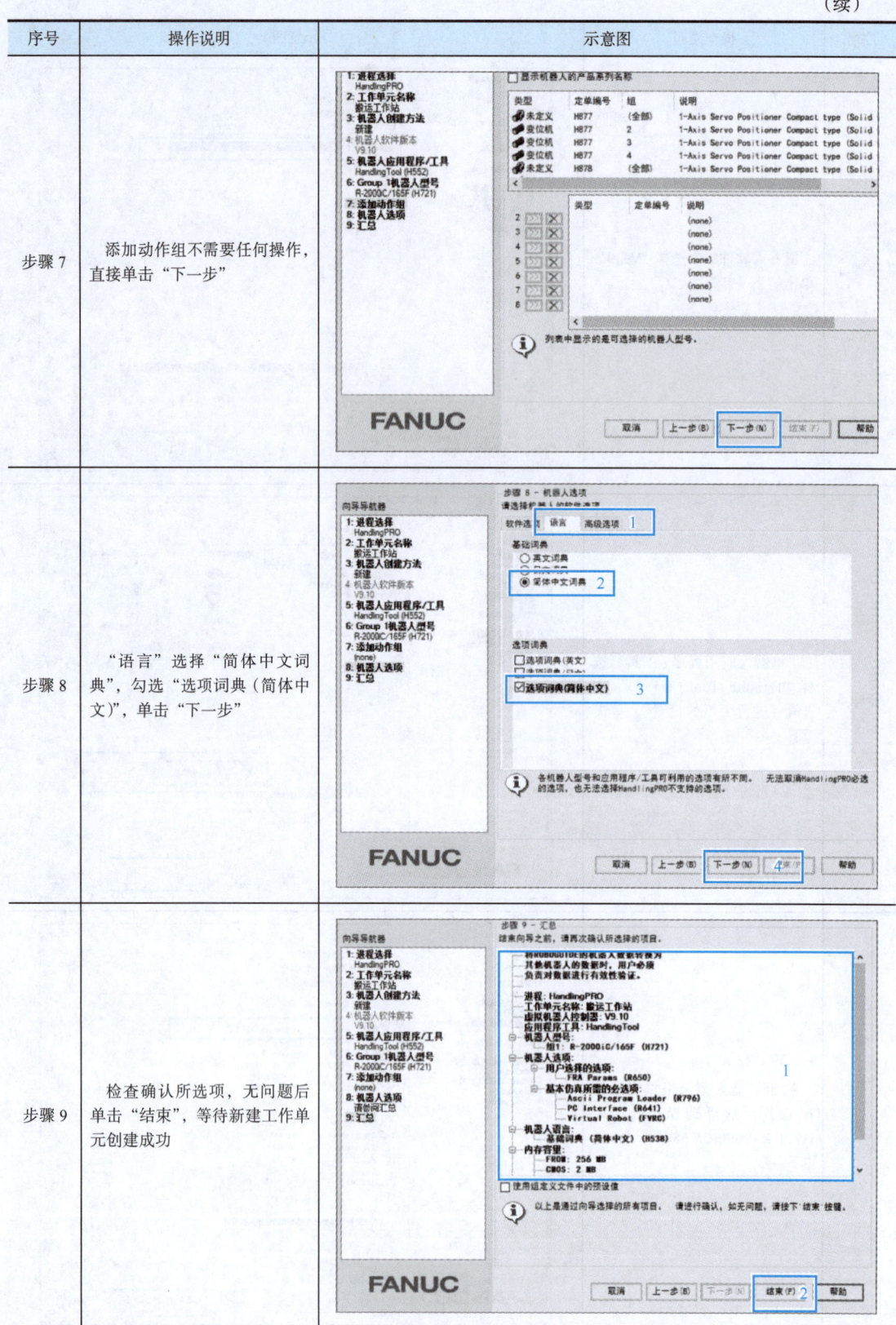

（续）

序号	操作说明	示意图
步骤10	新建工作单元创建成功	

二、工作站仿真模型的创建与布局

序号	操作说明	示意图
步骤1	依次单击"夹具"—"添加夹具"—"长方体"	
步骤2	修改名称为"工作台"，修改"位置"（1500，-1200，1000，0，0，0），修改"标度"尺寸Y为1500mm，依次单击"应用""确定"，"工作台"即放置于水平面合适位置	
步骤3	依次单击"夹具"—"添加夹具"—"CAD模型库"	

（续）

序号	操作说明	示意图
步骤4	单击"conveyer"，选择"cnvyr"，单击"确定"	
步骤5	修改名称为"传输带"，修改"位置"为（2000，590，762，0，0，90），修改"标度"X为0.5，依次单击"应用""确定"，"传输带"即放置于水平面合适位置	
步骤6	依次单击"夹具"—"添加夹具"—"CAD模型库"	
步骤7	单击"Pallets"，选择"Box_Pallet03"，单击"确定"	

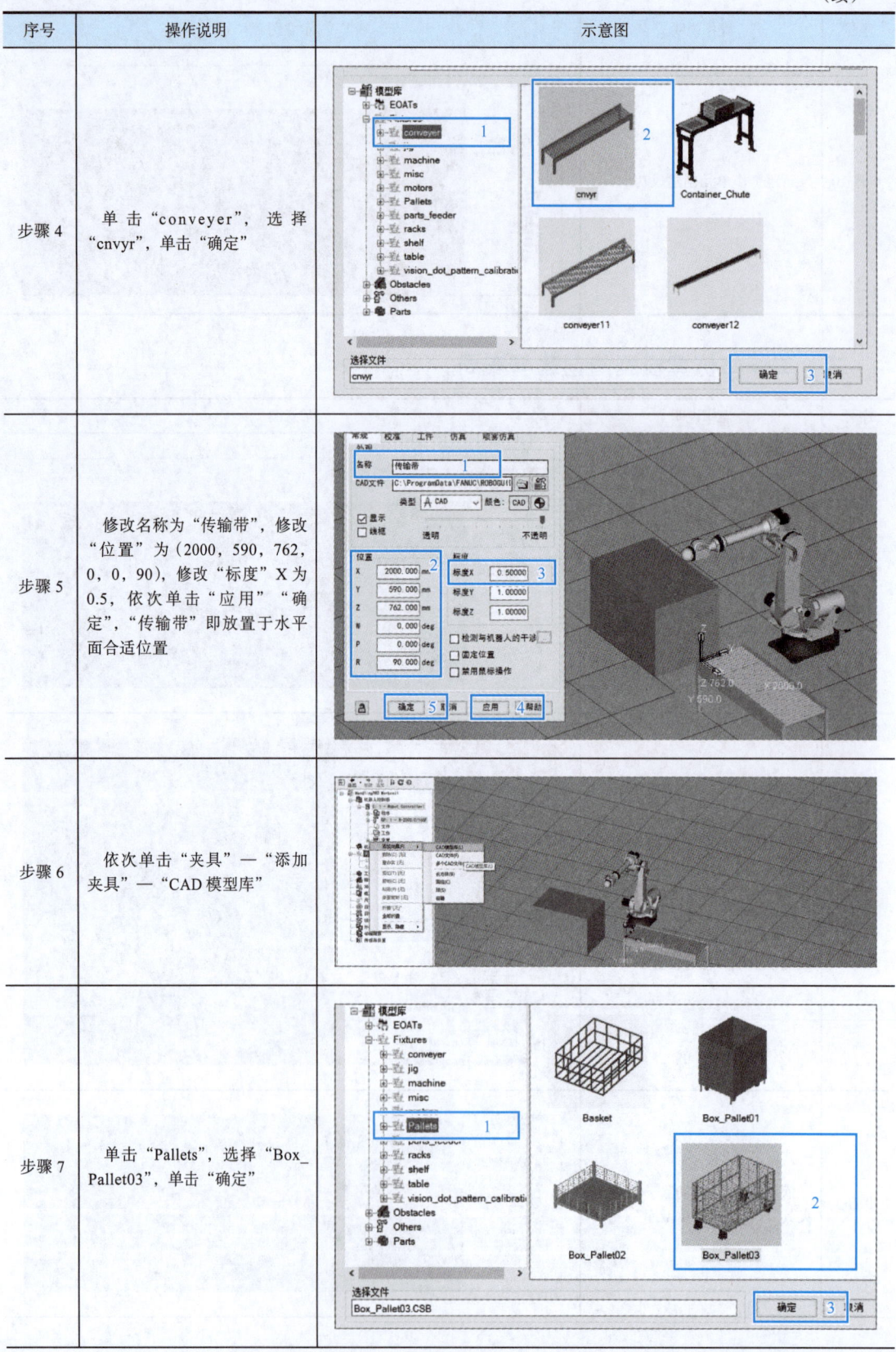

(续)

序号	操作说明	示意图
步骤8	修改名称为"物料筐",修改"位置"为(1650, 2800, 0, 0, 0, 0),依次单击"应用""确定","物料筐"即放置于水平面合适位置	
步骤9	依次单击"障碍物""添加障碍物""生成围栏"	
步骤10	切换到俯视图,单击地板,指定配置围栏的位置,形成绿色框线。然后依次单击"生成围栏""OK"	
步骤11	围栏生成	
步骤12	依次单击"障碍物"—"添加障碍物"—"CAD模型库"	

(续)

序号	操作说明	示意图
步骤 13	单击"controllers",选择"R-30iB_B-cabinet",单击"确定"	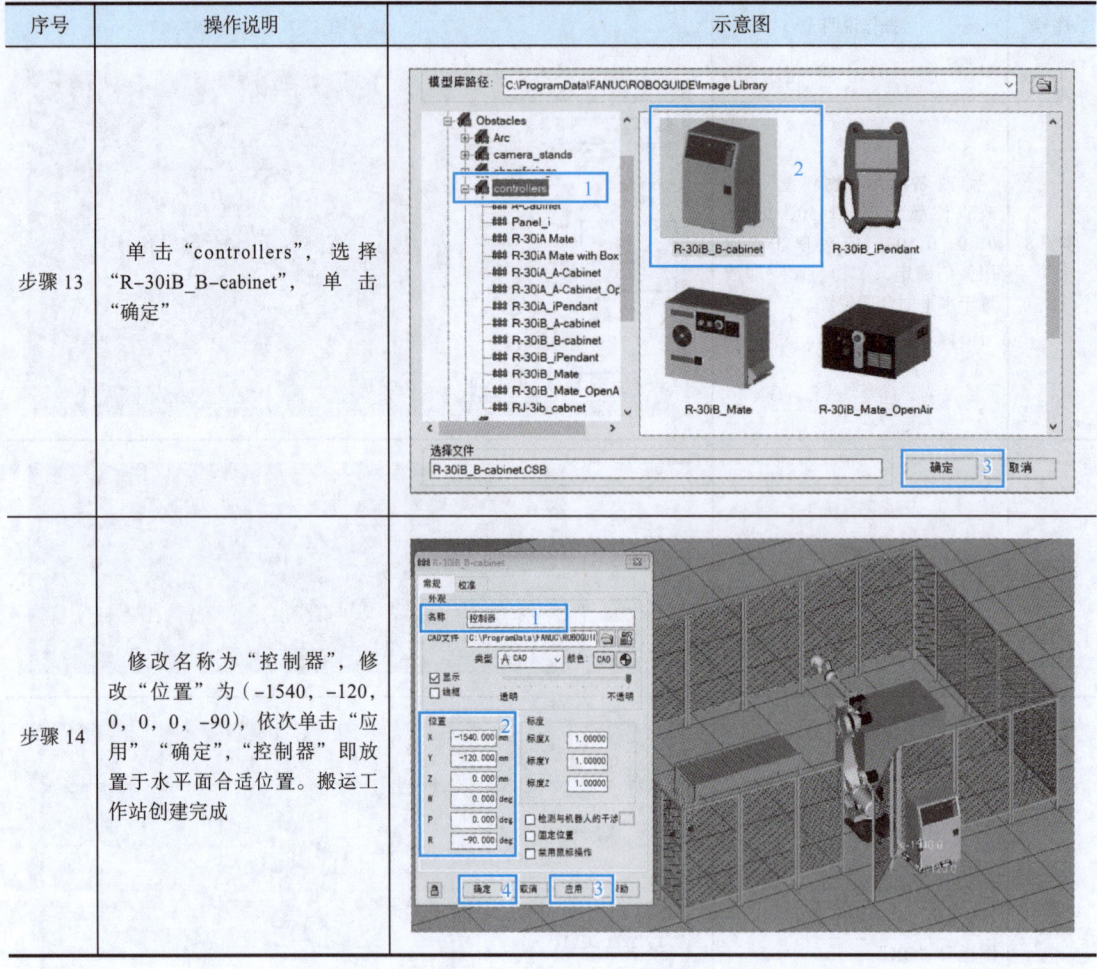
步骤 14	修改名称为"控制器",修改"位置"为(-1540,-120,0,0,0,-90),依次单击"应用""确定","控制器"即放置于水平面合适位置。搬运工作站创建完成	

任务 5.2　工件的创建与设置

【任务提出】

仿真搬运工作站搭建完成后,即可在 ROBOGUIDE 软件中进行工件的创建,并且将工件模型与其他夹具模型进行关联。

本任务要求如下:
1) 掌握工件模型的创建。
2) 掌握工件模型与夹具模型的关联方法。

【知识点拨】

在 ROBOGUIDE 软件中,工件模型作为离线编程与仿真的核心模块,可以用于仿真演示,如搬运仿真、喷涂仿真等。另外,工件模型的图形信息直接影响仿真轨迹的路径规划与离线编程的质量,因此工件模型在工作站的创建与仿真设置中至关重要。

项目5 搬运机器人的离线仿真

创建好的工件模型如果需要实现抓取、搬运、放置，必须将工件模型与夹具模型、工具模型或其他载体模型进行关联，因此工件模型的设置项目必须分布于自身属性设置窗口和其他载体模型属性设置窗口中。本任务创建与设置的正方体物料模型，需要满足以下几个条件：

① 正方体物料模型必须是工件模型。
② 必须将正方体物料模型与夹具模型进行关联。

在本任务中，搬运机器人需要搬运正方体物料，如图 5-15 所示。

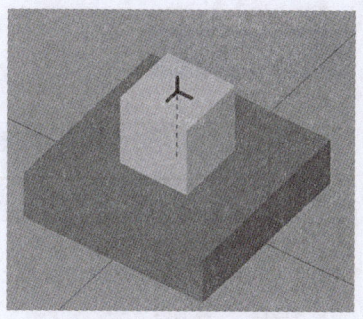

图 5-15　物料模型

【任务考核工单】

工作任务	工件的创建与设置		学时	
姓名		组别	班级	日期

1. 任务描述
采用 ROBOGUIDE 软件创建工件，并且将工件模型与夹具模型进行关联。

2. 任务实施（过程记录）
1) 工件的创建。
2) 工件模型与夹具模型的关联。

工件的创建与仿真

3. 任务评价（评价具体细则及分值可根据具体情况进行调整）

评价要素	任务要求	考核细则	分值	得分
知识点	1. 了解工件创建的方法	1. 能够正确讲出工件创建的方法	15	
	2. 了解工件仿真效果实现的方法	2. 能讲出工件仿真效果实现的方法	15	
技能点	1. 掌握工件模型的创建	1. 能够正确创建工件模型	20	
	2. 掌握工件模型与夹具模型的关联方法	2. 能够正确进行模型关联	20	
素质点	1. 掌握仿真的优化，培养精益求精的工匠精神	1. 能够对仿真设置进行优化与完善	10	
	2. 掌握模型创建过程中故障的排查方法，培养不畏困难的精神	2. 能够对模型创建过程中出现的问题进行排查	10	
	3. 遵守纪律，按时出勤	3. 能够遵守纪律，不迟到，不早退	10	
合计			100	
学生签名		教师签名	日期	

4. 任务反思
在课堂上学会了下面几点：_____

还有哪个地方有疑问：_____

本任务实施过程中需要注意的有下面几点：_____

【任务实施】

一、绘制法创建工件模型

序号	操作说明	示意图
步骤1	依次单击"工件"—"添加工件"—"长方体"	
步骤2	修改名称为"物料",修改"标度"尺寸均为150mm,依次单击"应用""确定",创建正方体工件模型	

二、工件与夹具的关联设置

序号	操作说明	示意图
步骤1	双击之前创建的工作台模型,打开其属性设置窗口,单击"工件"选项卡,出现该模型关于工件的设置界面	

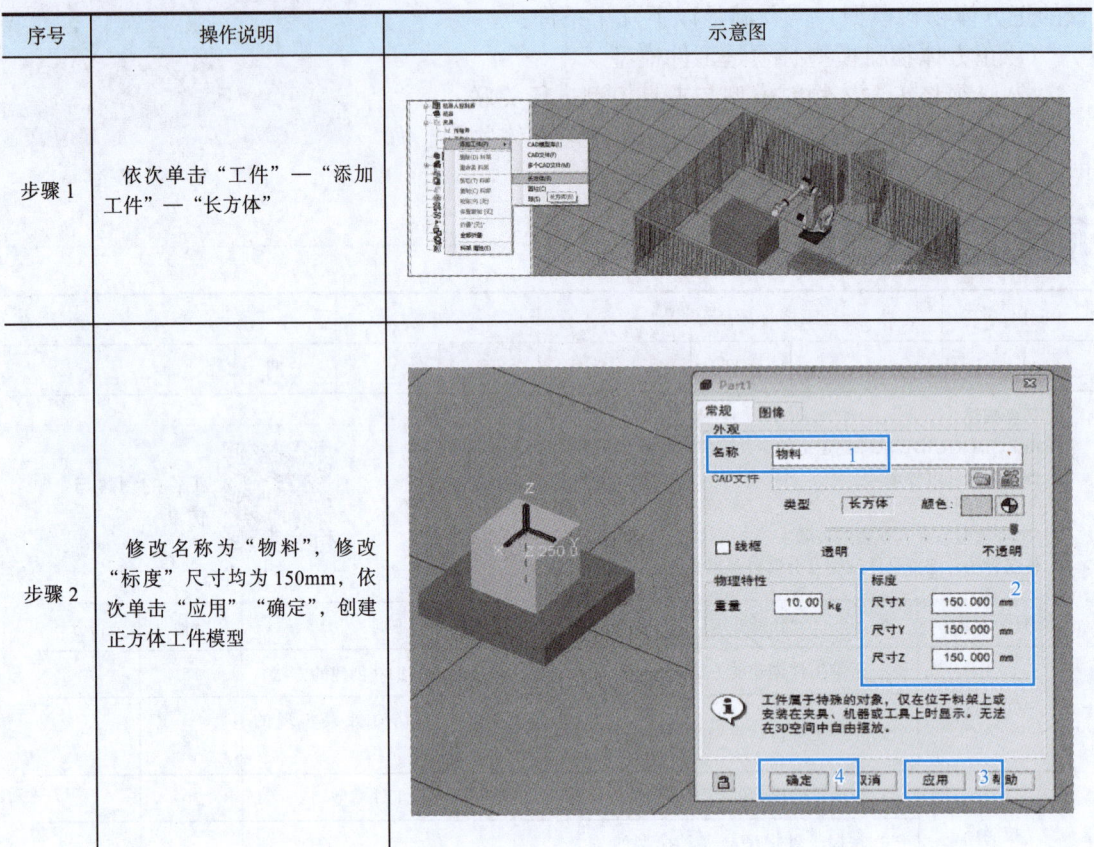

（续）

序号	操作说明	示意图
步骤2	勾选之前创建的物料模型，单击"应用"，在工作台上出现物料	
步骤3	勾选"编辑工件偏移"，修改物料相对于工作台的位置，输入Y的数值为-150mm，Z的数值为150mm，单击"应用"	
步骤4	单击"添加"	
步骤5	需要在工作台Y方向上再排列生成两个物料，因此修改工件数为（1，3，1），位置距离为（0，160，0），单击"确定"	

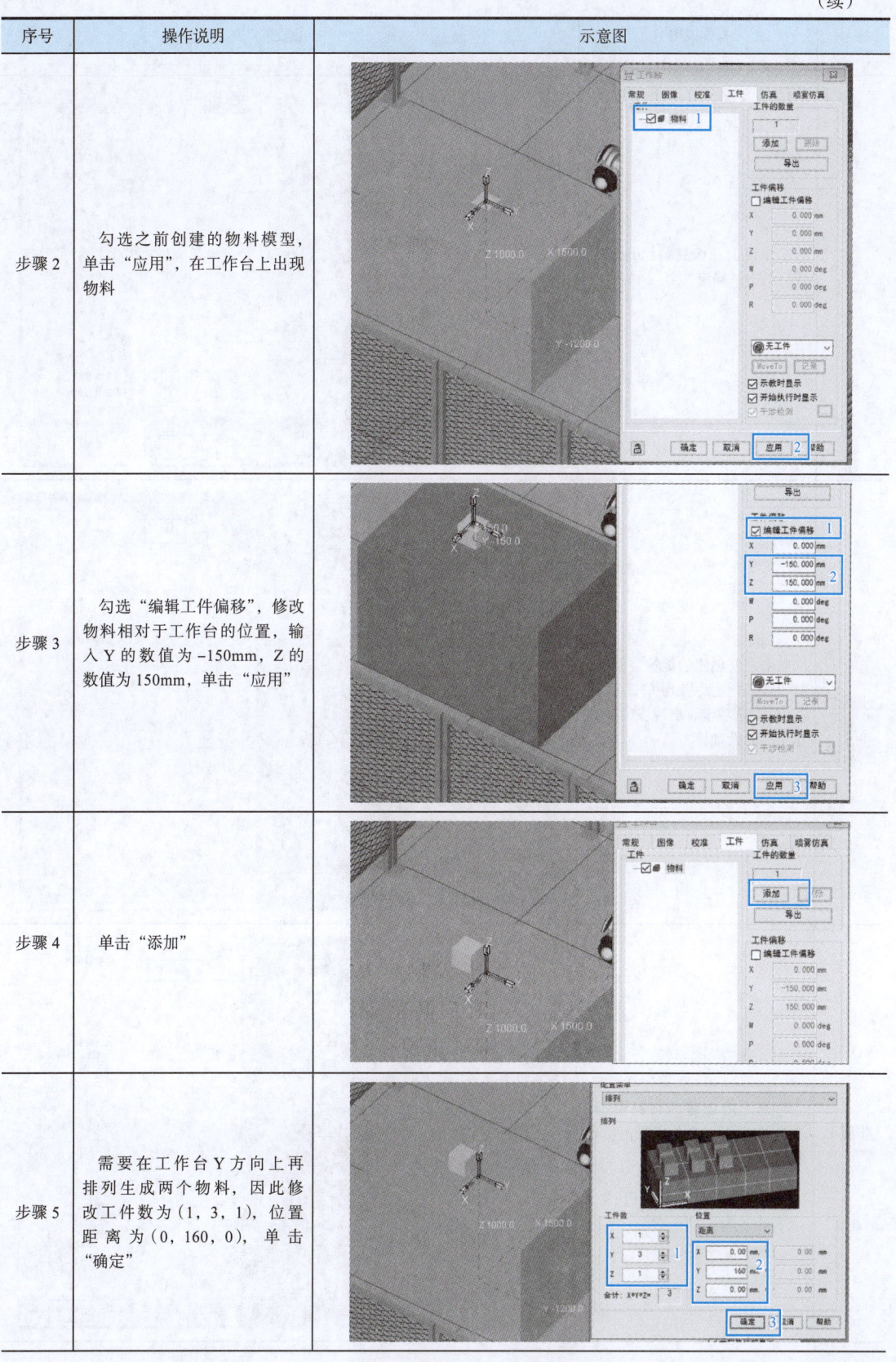

（续）

序号	操作说明	示意图
步骤6	工作台上三个物料已自动生成，单击"确定"	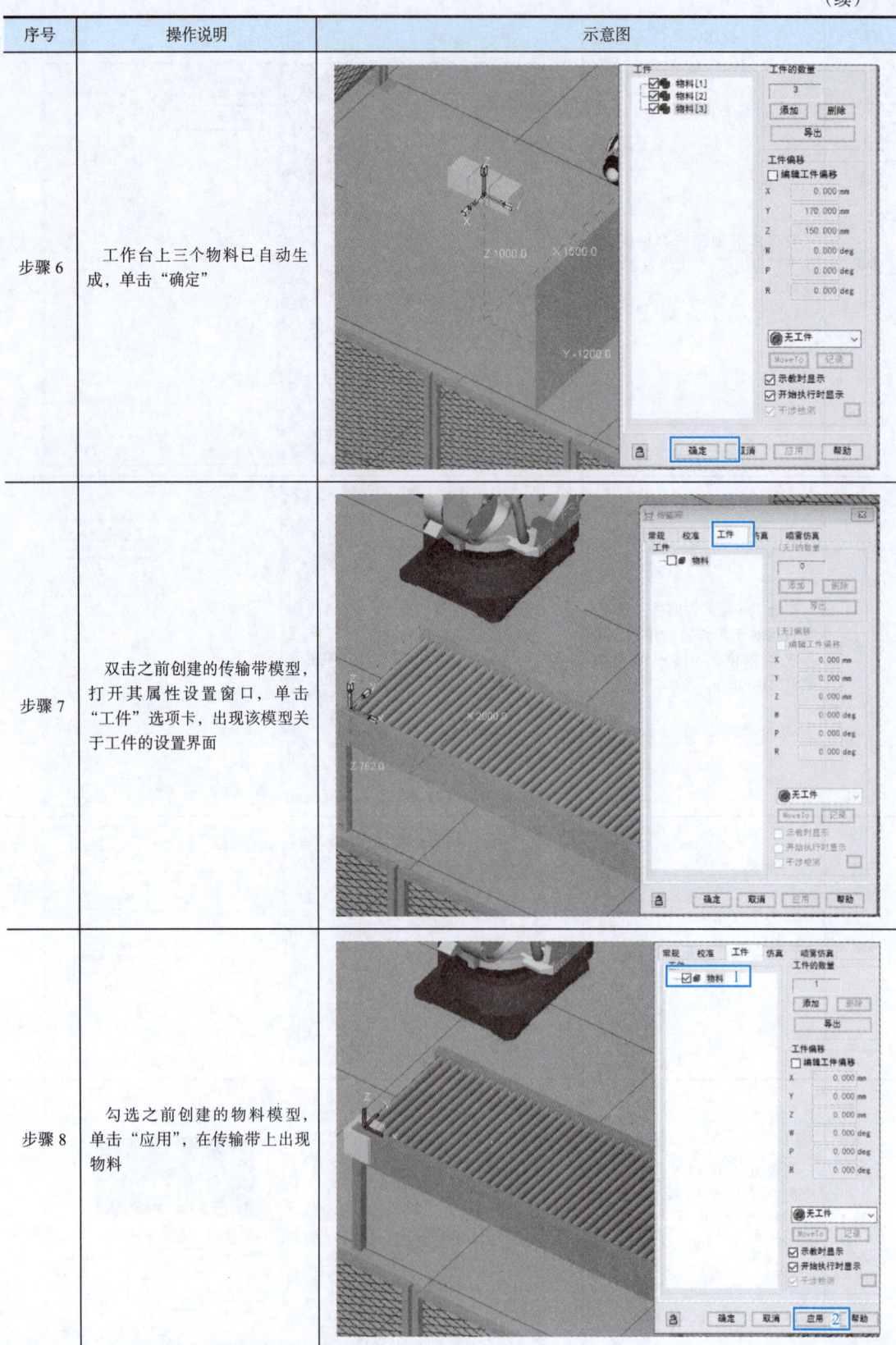
步骤7	双击之前创建的传输带模型，打开其属性设置窗口，单击"工件"选项卡，出现该模型关于工件的设置界面	
步骤8	勾选之前创建的物料模型，单击"应用"，在传输带上出现物料	

（续）

序号	操作说明	示意图
步骤 9	勾选"编辑工件偏移"，修改物料相对于传输带的位置为（120，260，150），单击"应用"	
步骤 10	单击"添加"	
步骤 11	需要在传输带 X 方向上再排列生成两个物料，因此修改工件数为（3，1，1），位置距离为（160，0，0），单击"确定"	
步骤 12	传输带上三个物料已自动生成，单击"确定"	

(续)

序号	操作说明	示意图
步骤 13	工件创建与设置完成	

任务 5.3　工具的创建与设置

【任务提出】

工业机器人没有工具是无法工作的，因此需要给搬运机器人创建一个末端执行器——夹爪，用于物料的抓取与放置。ROBOGUIDE 软件自带丰富的模型库，可以选用库中的工具模型安装在工业机器人上，同时需要对工具模型进行设置，以实现物料的搬运仿真效果。

本任务要求如下：
1）掌握工具模型的创建。
2）掌握工具坐标系的设置。
3）掌握添加工件模型的关联。
4）掌握工具仿真设置。

【知识点拨】

工具安装在工业机器人的末端，常见的工具有焊枪、焊钳、夹爪等，ROBOGUIDE 软件自带丰富的 CAD 模型库，Eoat 模型适用于工具模块，模拟真实的机器人工具，可以供用户使用。

单个机器人模组上最多可以添加 10 个工具，与示教器上最多创建 10 个工具坐标系相对应，如图 5-16 所示，这与 TP 上允许设置 10 个工具坐标系的情况是对应的。在同一个仿真工作站中，可以通过手动或程序控制来切换工具，从而实现不同工作站仿真任务的转换。创建工具时，需要设置工具模型的名称、位置、标度，设置工具坐标系，同时与工件模型添加关联，才能有相应的仿真效果，对于多个工具并存的情况，命名后使得各个工具更容易区别，从而方便操作和查看。

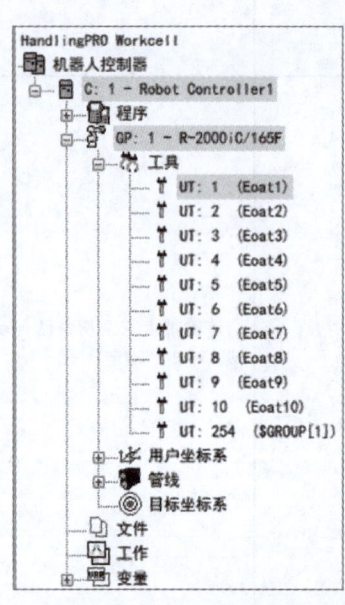

图 5-16　工具模型列表

【任务考核工单】

工作任务	工具的创建与设置		学时	
姓名		组别	班级	日期

1. 任务描述
采用 ROBOGUIDE 软件创建工具模型，进行工具坐标系设置和工具仿真的设置。

2. 任务实施（过程记录）
1）工具模型的创建。
2）设置工具坐标系。
3）添加工件模型的关联。
4）工具仿真设置。

工具的创建与仿真

3. 任务评价（评价具体细则及分值可根据具体情况进行调整）

评价要素	任务要求	考核细则	分值	得分
知识点	1. 了解工具创建的方法	1. 能够正确讲出工具创建的方法	15	
	2. 了解工具仿真效果实现的方法	2. 能讲出工具仿真效果实现的方法	15	
技能点	1. 掌握工具模型的创建	1. 能够正确创建工具模型	10	
	2. 掌握设置工具坐标系的方法	2. 能够正确设置工具坐标系	10	
	3. 掌握添加工件模型的关联方法	3. 能够正确添加关联工件模型	10	
	4. 掌握工具仿真设置	4. 能够正确进行工具仿真设置	10	
素质点	1. 掌握仿真的优化方法，培养精益求精的工匠精神	1. 能够对仿真设置进行优化与完善	10	
	2. 掌握模型创建过程中故障的排查方法，培养不畏困难的精神	2. 能够对模型创建过程中出现的问题进行排查	10	
	3. 遵守纪律，按时出勤	3. 能够遵守纪律，不迟到，不早退	10	
合计			100	

学生签名		教师签名		日期	

4. 任务反思
在课堂上学会了下面几点：_____

还有哪个地方有疑问：_____

本任务实施过程中需要注意的有下面几点：_____

【任务实施】

一、工具模型的创建

序号	操作说明	示意图
步骤1	选中1号工具"UT：1"，双击，打开属性设置窗口	
步骤2	在弹出的属性设置窗口中选择常规选项卡，单击 按钮，单击"grippers"，选择夹爪"36005f-200-2"，单击"确定"完成选择	
步骤3	设置工具名称为"夹爪"，修改位置，W为"-90deg"，标度X、Y、Z均为"0.5"，单击"应用"	

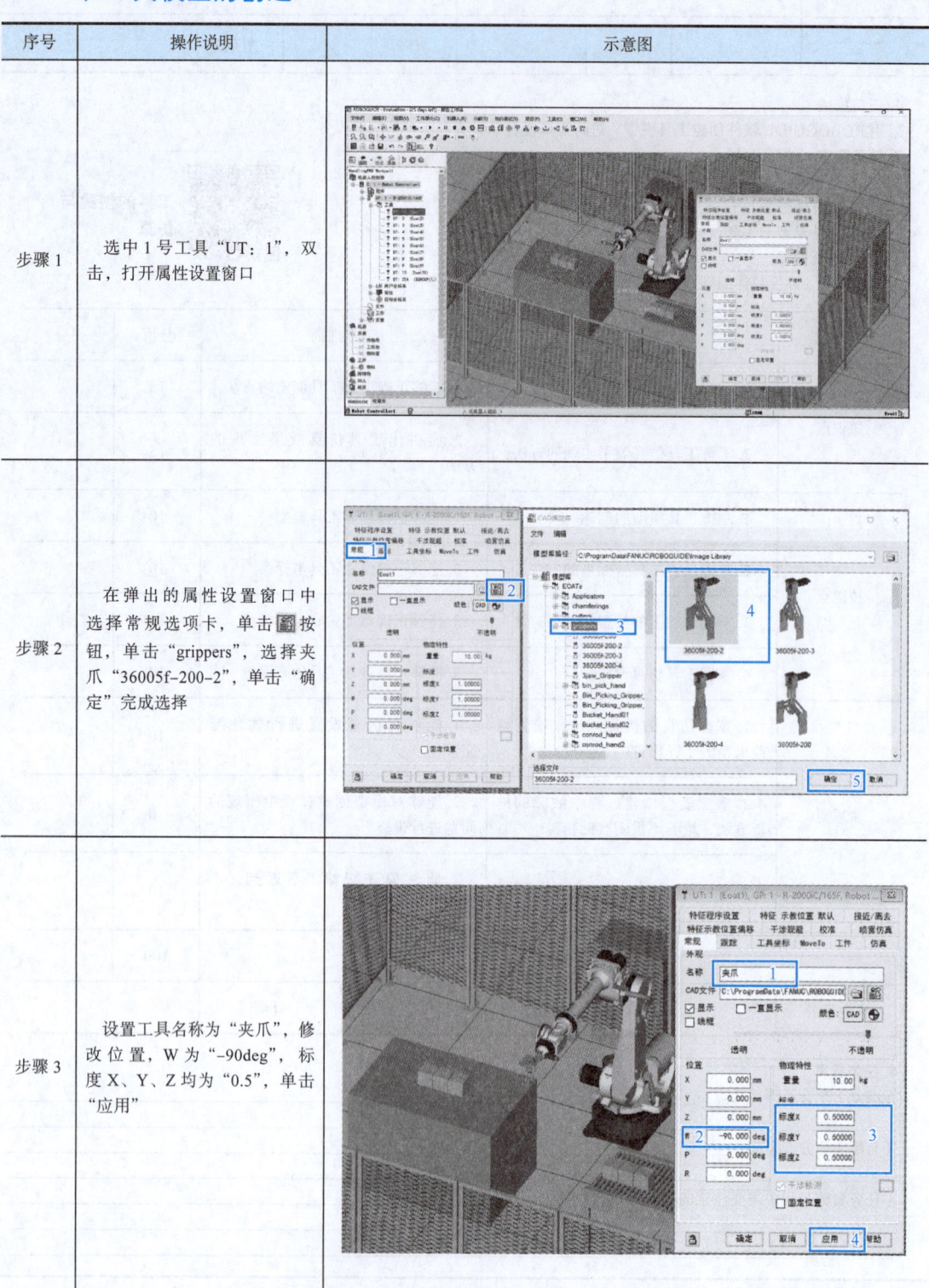

(续)

序号	操作说明	示意图
步骤4	勾选"固定位置",使夹爪的尺寸数据固定,相对于机器人法兰盘的位置固定,避免误操作。单击"应用"	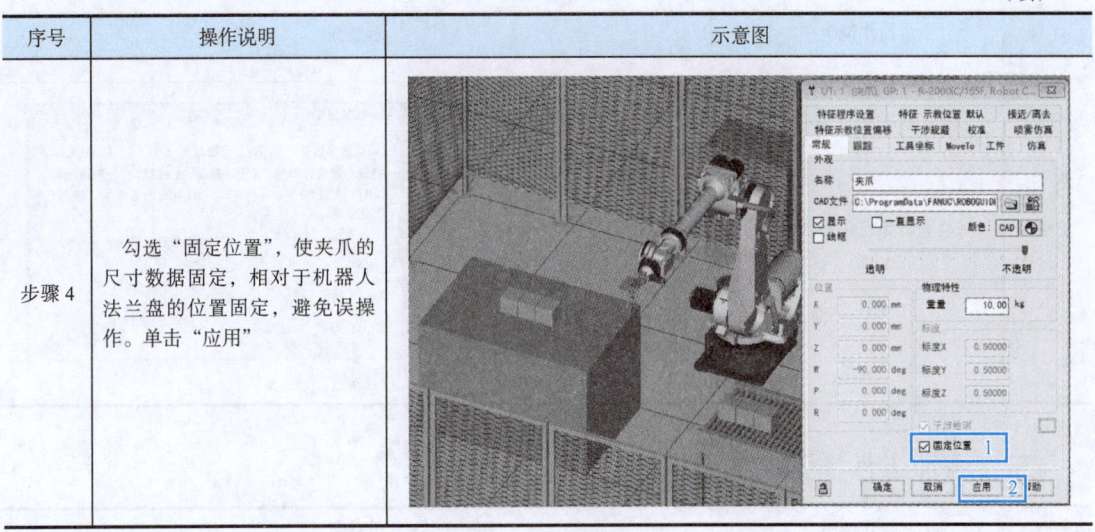

二、设置工具坐标系

序号	操作说明	示意图
步骤1	在属性设置窗口中选择"工具坐标"选项卡,勾选"编辑工具坐标系"	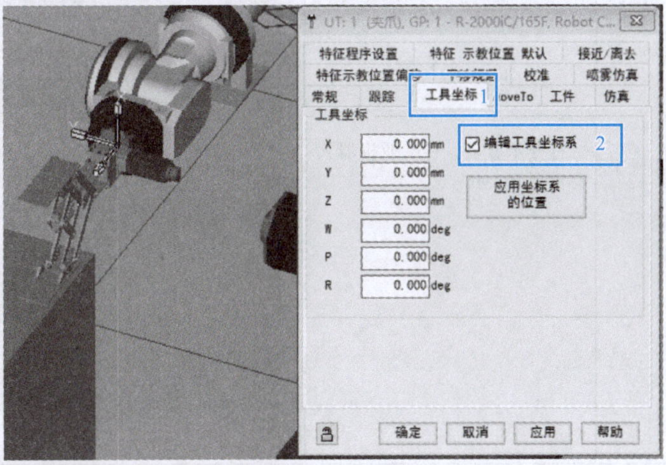
步骤2	拖动工具坐标系,使其到达(0, 0, 400, 0, 0, 0)位置,依次单击"应用坐标系的位置""应用",或者直接修改工具坐标系的值,单击"应用"	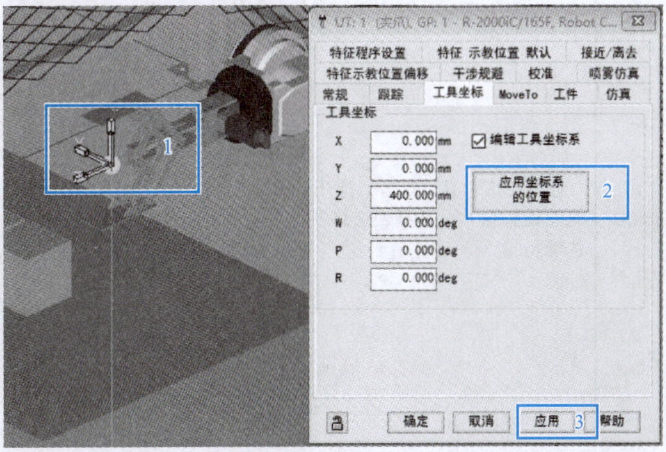

(续)

序号	操作说明	示意图
步骤3	工具坐标系已创建成功	

三、添加工件模型的关联

序号	操作说明	示意图
步骤1	打开示教器,将工业机器人移动到HOME点	
步骤2	选中夹爪工具,双击,打开属性设置窗口,选择"工件"选项卡	

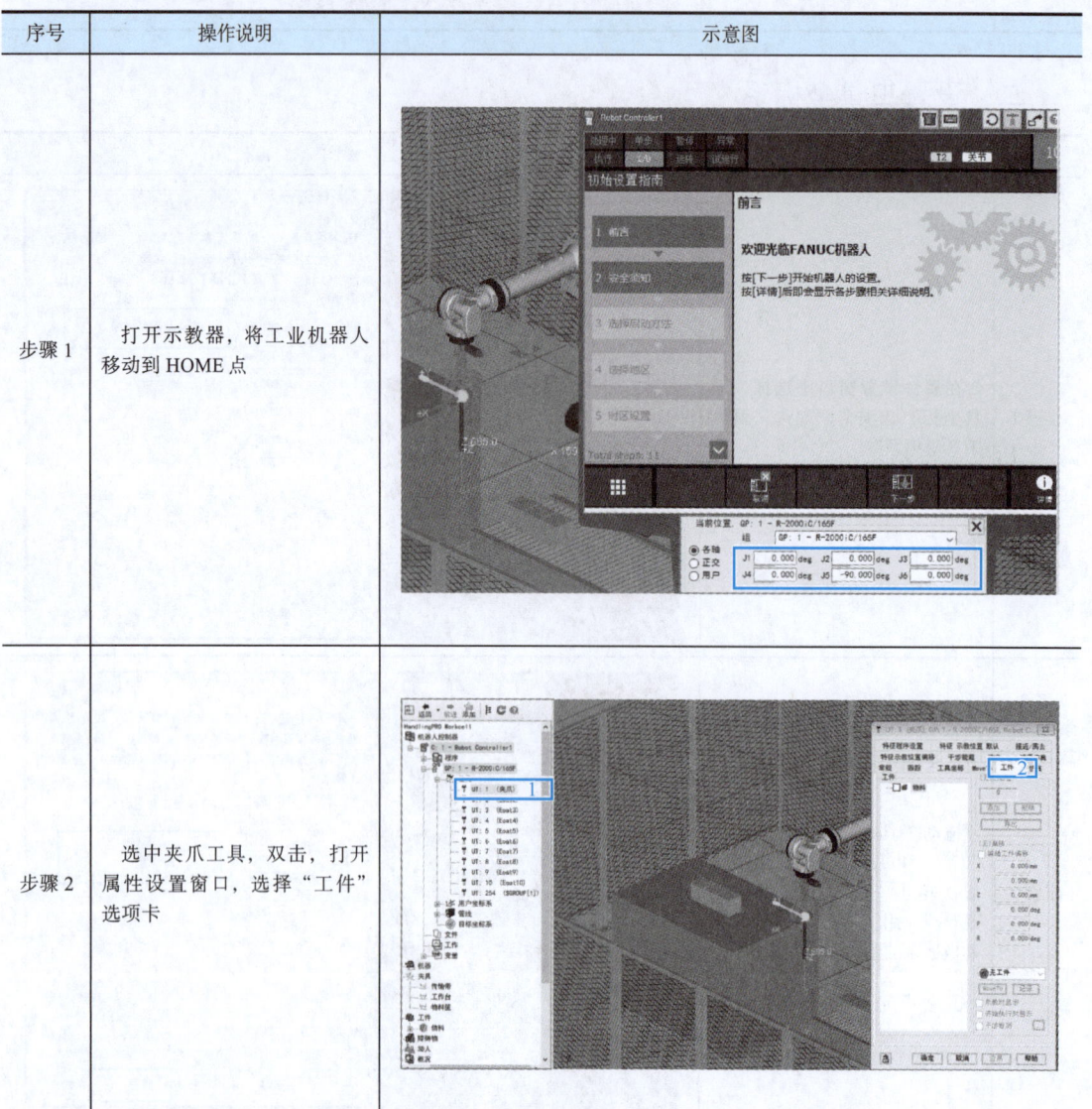

（续）

序号	操作说明	示意图
步骤3	勾选"物料",单击"应用",在夹爪上出现物料模型	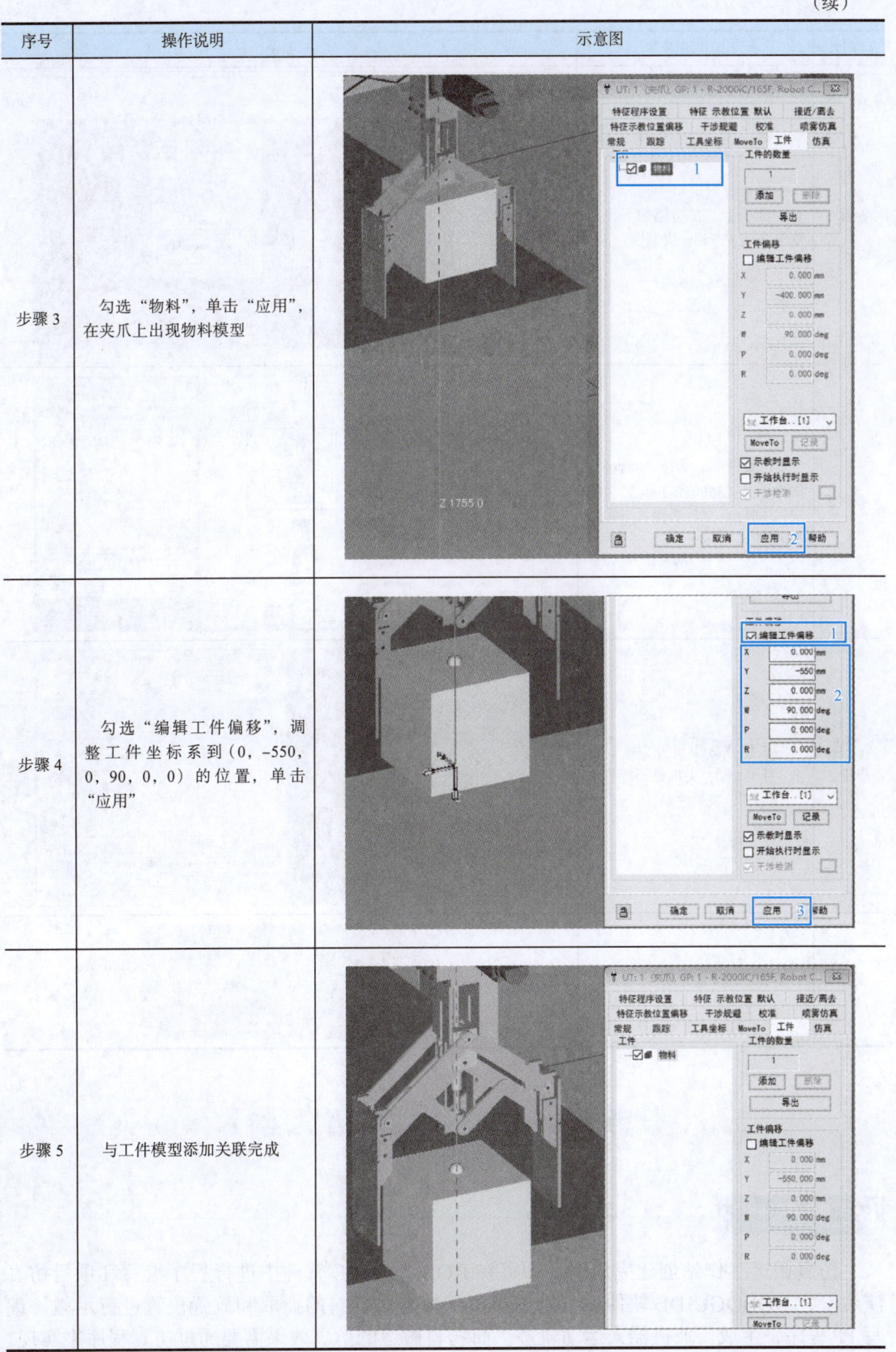
步骤4	勾选"编辑工件偏移",调整工件坐标系到(0, -550, 0, 90, 0, 0)的位置,单击"应用"	
步骤5	与工件模型添加关联完成	

四、工具仿真设置

序号	操作说明	示意图
步骤1	在属性设置窗口中选择"仿真"选项卡，在功能的下拉菜单中选择"搬运—夹紧"	
步骤2	单击图标，选择"grippers"，依次单击"36005f-200-3""确定"，选择"手爪关"，单击"应用"	
步骤3	夹爪仿真效果设置完成，单击"手爪开"，夹爪松开，单击"手爪关"，夹爪夹紧	
步骤4	夹爪工具设置完成	

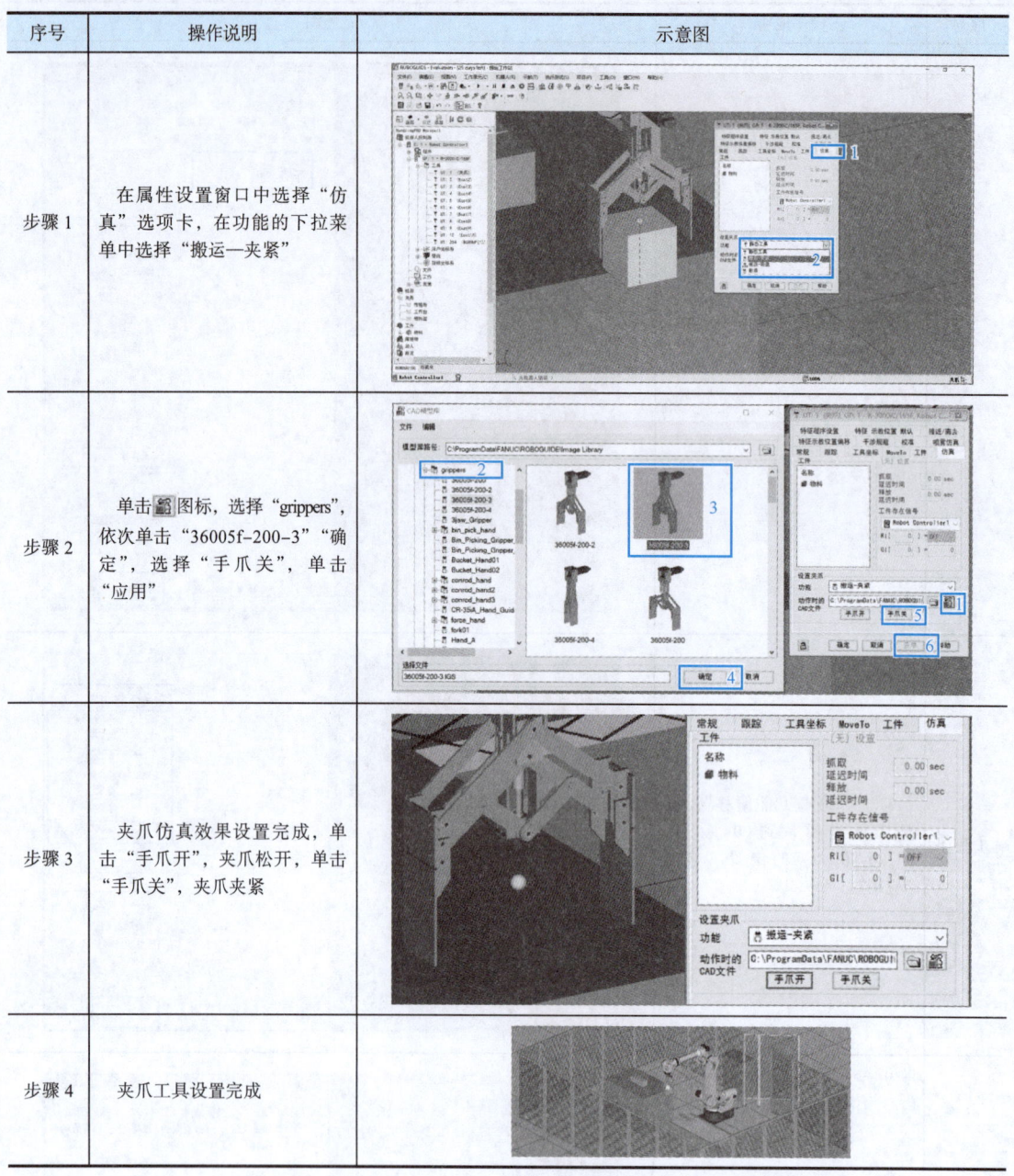

任务 5.4 离线编程与仿真运行

【任务提出】

仿真搬运工作站创建完成后，即可在 ROBOGUIDE 软件中进行程序编写和项目仿真演示。在 ROBOGUIDE 软件中可以用虚拟示教器对物料的抓取和放置位置进行示教，编写 TP 程序，生成工业机器人运动轨迹。而物料搬运的仿真效果需要通过仿真程序来实现，

项目 5 搬运机器人的离线仿真 163

普通的 TP 程序无法进行此类仿真运行。为了实现仿真搬运的功能,需要使用仿真程序和仿真指令。

本任务要求如下:
1)创建仿真程序。
2)创建 TP 程序。
3)仿真运行与视频录制。

离线编程与仿真运行

【知识点拨】

一、仿真程序与指令

仿真程序是由仿真程序编辑器创建的程序,仿真程序编辑器如图 5-17 所示。在仿真程序编辑器内可以插入运动指令,如关节运动指令、直线运动指令等,也可以插入其他指令,如外部信号指令、循环指令等。此外,仿真程序还包含一些不存在于 TP 程序的特殊指令,即虚构的仿真指令。仿真程序可以转换成 TP 程序,而 TP 程序无法转换成仿真程序。用虚拟示教盒打开仿真程序时,程序中有些指令行前有"!",这些指令行就是仿真程序虚构的仿真指令或注释行。

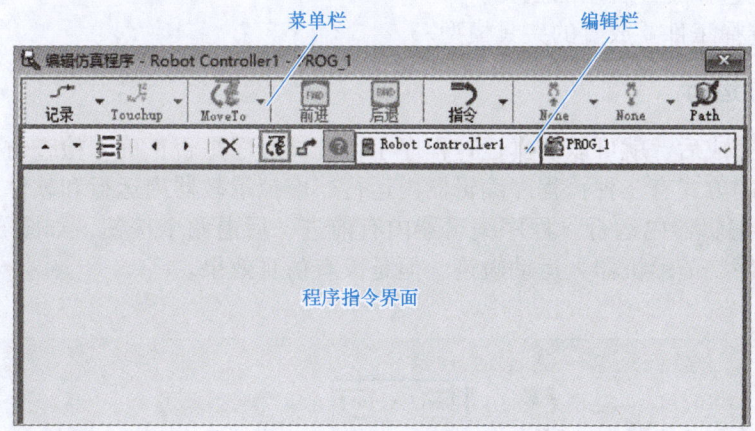

图 5-17 仿真程序编辑器

仿真指令是 ROBOGUIDE 中 HandlingPRO 模块针对搬运的仿真功能虚构出来的控制指令。运行搬运程序时,仿真指令可以实现物料抓取和放置的仿真效果,而 TP 程序无法实现。因此,仿真指令可以理解成是软件运行的指令,而非机器人控制系统的指令。

1)抓取仿真指令如图 5-18 所示。

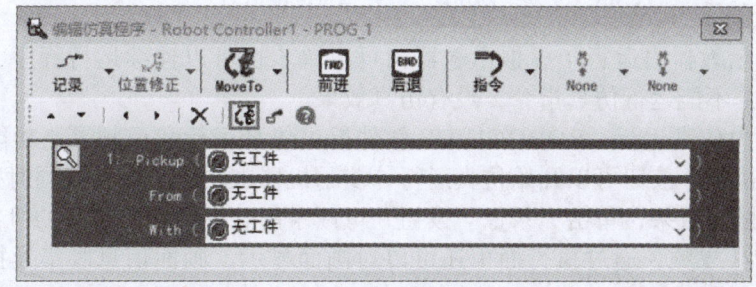

图 5-18 抓取仿真指令

① Pickup：选择需要抓取的工件。
② From：选择工件所在的夹具模型。
③ With：选择抓取所用的工具。
2）放置仿真指令如图 5-19 所示。

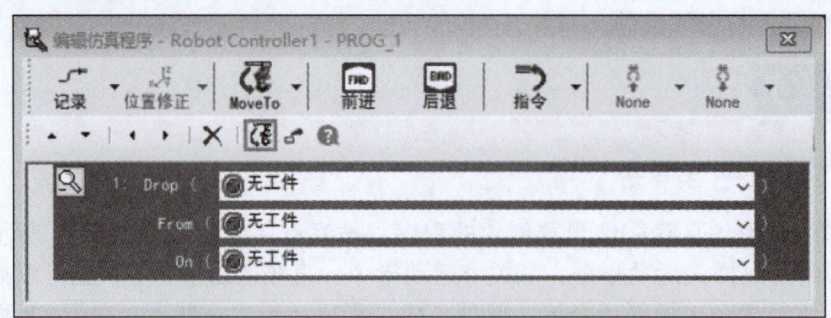

图 5-19　放置仿真指令

① Drop：选择需要放置的工件。
② From：选择放置所用的工具。
③ On：选择工件要放置的夹具模型。

二、仿真运行

程序编辑完成后，就可以仿真运行程序了，调试程序是否正确，检查仿真效果是否实现。运行程序的方式有三种：程序编辑器内运行、虚拟示教器内运行和软件内仿真运行。

（1）程序编辑器内运行　程序编辑器内有前进、后退两个按钮，如图 5-20 所示，可以单步运行程序，演示机器人运动轨迹，但是没有仿真效果。

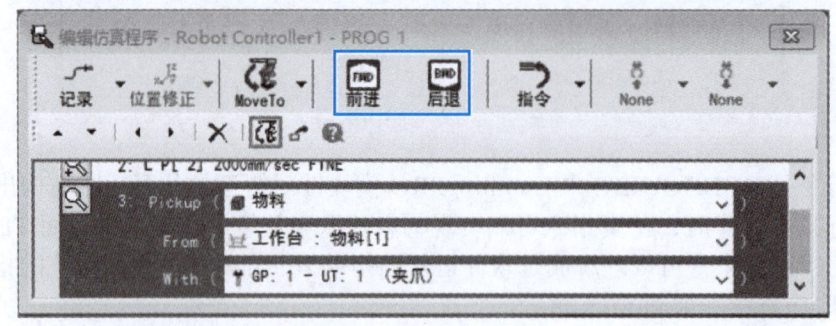

图 5-20　程序运行按钮

（2）虚拟示教器内运行　虚拟示教器内可以单步也可以连续运行程序，演示机器人运动轨迹，但是不能运行仿真指令，没有仿真效果。

（3）软件内仿真运行　ROBOGUIDE 软件提供仿真运行和视频录制功能，如图 5-21 所示，单击"执行"按钮可以开始仿真运行，演示机器人的运动轨迹，同时模拟夹爪抓取和放置物料的搬运效果；单击"录像"按钮，可以录制软件内当前视角的机器人仿真运行画面，生成 AVI 视频。通过执行面板还可以对画面显示、画面信息收集及控制方式等进行设置。

项目5 搬运机器人的离线仿真

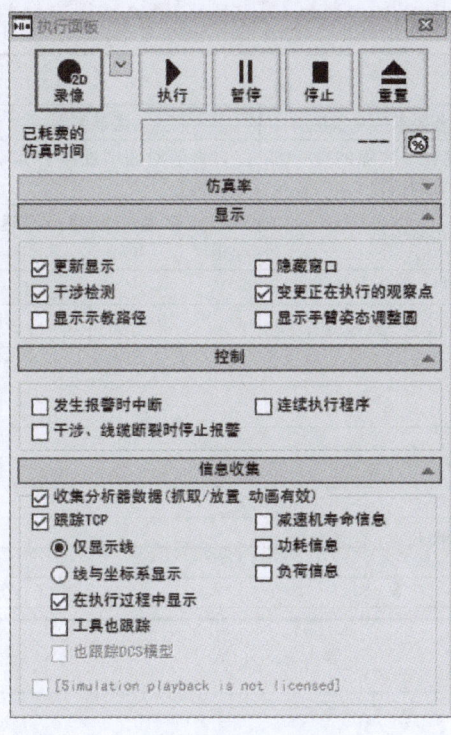

图 5-21 仿真执行面板

【任务考核工单】

工作任务	离线编程与仿真运行		学时		
姓名		组别	班级		日期

1. 任务描述

在 ROBOGUIDE 软件中编写 TP 程序，生成工业机器人运动轨迹，编写物料抓取和放置的仿真程序，实现搬运工作站仿真运行，并录制视频。

2. 任务实施（过程记录）

1）创建仿真程序。
2）创建 TP 程序。
3）仿真运行与视频录制。

3. 任务评价（评价具体细则及分值可根据具体情况进行调整）

评价要素	任务要求	考核细则	分值	得分
知识点	1. 了解仿真程序与指令	1. 能够正确讲出仿真程序与指令的功能和特点	10	
	2. 了解仿真运行	2. 能讲出仿真运行的功能	10	
技能点	1. 掌握创建仿真程序的方法	1. 能够正确创建仿真程序	15	
	2. 掌握创建 TP 程序的方法	2. 能够正确创建 TP 程序	20	
	3. 掌握仿真运行与视频录制的方法	3. 能够进行仿真运行与视频录制	15	
素质点	1. 掌握程序的优化，培养精益求精的工匠精神	1. 能够对程序进行优化与完善	10	

(续)

(续)

评价要素	任务要求	考核细则	分值	得分
素质点	2. 掌握调试过程中故障的排查方法，培养不畏困难的精神	2. 能够对调试过程中出现的问题进行排查	10	
	3. 遵守纪律，按时出勤	3. 能够遵守纪律，不迟到，不早退	10	
		合计	100	
学生签名		教师签名	日期	

4. 任务反思

在课堂上学会了下面几点：_____

还有哪个地方有疑问：_____

本任务实施过程中需要注意的有下面几点：_____

【任务实施】

一、创建仿真程序

序号	操作说明	示意图
步骤1	单击菜单栏的"示教"，选择"创建仿真程序"	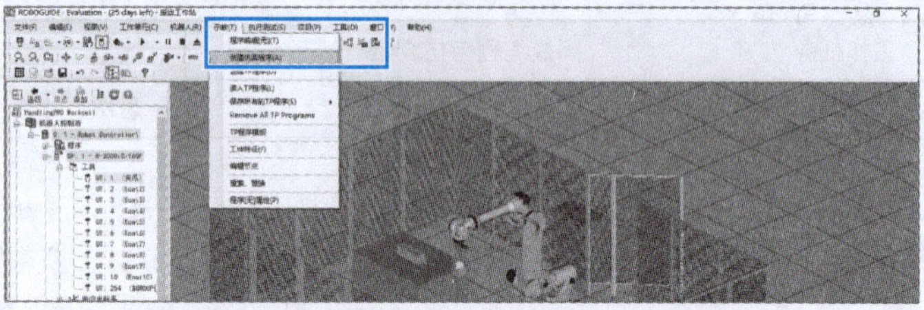
步骤2	输入程序名称"pickup"，单击"确定"	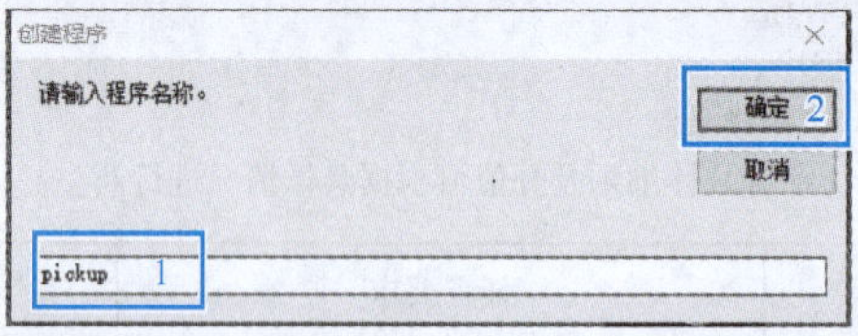
步骤3	单击"指令"的下拉菜单，选择"Pickup"	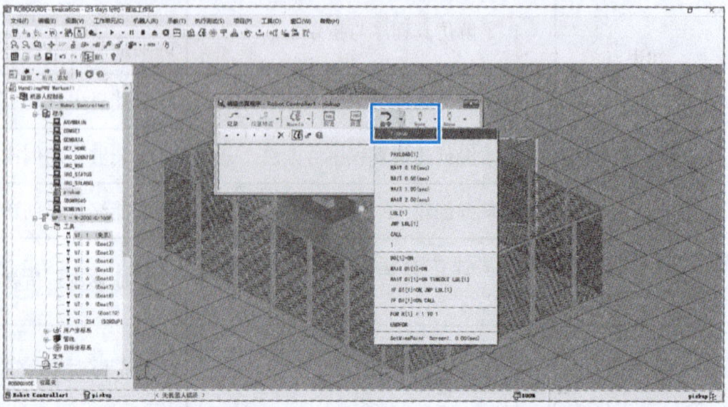

(续)

序号	操作说明	示意图
步骤4	单击下拉菜单，选择相应的选项，编写夹爪抓取物料的指令	
步骤5	单击"示教"菜单，选择"创建仿真程序"	
步骤6	输入程序名称"drop"，单击"确定"	
步骤7	单击"指令"的下拉菜单，选择"Drop"	
步骤8	单击下拉菜单，选择相应的选项，编写夹爪放置物料的指令	

二、创建 TP 程序

序号	操作说明	示意图
步骤1	单击 ▦，打开示教器	
步骤2	创建程序"BANYUN"	
步骤3	编写 TP 程序	
步骤4	示教第一个点 P[1]——工作台上物料 1 的上方	

（续）

序号	操作说明	示意图
步骤5	示教第二个点P[2]——抓取物料1的位置	
步骤6	示教第三个点P[3]——传输带上物料1的上方	
步骤7	示教第四个点P[4]——传输带上物料1的位置	

三、仿真运行与视频录制

序号	操作说明	示意图
步骤1	单击"循环启动"即可完成搬运工作站的虚拟仿真	

(续)

序号	操作说明	示意图
步骤2	将视图调至合适的示教位置，依次单击"运行面板""录像"	
步骤3	单击"执行"即可完成对仿真的录制	
步骤4	仿真结束，将自动弹出仿真录像所存位置，仿真录像完成	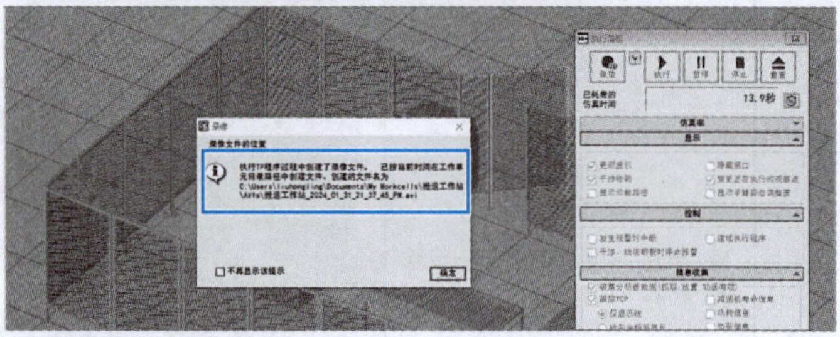

▲ 项目拓展 ▲

项目拓展任务单：如图5-22所示。创建检测搬运工作站，添加一个长方体作为工件检测台，要求工业机器人抓取物料后先放置到检测台上进行检测，然后再抓取物料放置到传输带上。编写程序，实现检测搬运的仿真效果。

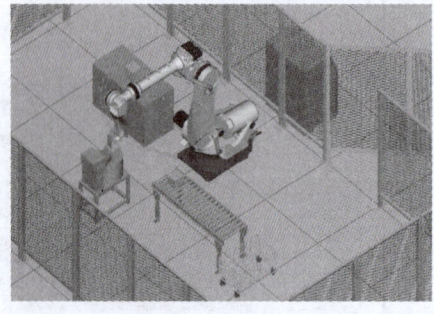

图5-22 检测搬运工作站

思考与练习

一、选择题（共10题）

1. ROBOGUIDE 生成的工程文件压缩包的格式是（　　）。
   A. FRW　　　　B. RGX　　　　C. EXE　　　　D. IGS

2. 软件菜单栏中主要针对软件三维窗口的显示状态的操作是（　　）。
   A. 文件菜单　　B. 编辑菜单　　C. 视图菜单　　D. 示教菜单

3. 如果要进行运行中程序的停止，则应单击下列哪个按钮？（　　）
   A. ▶　　　　　B. ⏸　　　　　C. ■　　　　　D. ⏏

4. 目前工业机器人应用于多数制造领域，下列工艺中适合采用离线编程的是（　　）。
   A. 码垛　　　　B. 点焊　　　　C. 不锈钢字切割　　D. 零件装配

5. ROBOGUIDE 是知名的工业机器人离线编程仿真软件，它是（　　）公司的产品。
   A. 发那科　　　B. ABB　　　　C. 新松　　　　D. 安川

6. 在 ROBOGUIDE 软件的 Robot 菜单中，用于打开或隐藏模拟示教器的是（　　）。
   A. Lock Teach Tool Selection　　　B. Show Work Envelope
   C. Teach Pendant　　　　　　　　D. Show Joint Jog Tool

7. 在 ROBOGUIDE 软件的 Robot 菜单中，用于显示机器人各关节工作范围的是（　　）。
   A. Lock Teach Tool Selection　　　B. Show Work Envelope
   C. Teach Pendant　　　　　　　　D. Show Joint Jog Tool

8. 在 ROBOGUIDE 软件中，当需要添加机器人工作站围栏时，应选择 Cell 菜单下的（　　）。
   A. Add Part　　B. Add Fixture　　C. Add Obstacle　　D. Add Machine

9. 在 ROBOGUIDE 软件中，下面（　　）不属于查看仿真环境的视图。
   A. 仰视图　　　B. 俯视图　　　C. 前视图　　　D. 后视图

10. FANUC 工业机器人常用的配套仿真软件是（　　）。
    A. ROBOGUIDE　　B. RobotStudio　　C. SimPRO　　D. MotoSimEG

二、填空题（共10题）

1. "物料"的创建有两种方法：_____和_____。
2. 生成围栏是在_____模型下创建。
3. _____模型通常是工件模型的载体。
4. 仿真指令_____实现抓取工件的仿真效果。
5. 仿真指令_____实现放置工件的仿真效果。
6. 默认录制的仿真运行视频是_____格式。
7. ROBOGUIDE 常用的仿真模块有_____、_____、_____、_____和 PaintPRO 等。
8. 在 ROBOGUIDE 的工程文件中利用_____或_____的方法创建并编写机器人程序，实现真实机器人所要求的功能，如焊接、搬运、码垛等。

9. ROBOGUIDE 工程中控制系统的设置包括_____的设置、_____的设置、系统变量的设置等，以赋予仿真工作站与真实工作站同等的编程和运行条件。

10. ChamferingPRO 模块用于_____等工件加工的仿真应用；HandlingPRO 模块用于机床上下料、冲压、装配、注塑机等物料的_____。

三、简答题（共 2 题）

1. 运行程序的方法有几种？分别有什么特点？
2. 在 ROBOGUIDE 中进行工业机器人的离线编程与仿真，主要有哪几个步骤？

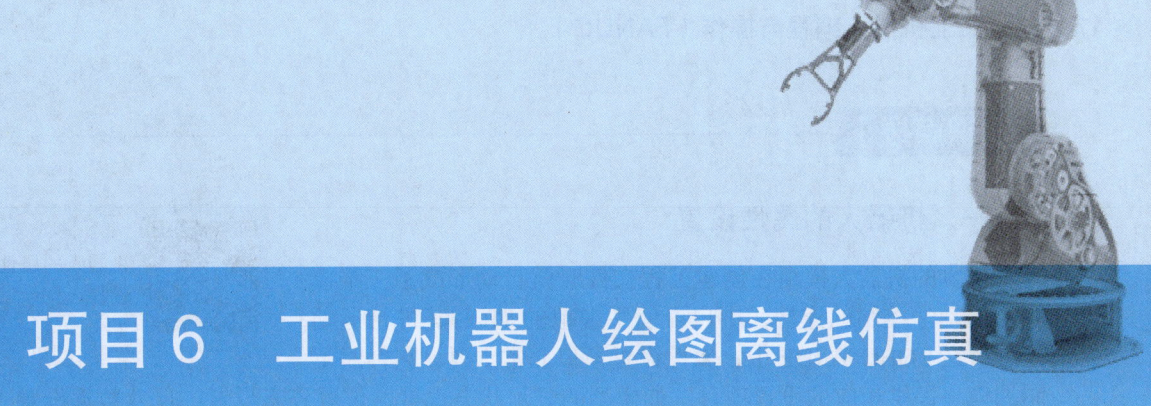

项目6　工业机器人绘图离线仿真

项目导入

随着人工智能技术的快速发展,在工业领域中,诸如切割、涂胶、焊接等工业机器人的典型应用对机器人的运动轨迹、重复精度等方面提出了更高的要求。工业机器人离线编程由于可以根据三维模型的曲线特征自动获取工业机器人的运动轨迹,且省时省力,在先进制造行业得到了广泛的应用。

本项目以工业机器人绘图应用为项目操作对象,模拟典型复杂轨迹的离线编程,采用 ROBOGUIDE 软件自动生成操作对象的复杂轨迹,并自动生成机器人绘图应用仿真程序,完成工业机器人绘图应用的虚拟仿真和视频录制,并结合真实工作台进行实际应用调试。

任务 6.1　绘图工作站的搭建

【任务提出】

采用 ROBOGUIDE 软件实现绘图模块工作站的搭建,熟悉常见的工业机器人模型及其区别,完成绘图工作站的搭建和布局。

在 ROBOGUIDE 软件所建立的仿真环境里,集成工程师可以根据实际机器人工作站的工艺流程对工程项目进行模拟设计。在模拟设计过程中,可以进行设备的选择与布局,电气接口资源的分配,工业机器人的轨迹示教,以及机器人工作站系统程序的编制、调试与修改等主要环节,同时,可以通过在 ROBOGUIDE 软件中进行仿真运行,进行功能验证和完善。在功能验证合理的情况下,可以通过网络连接实现仿真工作站机器人与现场机器人的动作同步,从而达到节省时间、提高效率等目的。

本任务要求如下:
1) 掌握 ROBOGUIDE 软件中工业机器人的创建方法。
2) 了解仿真工作站中常见的仿真对象类型。
3) 完成工作站对应仿真的导入和布局。

【知识点拨】

一、机器人的属性设置

机器人的属性设置

仿真的机器人模组在创建工程文件时就自动形成了三维模型与运动学控制的连接,用户可使用虚拟的 TP 对其进行运动控制。在 ROBOGUIDE 中,属性设置窗口非常重要,它针对不同的模块提供相应的设置项目,如模型的显示状态设置、位置姿态设置、尺寸数据设置、仿真条件设置、运动学设置等。机器人模组的属性设置项目主要有机器人名称、机器人工程文件配置修改、机器人模组轮廓线显示状态的设置、机器人位置的设置、机器人碰撞检测显示等,如图 6-1 所示。

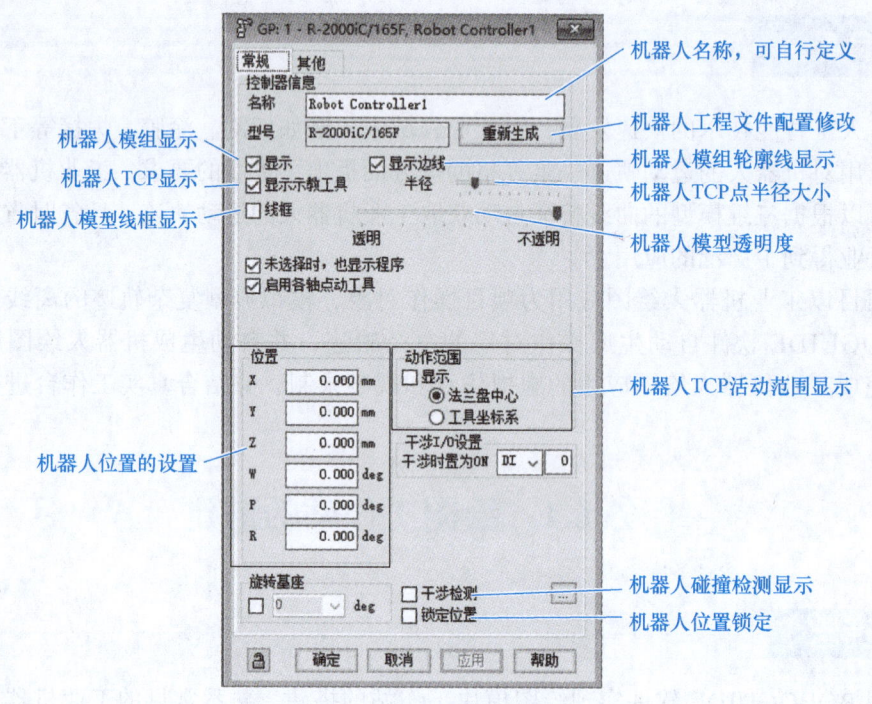

图 6-1 机器人属性设置窗口

1)名称(Name):输入机器人的名称,支持中文输入。

2)重新生成(Serialize Robot):修改机器人工程文件的配置,单击"重新生成",可进入工程文件创建向导界面进行机器人属性配置修改。

3)显示(Visible):默认是勾选的,如果取消勾选,机器人模组将会隐藏。

4)显示边线(Edge Visible):默认是勾选的,如果取消勾选,机器人模组的轮廓线将会隐藏。

5)显示示教工具(Teach Tool Visible):默认是勾选的,如果取消勾选,机器人的 TCP(图中小绿点)将被隐藏。另外,其右侧的调节选项可调整 TCP 显示的尺寸。

6)线框(Wire Frame):默认是不勾选的,如果勾选,机器人模组将以线框的样式显示。另外,其右侧的调节选项可调整机器人模组在实体和线框两种显示样式下的透明度。

7)位置(Location):输入数值调整机器人的位置,包括在 X、Y、Z 轴方向上的平移距离和旋转角度。

8）动作范围显示（Show Work Envelope）：勾选显示机器人TCP的运动范围，其中，法兰盘中心（Utool Zero）表示默认TCP的范围，工具坐标系（Current UTool）表示当前新设定TCP的范围。

9）干涉检测（Show Robot Collisions）：勾选会显示碰撞结果。如果机器人模组的任意部分与其他模型发生碰撞，整个模组则会高亮显示以提示发生了碰撞。

10）锁定位置（Lock All Location Values）：勾选后会锁定机器人的位置数据，机器人不能被移动，机器人模型的坐标系会由绿色变为红色。另外，假设有其他可调整尺寸的模型，勾选此项后尺寸数据也会被锁定。

二、认识绘图工作站模块

本绘图工作站所用到的模块有FANUC工业机器人（LR mate200id）、绘图模块、工业机器人应用编程实训平台、绘图笔工具4个部分，如图6-2所示。本次任务要求利用所提供的的模块搭建绘图工作站。

绘图工作站的搭建

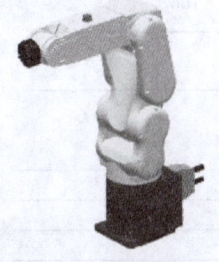   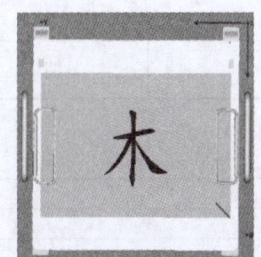   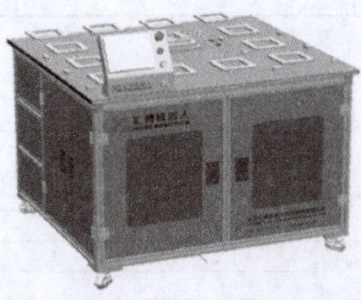   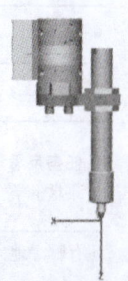

a) FANUC工业机器人　　　b) 绘图模块　　　　　c) 实训平台　　　　　d) 绘图笔工具

图6-2　绘图工作站所用模块

【任务考核工单】

工作任务	绘图工作站的搭建		学时		
姓名		组别	班级	日期	

1. 任务描述

采用ROBOGUIDE软件实现工业机器人绘图工作站的搭建，完成绘图工作站模型的导入和正确布局。

2. 任务实施（过程记录）

1）新建绘图工作站。
2）绘图工作站模块的导入与布局。

3. 任务评价（评价具体细则及分值可根据具体情况进行调整）

评价要素	任务要求	考核细则	分值	得分
知识点	1. 了解工业机器人绘图工作站的组成	1. 能够正确讲出工业机器人绘图工作站的组成部分	15	
	2. 了解仿真工作站的对象类型及其功能	2. 能讲出仿真工作站不同的对象类型及各自功能	15	

(续)

(续)

评价要素	任务要求	考核细则	分值	得分
技能点	1. 掌握仿真工作站的创建方法	1. 能够正确搭建工业机器人绘图仿真工作站	10	
	2. 掌握仿真工作站的模型导入	2. 能够正确导入仿真工作站模型	15	
	3. 掌握仿真工作站的模型布局	3. 能够正确布局仿真工作站模型	15	
素质点	1. 掌握工作站系统布局的优化，培养精益求精的工匠精神	1. 能够对工作站布局进行优化与完善	10	
	2. 掌握工作站搭建过程中故障的排查方法，培养不畏困难的精神	2. 能够对工作站搭建过程中出现的问题进行排查	10	
	3. 遵守纪律，按时出勤	3. 能够遵守纪律，不迟到，不早退	10	
合计			100	
学生签名		教师签名	日期	

4. 任务反思
在课堂上学会了下面几点：_____

_____

还有哪个地方有疑问：_____

_____

本任务实施过程中需要注意的有下面几点：_____

_____

【任务实施】

一、新建绘图工作站

序号	操作说明	示意图
步骤1	打开ROBOGUIDE软件，单击"新建工作单元"，选择"HandlingPRO ROBOGUIDE标准工作单元"，单击"下一步"	

(续)

序号	操作说明	示意图
步骤2	输入新建的工作单元名称，如"huitu"，单击"下一步"	
步骤3	选择"新建"，单击"下一步"	
步骤4	机器人软件版本选择"V9.10"，单击"下一步"	

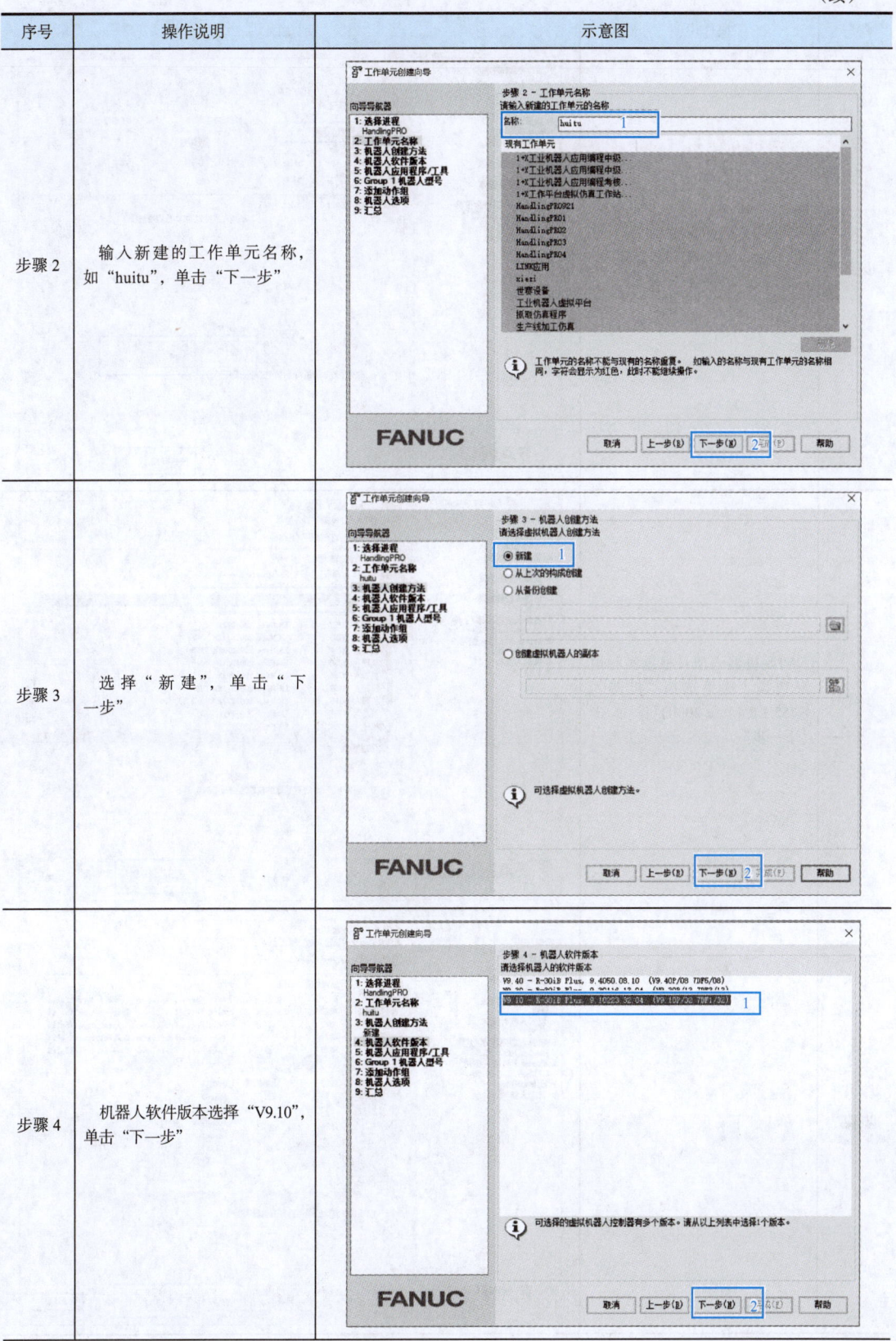

(续)

序号	操作说明	示意图
步骤 5	"机器人应用程序/工具"选择"HandlingTool（H552）"—"稍后设置手爪"，单击"下一步"	
步骤 6	初始机器人型号根据实际情况选择，这里选择"机器人 H755 LR Mate 200iD"，单击"下一步"	
步骤 7	单击"下一步"	

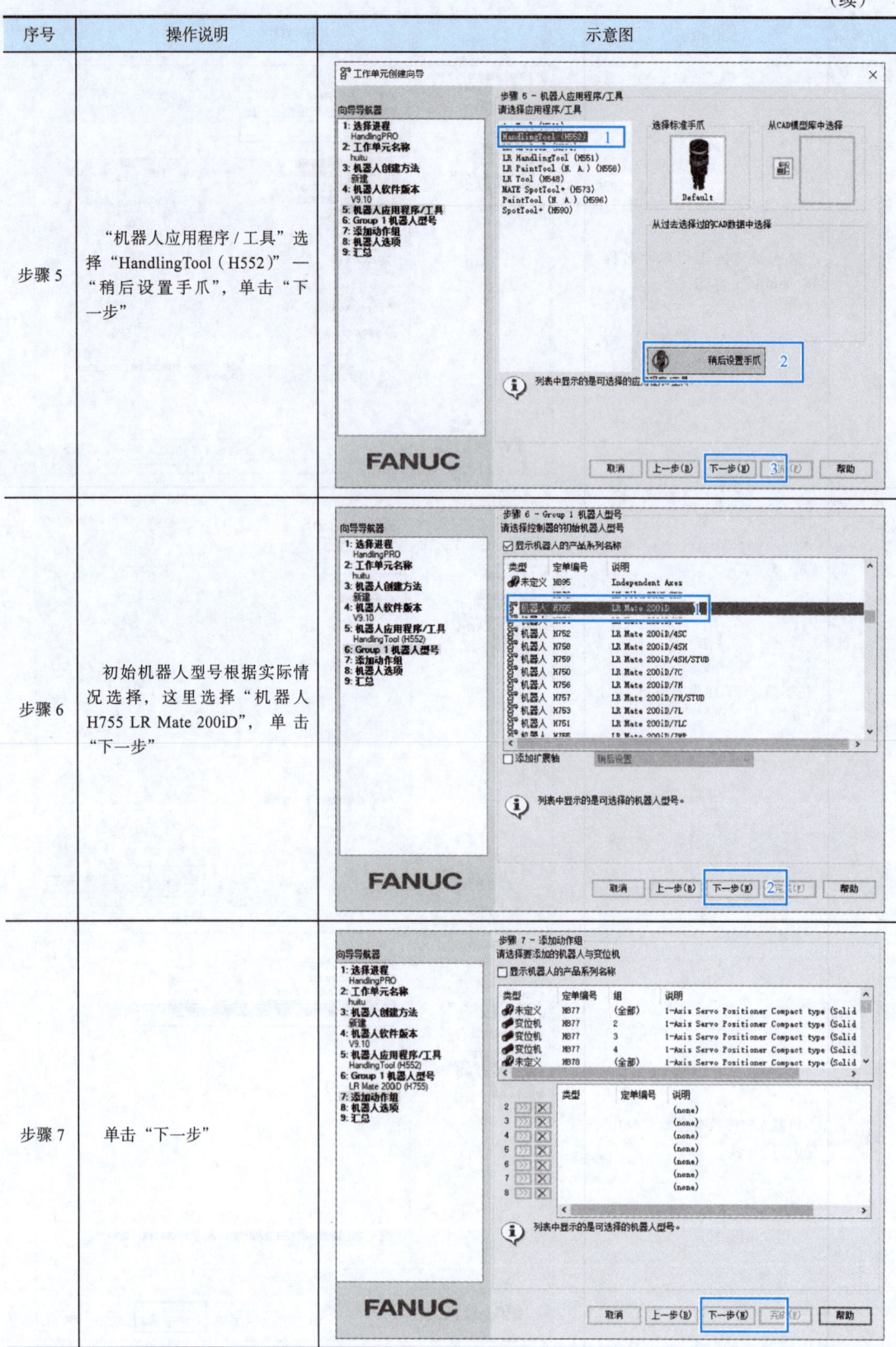

项目6 工业机器人绘图离线仿真

(续)

序号	操作说明	示意图
步骤8	"语言"选择"简体中文词典",勾选"加选词典(英文)",单击"下一步"	
步骤9	检查确认所选项,无问题后单击"完成",等待新建工作单元创建成功	
步骤10	新建工作单元创建成功	

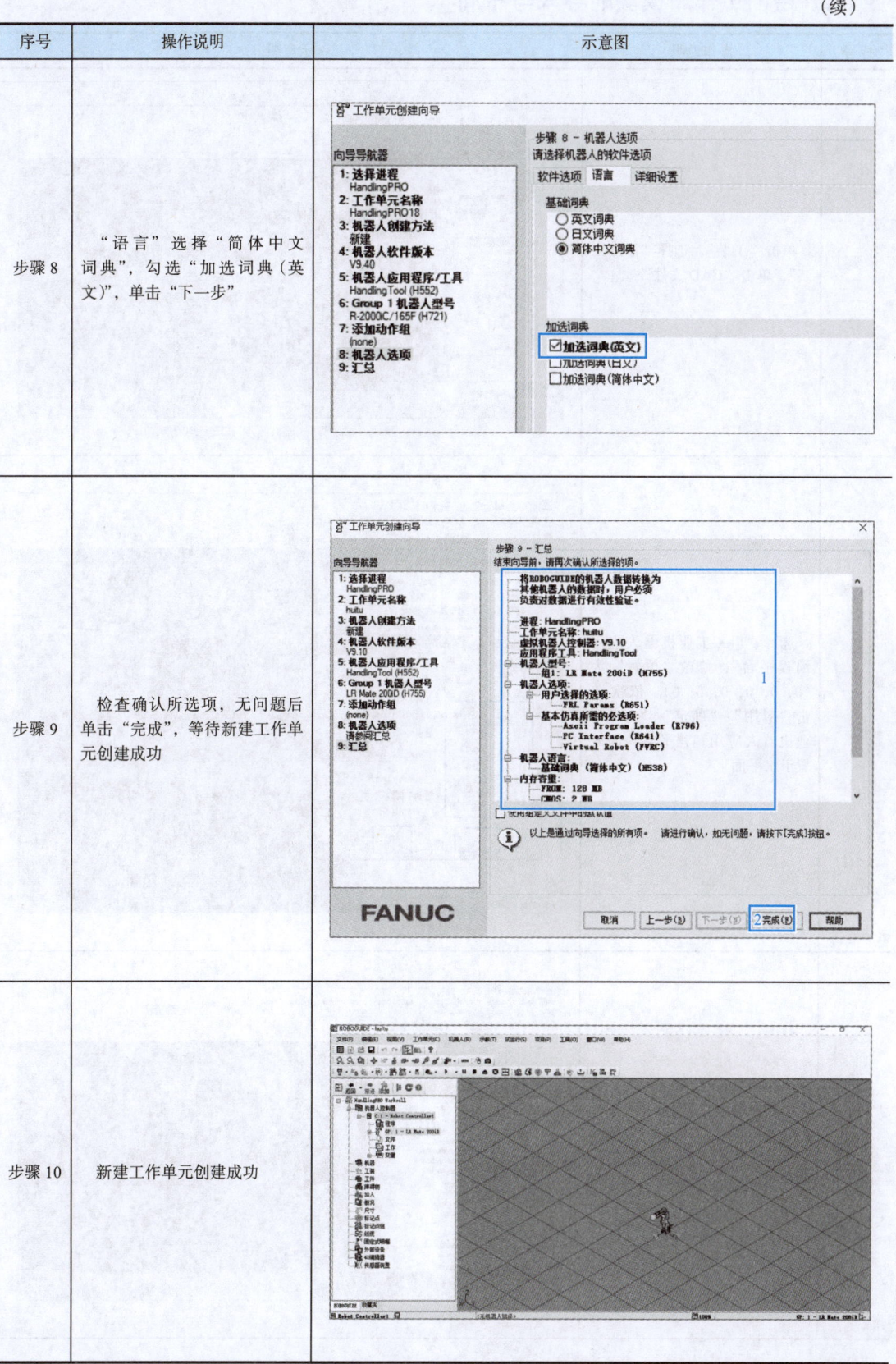

二、绘图工作站模块的导入与布局

序号	操作说明	示意图
步骤1	单击"工装",选择"添加工装",单击"CAD文件"	
步骤2	选择"1+X工业机器人应用编程平台",修改"位置"为(0,0,0,0,0,0),依次单击"应用""确定","1+X工业机器人应用编程平台"即放置于水平面	
步骤3	右击机器人"GP:1-LR Mate 200iD",单击"GP:1-LR Mate 200iD 属性(E)",进入机器人属性更改界面	

(续)

序号	操作说明	示意图
步骤4	拖动机器人处绿色坐标，改变机器人的位置，位置合理后依次单击"应用""确定"	
步骤5	右击"工件"，选择"添加工件"，单击"CAD文件"，选择对应的"绘图模块"	
步骤6	选择"高质量加载"，单击"确定"	

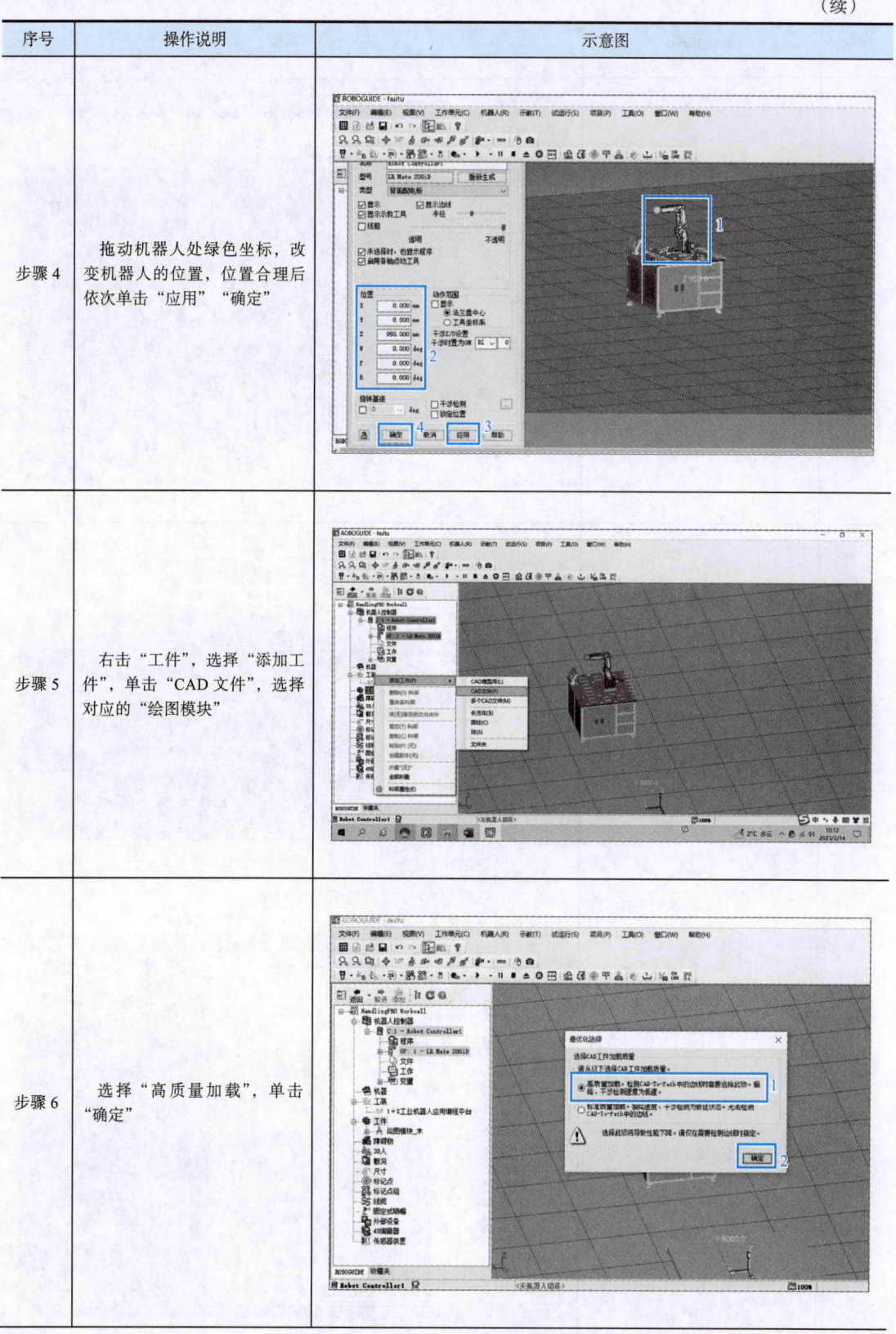

(续)

序号	操作说明	示意图
步骤7	单击"确定",工件模型添加成功	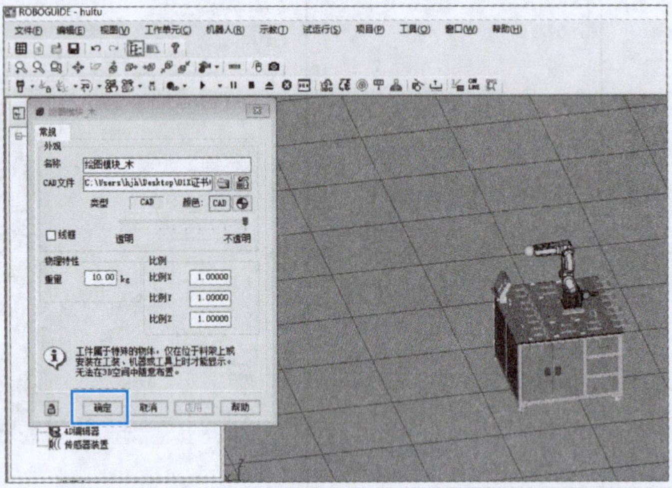
步骤8	右击"1+X 工业机器人应用编程平台",选择"1+X 工业机器人应用编程平台属性",进入属性界面	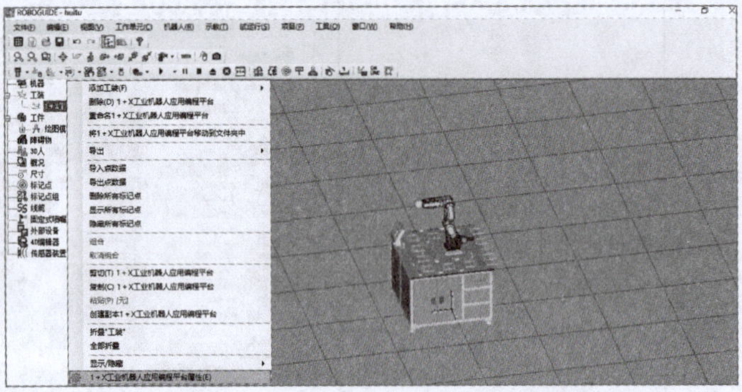
步骤9	选择"工件",勾选"绘图模块_木",单击"应用",即可在"1+X 工业机器人应用编程平台"上添加该工件	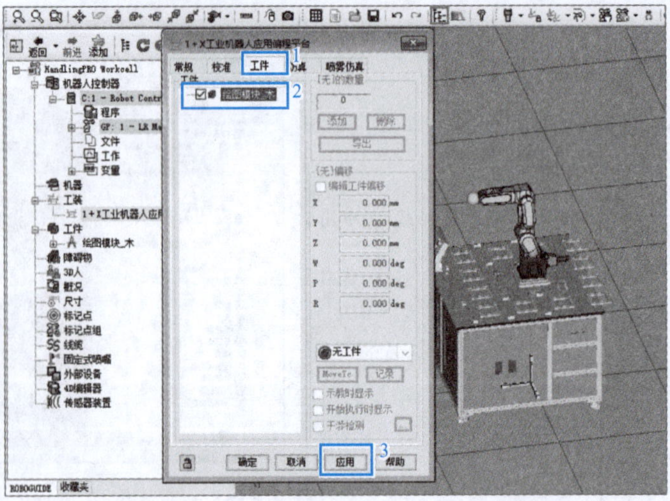

(续)

序号	操作说明	示意图
步骤10	勾选"编辑工件偏移",拖动绿色鼠标,将"绘图模块"放置到合理位置,依次单击"应用""确定"	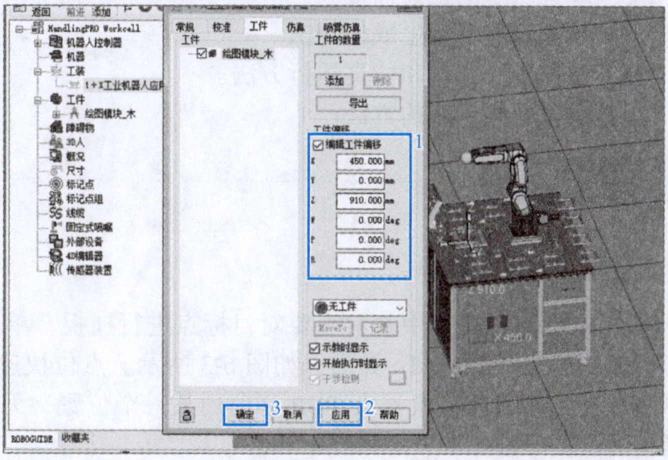
步骤11	双击"UT: 1(Eoat1)",选择"常规",修改名称为"绘图笔",单击打开CAD文件,选择"PenTool",依次单击"应用""确定","绘图笔"工具将装至机器人第6轴。绘图工作站搭建完成	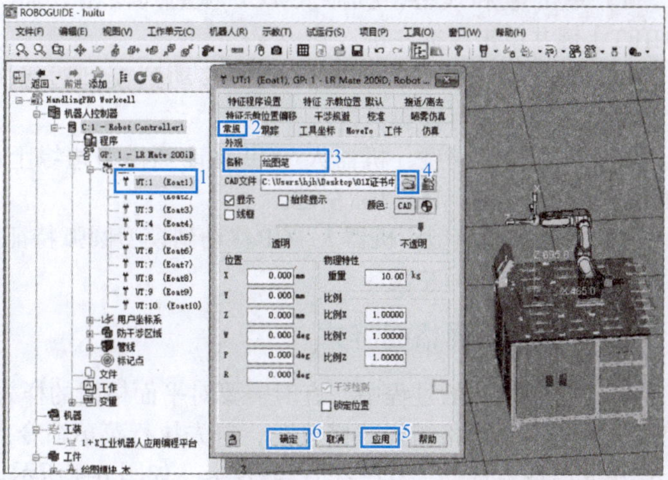

任务6.2 绘图工作站的离线编程与视频录制

【任务提出】

在绘图工作站搭建完成后,即可在ROBOGUIDE软件中进行工具坐标系和用户坐标系的创建,根据工件特征生成特征轨迹,并对轨迹进行优化,模拟仿真运行,完成视频录制。

需要注意的是,轨迹路径中目标点的方向是自动生成的,当两个目标点很近,但方向却差别很大时,由于工业机器人在运行过程中末端工具的姿态变化较大,可能出现工业机器人轴存在奇异点而无法运行的情况,因而在自动路径生成之后一般需要根据工艺和实际情况进行调整,从而保证工业机器人可以顺利完成任务要求。

本任务要求如下:

1）了解特征图形功能。
2）掌握工具坐标系和用户坐标系的标定。
3）掌握点位的快速捕捉。
4）掌握轨迹自动生成的方法。
5）掌握程序优化和仿真运行方法。
6）掌握视频录制的方法。

绘图工作站的离线编程与仿真运行

【知识点拨】

一、捕捉目标点

在 ROBOGUIDE 中常常需要对目标点进行捕捉，单击 ROBOGUIDE 工具栏中的 按钮可以快速打开 MoveTo 界面，如图 6-3 所示。点位快速捕捉功能让示教点的操作变得简单和快速，如果想让机器人 TCP 移动到某一个位置，无须点动机器人，直接将其移动到捕捉的点位即可。

1）单击 和模型，机器人 TCP 移动到模型表面上的点，快捷键是按住【CTRL+SHIFT】键并单击鼠标左键。

2）单击 和模型，机器人 TCP 移动到模型边缘上的点，快捷键是按住【CTRL+ALT】键并单击鼠标左键。

3）单击 和模型，机器人 TCP 移动到模型边缘上的角点，快捷键是按住【CTRL+SHIFT+ALT】键并单击鼠标左键。

4）单击 和模型，机器人TCP 移动到模型圆弧特征的圆心，快捷键是按住【SHIFT+ALT】键并单击鼠标左键。

二、修改平面格栅样式

在工作站创建的过程中，有时需要对平面格栅的样式进行修改，以提高计算机的运行速度。在进行平面格栅样式修改时，首先执行菜单命令"工作单元（Cell）"，找到对应的工作单元属性，选择"3D 空间"属性卡，如图 6-4 所示。

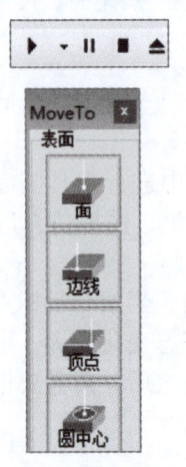

图 6-3 点位捕捉工具栏

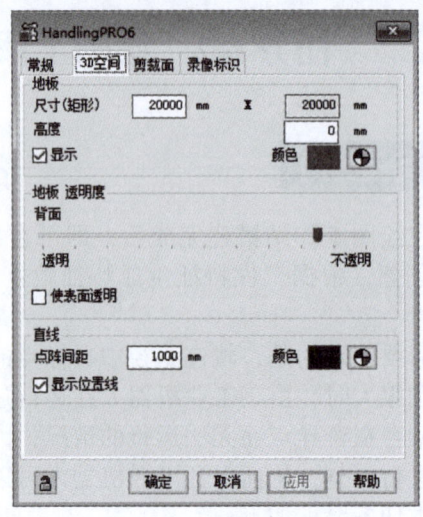

图 6-4 工程文件属性设置窗口

1）尺寸（Size）：设置平面格栅的尺寸。平面栅格为正方形，单位为毫米。

2）高度（Height）：设置平面格栅的高度。工程文件默认的界面中，平面格栅的中心与机器人底座平面的中心都位于界面坐标原点，此原点的位置不可更改。

3）显示（Visible）：设置平面格栅是否可见。

4）颜色（Color）：设置平面格栅的颜色。

5）背面（Back Side）：设置平面格栅背面的透明度。平面格栅的上方为正面，下方为背面；滑块从左到右，透明度增加。

6）使表面透明（Transparent Front Side）：设置平面格栅正面是否透明。

7）点阵间距（Grid Spacing）：设置平面格栅中每个小方格的边长，单位为毫米。

8）颜色（Color）：设置格栅线条的颜色。

9）显示位置线（Show Location Lines）：设置 TCP 相对于工程界面坐标原点的位置信息线是否可见，勾选即可见。

三、特征图形的设置

ROBOGUIDE 仿真软件中采用特征图形功能，通过绘图模块的图形曲线自动生成绘图轨迹，并设置相应的轨迹参数，生成对应的轨迹程序。ROBOGUIDE 针对复杂轨迹的生成，在 Parts 的模型基础上提供了轨迹绘制和轨迹自动规划的功能。

1）轨迹绘制：在工件模型的表面绘制直线、多段线和样条曲线，软件通过检测线条中的直线和圆弧或用直线进行细分，自动生成关键点信息，然后根据工件的形状调节姿态。

2）轨迹自动规划：软件可识别工件模型的数字信息，检测线条中的直线和圆弧或用直线进行细分，自动生成关键点和动作，然后根据工件的形状调节姿态。

进行轨迹绘制时主要包括描绘、编辑和显示三个选项，如图 6-5 所示。

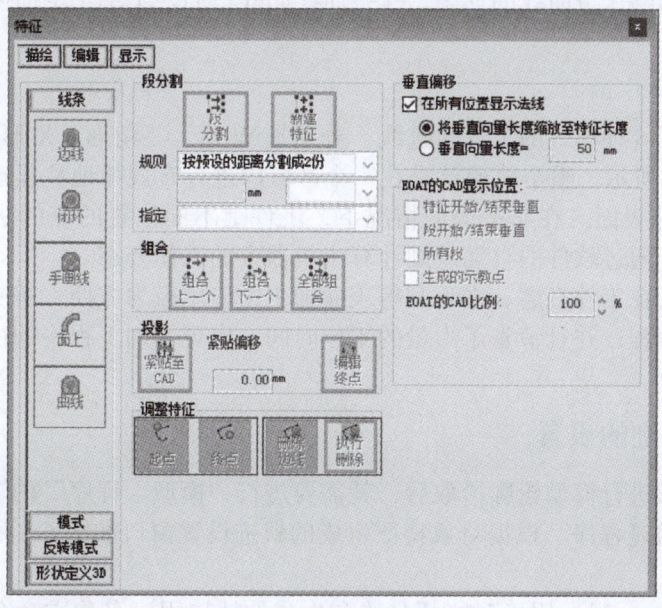

图 6-5 特征图形界面

描绘选项包括线条、模式、反转模式、形状定义 3D 共 4 个工具。通过选择合适的工具可以获取轨迹曲线,进行轨迹路径的绘制。

编辑选项包括段分割、组合、投影和调整特征 4 个工具,主要用于轨迹路径的编辑。

显示选项包括垂直偏移和 EOAT 的 CAD 显示位置两个工具,主要用于显示轨迹路径中各个关键点的分布及关键点上的工具姿态。

特征图形的轨迹生成功能主要有两大模块:线条(Lines)和模式(Projections)。线条模块是在 Part 模型的表面自由绘制线条或捕捉模型的边缘来绘制线条,这些线条上的点将作为程序的关键点。模式是软件预设的工件表面加工轨迹线条,包括 W 形往返、U 形往返和矩形往返等路径。模式下的线条可附着于工件的表面,即使是带有起伏的非平面,也可以很好地贴合,从而形成程序的轨迹路径。

1. 线条(Lines)

线条包括边线(捕捉边缘线)、闭环(捕捉闭合轮廓线)、手画线(自由绘制多段线)、面上(自由绘制表面贴合线)、曲线(自由绘制样条曲线)等功能,如图 6-6 所示。

(1)边线(捕捉边缘线) 通过捕捉模型的边缘绘制一段轨迹,可以自定义路径的起点和终点位置,并且这个轨迹不局限于一个平面内。

(2)闭环(捕捉闭合轮廓线) 通过捕捉模型的边缘绘制一条完整封闭的轨迹线,实际上就是轮廓的拾取。可自定义起点(与终点位置重合)的位置,轮廓线可在不同平面内。

(3)手画线(自由绘制多段线) 在平面上绘制的多段线轨迹由多条直线组成。可将开始点和结束点设定在平面内的任意位置,对于轨迹的绘制有很大的自由空间,但是仅仅适用于单平面内。

(4)面上(自由绘制表面贴合线) 表面贴合线以最短的路径连接相邻的各关键点,能跟随表面的起伏契合表面的形态,而且不局限于单个平面内。表面贴合线在其物体表面的投影均为直线。

(5)曲线(自由绘制样条曲线) 样条曲线通过不在同一直线上的三点确定弧度,之后的每个点都会影响这条曲线的形态。样条曲线同样不局限于单个平面内,其路线可贴合表面。

2. 模式(Projections)

模式中提供了 6 种样式的工程轨迹线,分别是 W 形、三角形、X 形、Z 形、矩形、U 形轨迹,如图 6-7 所示。整个轨迹就是在一个区域内进行有规律地往复运动,并且轨迹能自动贴合工件的外表面。在非平面的情况下,工件上不同位置的点的法线方向在不断变化,工程轨迹也能通过软件的自动规划计算出机器人的工作姿态。

这种编程模式在工件打磨、去毛刺等表面加工中应用极为方便,解决了手工示教难以实现的复杂轨迹编程,并且节省了大量的工作时间,实现了加工程序的快速编程,且能精确调节、易于修改。

四、特征轨迹的设置

采用轨迹图形进行模型轮廓拾取后,就需要进行"模型 – 程序"的转换,将模型的轨迹线生成对应的轨迹程序。根据对象特征生成的轨迹设置窗口如图 6-8 所示。常用的功能有以下几种。

1)常规(General):用于对特征名称和生成的轨迹程序名称重命名,确定对应的工件、控制器和机器人,选择对应的工具坐标系和用户坐标系。在常规(General)中,单击"创建特征 TP 程序"可生成相应的特征轨迹 TP 程序。

项目 6　工业机器人绘图离线仿真 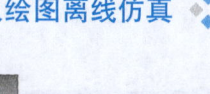 187

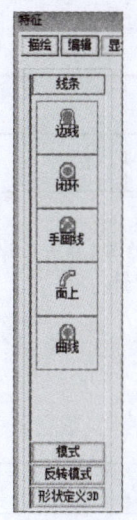

图 6-6　线条模块

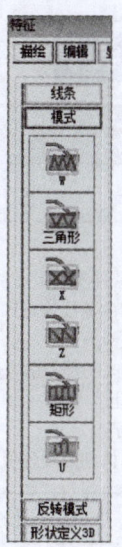

图 6-7　模式

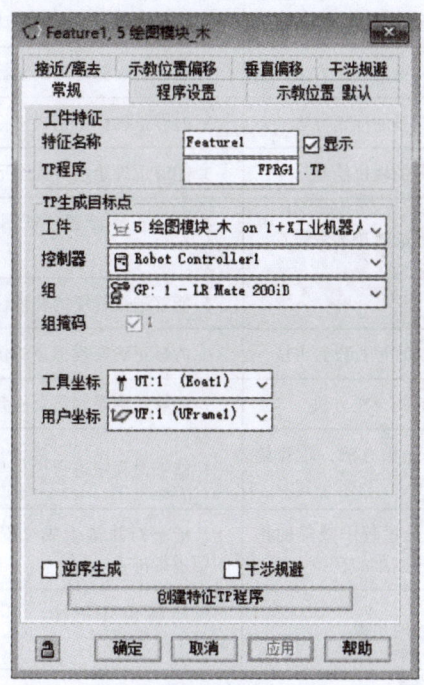

图 6-8　特征轨迹设置窗口

2）程序设置（Prog Setting）：设置特征起点动作指令的插补类型、运行速度和定位类型，设置指令的动作速度、关键点的定位类型、分段轨迹上终点的定位类型、特征轨迹上终点的定位类型。

3）示教位置 默认（Pos Default）：进行关键点位置和姿态的设置。在特征分配坐标轴界面中，蓝色箭头代表当前工具坐标系的 -Z 轴，黄色箭头代表路线的行进方向。同时可以根据需要将一条复杂的轨迹分成很多直线。

4）接近/离去（Approach/Retreat）：可设置接近点和离去点的插补形式、运行速度、定位类型及与起点和终点的相对偏移。

【任务考核工单】

工作任务	绘图工作站的离线编程与视频录制		学时		
姓名		组别		班级		日期	

1. 任务描述
采用 ROBOGUIDE 软件实现工业机器人绘图工作站的离线编程与视频录制。完成绘图工作站工具坐标系及用户坐标系的标定，实现绘图工作站的离线编程和仿真运行，并且实现轨迹的优化和仿真视频的录制。

2. 任务实施（过程记录）
1）仿真软件中工具坐标系与用户坐标系的标定。
2）轨迹的生成与优化。
3）仿真运行与视频录制。

3. 任务评价（评价具体细则及分值可根据具体情况进行调整）

评价要素	任务要求	考核细则	分值	得分
知识点	1. 了解工具坐标系和用户坐标系的标定方法	1. 能够正确讲出工具坐标系和用户坐标系的标定方法	10	
	2. 了解特征图形的轨迹绘制	2. 能讲出特征图形的组成和功能	10	
技能点	1. 掌握工具坐标系的标定方法	1. 能够正确标定工具坐标系	5	
	2. 掌握用户坐标系的标定方法	2. 能够正确标定用户坐标系	5	
	3. 掌握特征图形的轨迹绘制	3. 能够正确绘制特征图形	10	
	4. 掌握特征图形的轨迹参数设置	4. 能够正确设置特征图形的轨迹参数	10	
	5. 掌握程序的优化	5. 能够进行程序的合理优化	5	
	6. 掌握程序的仿真运行设置方法	6. 能够正确实现程序的仿真运行	10	
	7. 掌握仿真视频的录制方法	7. 能够正确录制仿真视频	10	
素质点	1. 掌握程序的优化方法，培养精益求精的工匠精神	1. 能够对程序进行优化与完善	10	
	2. 掌握轨迹生成过程中故障的排查方法，培养不畏困难的精神	2. 能够对轨迹生成过程中出现的问题进行排查	10	
	3. 遵守纪律，按时出勤	3. 能够遵守纪律，不迟到，不早退	5	
合计			100	

学生签名		教师签名		日期	

4. 任务反思
在课堂上学会了下面几点：_____
_____

还有哪个地方有疑问：_____
_____

本任务实施过程中需要注意的有下面几点：_____
_____
_____

项目6 工业机器人绘图离线仿真

【任务实施】

一、工具坐标系与用户坐标系的标定

序号	操作说明	示意图
步骤1	双击"UT：1（绘图笔）"，选择"工具坐标"，勾选"编辑工具坐标系"	
步骤2	移动鼠标指针至笔尖顶点处，依次单击"应用坐标系的位置""应用""确定"，工具坐标系标定完成	
步骤3	双击"UF：1（UFrame1）"，勾选"编辑用户坐标系"	
步骤4	同时按下【CTRL+SHIFT+ALT】键，单击绘图模块的边角	

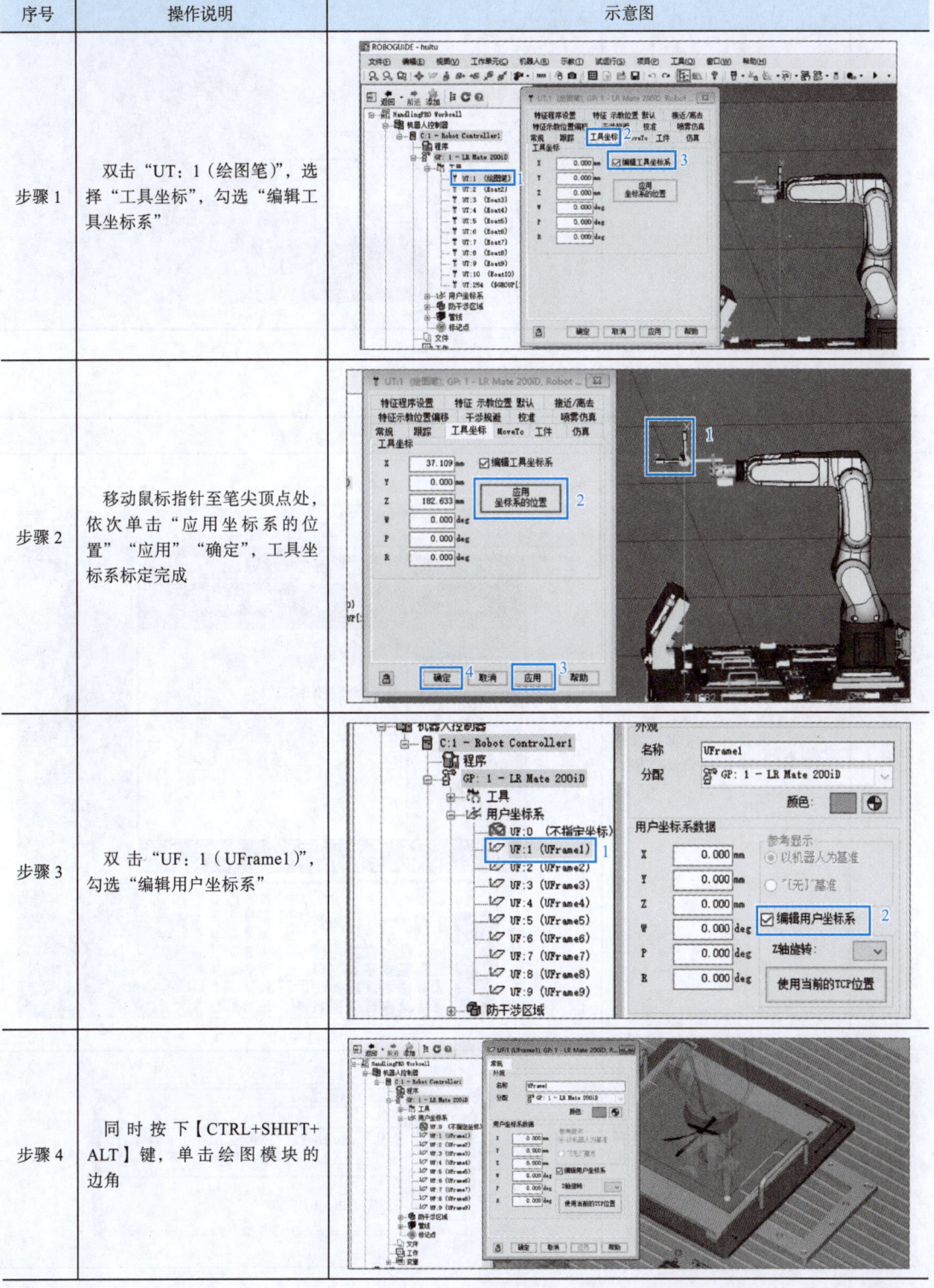

（续）

序号	操作说明	示意图
步骤5	单击"使用当前的TCP位置",将"用户坐标系数据"中"W"改为"0",使紫色区域覆盖绘图板,依次单击"应用""确定",用户坐标系标定完成	

二、轨迹的生成与优化

序号	操作说明	示意图
步骤1	单击"机器人"菜单,选择"示教器",按下"POSN"键	
步骤2	在弹出的对话框中选择"各轴",输入机器人原点位置数据(0, 0, 0, 0, -90, 0)单击"MoveTo",机器人返回工作原点	

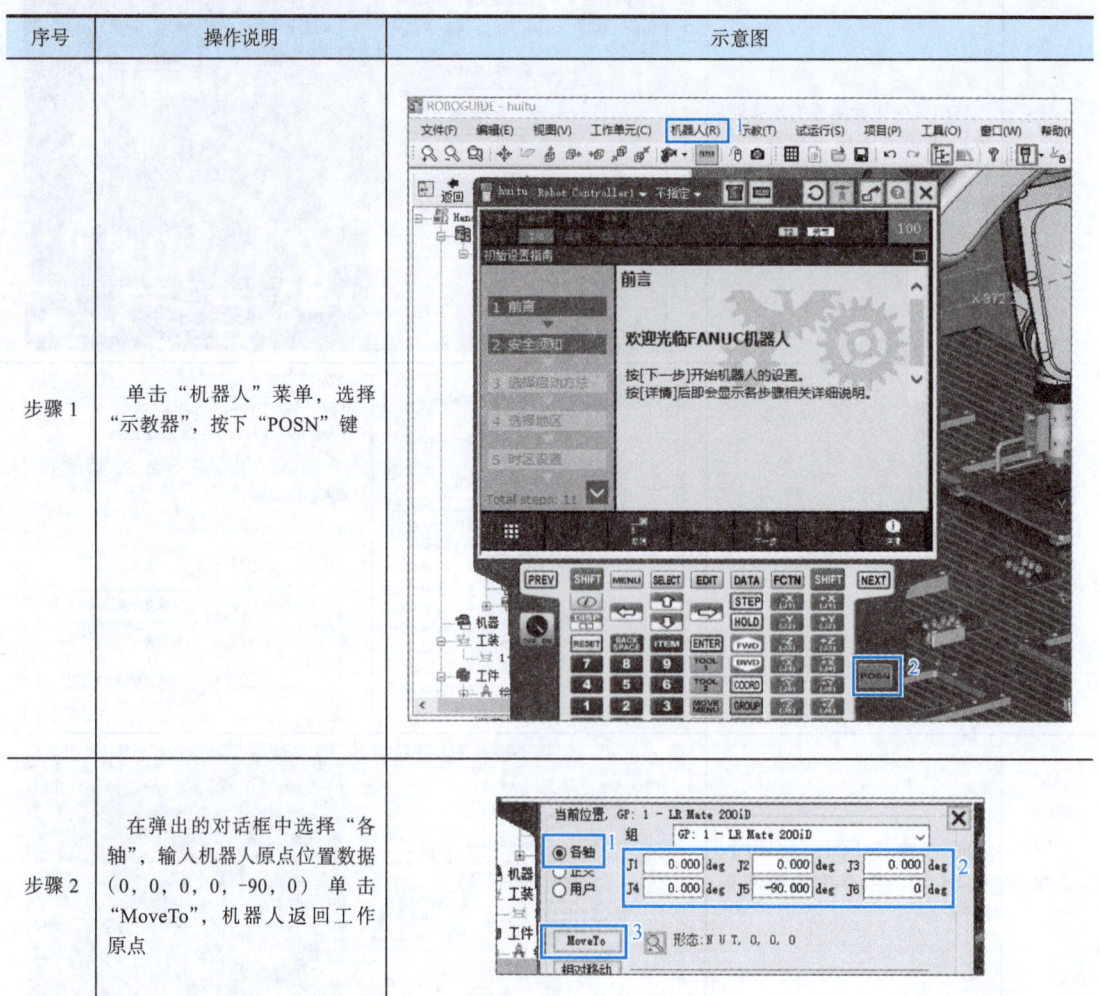

项目 6　工业机器人绘图离线仿真

（续）

序号	操作说明	示意图
步骤 3	将视图调整至合理位置，依次单击"工件"—"绘图模块"—"特征"—"特征图形"	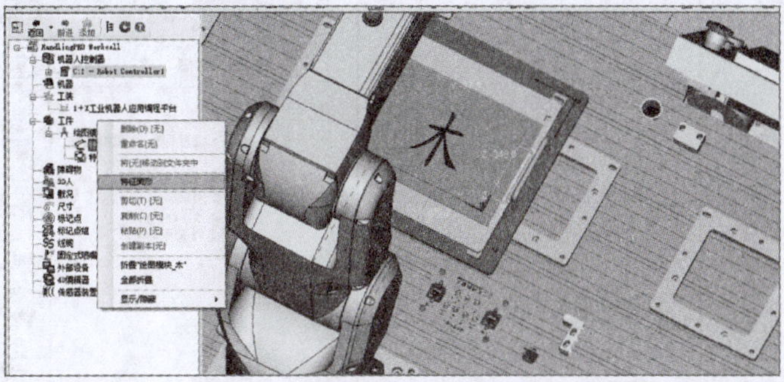
步骤 4	选中绘图板，单击"描绘"，选中"闭环"	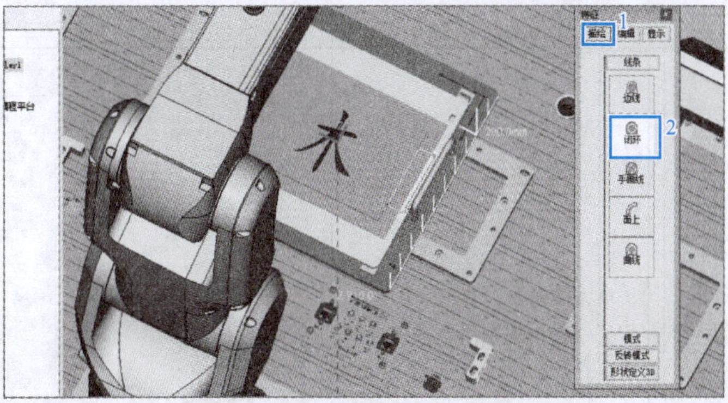
步骤 5	在轨迹中单击某点作为起点，轻轻挪动鼠标即可出现全部特征点	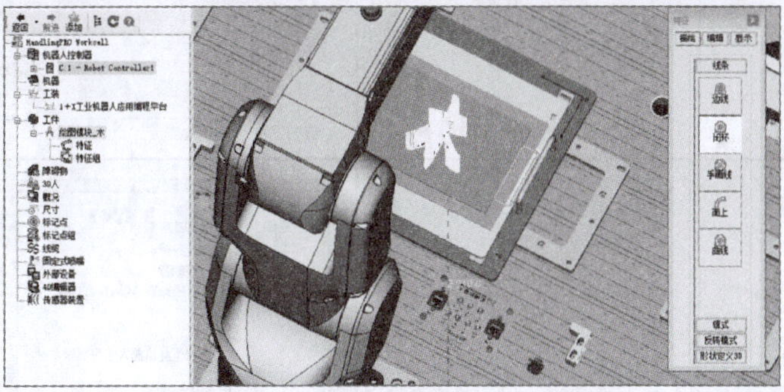
步骤 6	双击白色特征点区域，修改"特征名称"和"TP程序"名称	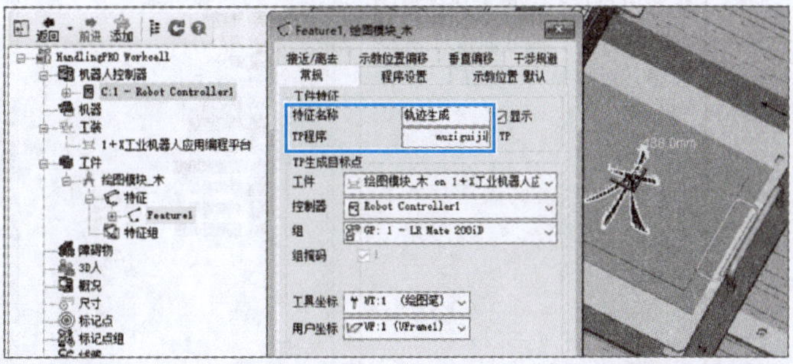

（续）

序号	操作说明	示意图
步骤7	单击"接近/离去"，勾选"添加接近点"和"添加离去点"，根据需要更改速度，单击"应用"，视图中将出现设置的接近点和离去点	
步骤8	单击"示教位置 默认"，选中"每隔一段距离在特征上生成示教点"，更改距离	
步骤9	单击"常规"，检查工具坐标和用户坐标，单击"创建特征TP程序"，即可创建对应TP程序，对应轨迹生成后，单击"确定"	

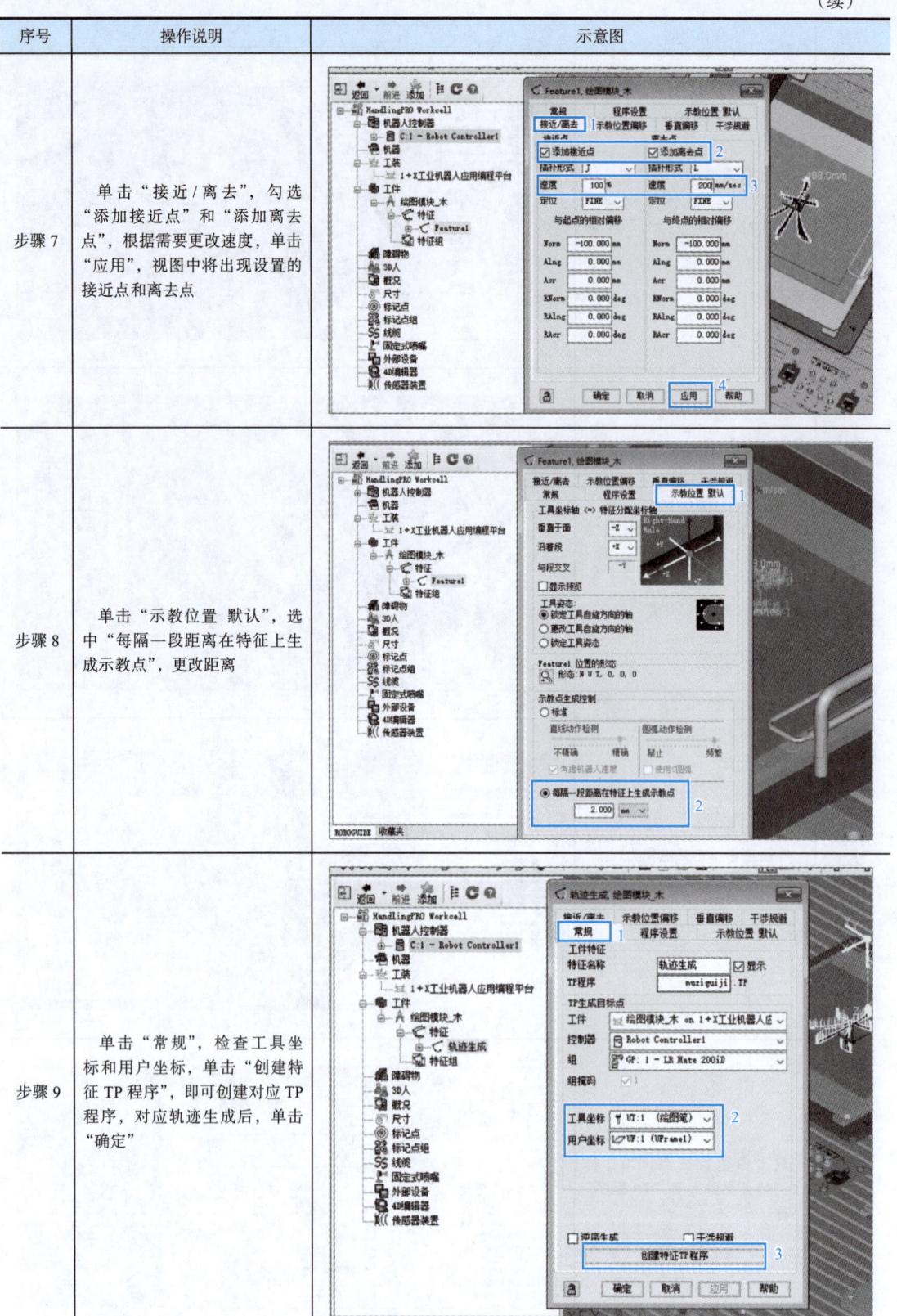

（续）

序号	操作说明	示意图
步骤10	打开示教器，在接近点前插入"J @P[248] 100% FINE"，即执行时从原点出发	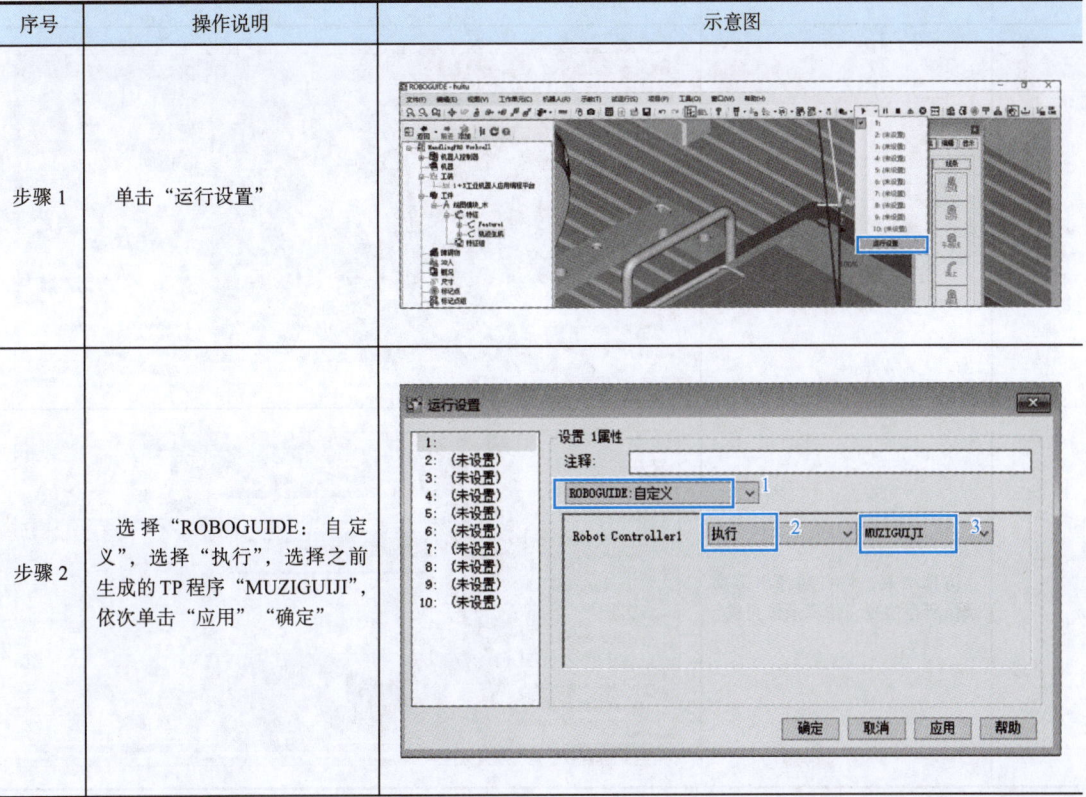
步骤11	在程序最后一行（即离去点）处加入"J @P[249] 100% FINE"，即轨迹结束时返回工作原点，程序优化完成	

三、仿真运行与视频录制

序号	操作说明	示意图
步骤1	单击"运行设置"	
步骤2	选择"ROBOGUIDE：自定义"，选择"执行"，选择之前生成的TP程序"MUZIGUIJI"，依次单击"应用""确定"	

(续)

序号	操作说明	示意图
步骤3	单击"循环启动",即可完成绘图工作站的虚拟仿真	
步骤4	将视图调至合适的视角,依次单击"运行面板""录像"	
步骤5	单击"执行"即可完成对仿真的录制	
步骤6	仿真结束,将自动弹出仿真录像所存位置,仿真录像完成	

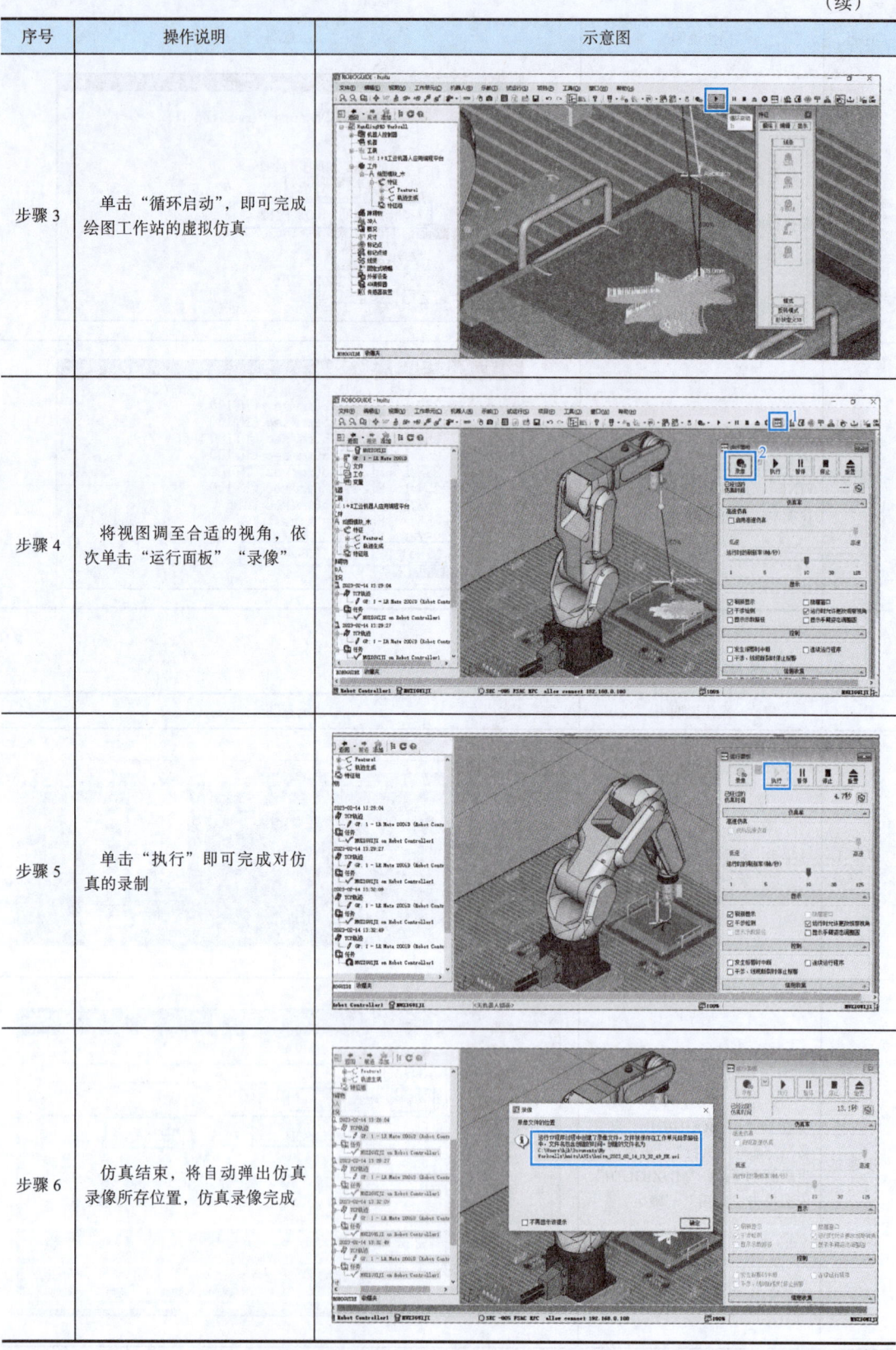

项目6 工业机器人绘图离线仿真

▼ **项目拓展** ▼

分组实现以下轨迹内容的离线仿真,并实现以下不同角度的绘图板实物验证。

拓展任务	角度	轨迹内容
1	0°	绘图模块 – 片
2	10°	绘图模块 –@
3	20°	绘图模块 –G
4	30°	绘图模块 – 山
5	40°	绘图模块 –Ω

思考与练习

一、单选题(共10题)

1. "特征图形"功能是基于下列哪种模型的编程方式?( )
   A. 工装　　　　B. 机器人　　　　C. 工件　　　　D. 障碍

2. 在ROBOGUIDE软件中,操纵鼠标可以实现机器人TCP点快速运动到目标面、点、边或中心。下列各项中能使TCP快速运动到面的是( )。
   A.【CTRL+SHIFT+ 左键】　　　　　　B.【CTRL+ALT+ 左键】
   C.【ALT+SHIFT+ 左键】　　　　　　D.【CTRL+SHIFT+ALT+ 左键】

3. 在ROBOGUIDE软件中,操纵鼠标可以实现机器人TCP点快速运动到目标面、点、边或中心。下列各项中能使TCP快速运动到中心的是( )。
   A.【CTRL+SHIFT+ 左键】　　　　　　B.【CTRL+ALT+ 左键】
   C.【ALT+SHIFT+ 左键】　　　　　　D.【CTRL+SHIFT+ALT+ 左键】

4. 在ROBOGUIDE软件中,操纵鼠标可以实现机器人TCP点快速运动到目标面、点、边或中心。下列各项中能使TCP快速运动到顶点的是( )。
   A.【CTRL+SHIFT+ 左键】　　　　　　B.【CTRL+ALT+ 左键】
   C.【ALT+SHIFT+ 左键】　　　　　　D.【CTRL+SHIFT+ALT+ 左键】

5. 在ROBOGUIDE软件中,操纵鼠标可以实现机器人TCP点快速运动到目标面、点、边或中心。下列各项中能使TCP快速运动到边的是( )。
   A.【CTRL+SHIFT+ 左键】　　　　　　B.【CTRL+ALT+ 左键】
   C.【ALT+SHIFT+ 左键】　　　　　　D.【CTRL+SHIFT+ALT+ 左键】

6. 关于"特征图形"功能下列说法错误的是( )。
   A. 可在工件模型的表面绘制直线、多段线和样条曲线
   B. 可识别工件模型表面的数字信息
   C. 机器人根据工件的形状调节姿态
   D. 无法识别工件的轮廓信息

7. "边线"是工件模型画线的一种方式,下列说法中错误的是( )。
   A. 整段线必须处于同一平面内　　　　B. 识别工件模型的边缘
   C. 可检测出直线与弧线　　　　　　　D. 定义边缘线的任意局部

8. 下列哪种画线方式支持模型表面内部的形状契合？（　　）
   A. 边线 Edge Line　　　　　　　　B. 曲线 Curve
   C. 面上 Surface Fit Line　　　　　D. 闭环 Closed Loop
9. 如果要拾取一个工件模型的完整轮廓，应该使用哪种画线方式？（　　）
   A. 边线 Edge Line　　　　　　　　B. 曲线 Curve
   C. 面上 Surface Fit Line　　　　　D. 闭环 Closed Loop
10. ROBOGUIDE 中不含有哪种样式的工程轨迹？（　　）
    A. X 形　　　　　B. Y 形　　　　　C. Z 形　　　　　D. 矩形

二、填空题（共 10 题）

1. 特征图形的轨迹生成功能中主要有两大模块：_____ 和 _____。
2. 工程模块提供了 6 种样式的工程轨迹线，分别是 _____ 形、_____ 形、_____ 形、_____ 形、_____ 和矩形轨迹。
3. 修改机器人工程文件的配置，单击"重新生成"可进入工程文件创建向导界面进行 _____ 配置修改。
4. 示教编程大多应用在 _____、_____ 相对不多的场合。
5. 大部分工业机器人应用编程主要采用示教编程的方式进行现场的点位示教，如 _____、_____、焊接等应用。
6. 单击 _____ 可将绘制的轨迹转换成程序。
7. 离线编程广泛应用于 _____、_____、_____、_____、数控加工等工业机器人应用领域。
8. ROBOGUIDE 能够获取 _____ 类型模型的数模信息，并将其转换成程序轨迹信息，用于 _____ 编程和 _____ 轨迹编程。
9. 在程序设置中，设置特征起点动作指令的 _____、_____ 和 _____，设置指令的 _____、关键点的 _____、分段轨迹上终点的定位类型、特征轨迹上终点的定位类型。
10. "模型 – 程序"转换可将模型的轨迹线生成对应的 _____。

三、简答题（共 2 题）

1. 什么是示教编程？
2. 什么是离线编程？

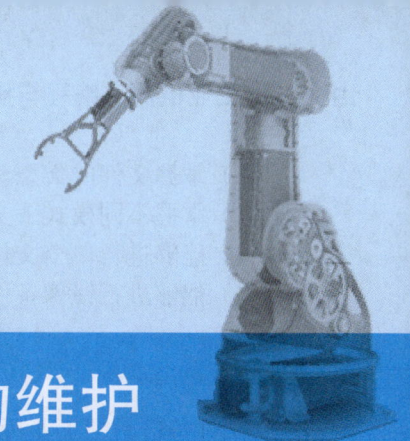

项目 7　工业机器人的维护

 项目导入

当机器人应用系统调试完成后,要根据现场情况设置机器人运动模式,同时要对系统文件进行备份,以便系统恢复。通常工业机器人在出厂之前已经进行了零点复归,但有时工业机器人有可能丢失零点数据,此时需要重新进行零点复归。

任务 7.1　文件备份与镜像备份

【任务提出】

工业机器人在生产现场编程过程中,通常在操作前要先备份工业机器人系统,以防止工业机器人系统文件误删除或损坏。备份的对象是所有正在系统内存运行的程序和系统参数,备份系统文件具有唯一性。当工业机器人系统无法启动或重新安装新系统时,可以将已经备份的系统文件加载到原来的工业机器人中进行恢复,以免造成系统故障。文件的备份与加载如图 7-1 所示。

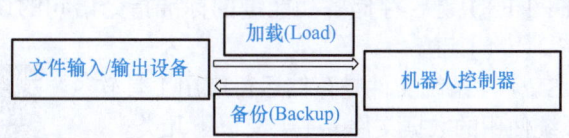

图 7-1　文件备份与加载

定期对 FANUC 机器人系统进行备份是保证机器人正常工作的良好习惯。在机器人应用系统调试过程中要对系统文件进行备份,以便系统恢复。文件在备份的过程中有一般模式、控制启动模式、监控模式(Boot Monitor)三种。在一般模式和控制启动模式下均可进行单个文件或批量文件的备份及镜像备份,镜像备份不仅将全部文件进行备份,同时可以对相关的系统软件进行备份,因此可以在软件安装好后或系统进行升级后进行镜像备份。

本任务要求如下:
1)了解文件备份/加载的设备。

2）掌握文件的类型。
3）掌握不同模式下文件备份的特点。
4）能够进行单个文件和批量文件的备份。
5）能够进行镜像备份。

【知识点拨】

文件备份是把工业机器人的文件独立备份出来，可以根据需要选择文件或将所有的文件备份出来。

一、文件的备份/加载设备

R-30iB 控制柜可以使用的备份/加载设备有 MC 存储卡、USB、计算机。R-30iB Mate 控制柜不能使用 CF 存储卡（MC）。

二、文件类型

文件是数据在机器人控制柜存储器内的存储单元。控制柜主要使用的文件类型有以下几种。

1）程序文件（*.TP）。
2）默认的逻辑文件（*.DF）。
3）系统文件（*.SV）：用来保存系统文件。
4）I/O 配置文件（*.IO）：用来保存 I/O 配置。
5）数据文件（*.VR）：用来保存诸如寄存器数据。
6）ASCII 文件（*.CS）。

（1）程序文件（*.TP）　程序文件被自动存储于控制器的 CMOS（SRAM）中，通过按 TP 上的【SELECT】键可以显示程序文件目录。程序文件后缀名是 .TP。

（2）默认的逻辑文件（*.DF）　默认的逻辑文件是存储程序编辑界面上分配给各功能键（【F1】~【F4】键）的标准指令语句的设定的文件。主要有以下几类。

1）DEF_MOTNO.DF：【F1】键、存储标准动作指令语句的设定。
2）DF_LOGI1.DF：【F2】键。
3）DF_LOGI2.DF：【F3】键，存储各功能键的标准指令语句的设定。
4）DF_LOGI3.DF：【F4】键。

（3）系统文件（*.SV）　系统文件是存储运行应用工具软件系统的控制程序或系统使用的数据文件。主要有以下几类。

1）SYSVARS.SV：用来保存坐标、参考点、关节运动范围、抱闸控制等相关变量的设置。

单个文件备份

2）SYSSERVO.SV：用来保存伺服参数。
3）SYSMAST.SV：用来保存 Mastering 数据。
4）SYSMACRO.SV：用来保存宏命令设置。
5）FRAMEVAR.SV：用来保存坐标参考点的设置。
6）SYSFRAME.SV：用来保存用户坐标系和工具坐标系的设置。

批量文件备份

（4）I/O 配置文件和数据文件　配置文件的后缀是 .IO，数据文件的后缀是 .VR。

1）NUNREG.VR：用来保存寄存器数据。
2）POSREG.VR：用来保存位置寄存器数据。

3）PALREG.VR：用来保存码垛寄存器数据。
4）DIOCFGSV.IO：用来保存 I/O 配置数据。

三、备份的模式

常见的文件备份模式有一般模式、控制启动模式、监控模式，见表 7-1。

表 7-1 文件备份模式

模式	备份
一般模式	1. 文件的一种类型或全部备份（Backup） 2. 镜像备份（Image Backup，R-J3*i*C/R-*i*A/R-30*i*B 控制柜）
控制启动模式 （Controlled Start）	1. 文件的一种类型或全部备份（Backup） 2. 镜像备份（Image Backup，R-J3*i*C/R-*i*A/R-30*i*B 控制柜）
监控模式 （Boot Monitor）	镜像备份（Image Backup）

【任务考核工单】

工作任务	文件的备份与镜像备份		学时	
姓名		组别	班级	日期

1. 任务描述
能进行文件备份和镜像备份

2. 任务实施（过程记录）
1）准备好 U 盘，插入示教器或控制柜对应接口。
2）建立文件夹 FILE，完成单个文件备份。
3）建立文件夹 FILE，完成所有文件备份。
4）建立文件夹 IMAGE，完成镜像数据备份。

3. 任务评价（评价具体细则及分值可根据具体情况进行调整）

评价要素	任务要求	考核细则	分值	得分
知识点	1. 了解一般模式下能够进行的备份	1. 能够正确讲出一般模式下备份的内容	10	
	2. 了解控制启动模式下能够进行的备份	2. 能够正确讲出控制启动模式下备份的内容	10	
	3. 了解监控模式下能够进行的备份	3. 能够正确讲出监控模式下备份的内容	10	
技能点	1. 掌握一般模式下备份的方法	1. 能够在一般模式下正确进行备份	10	
	2. 掌握控制模式下备份的方法	2. 能够在控制模式下正确进行备份	10	
	3. 掌握监控模式下镜像数据备份的方法	3. 能够在监控模式下正确进行镜像数据备份	10	
素质点	1. 能分析不同模式下备份内容的不同，培养举一反三的工匠精神	1. 能够对不同备份情况选择合适的启动模式并说明原因	20	
	2. 掌握不同备份情况下对应的启动模式，培养不畏困难的精神	2. 能选择不同备份情况的启动模式	10	
	3. 遵守纪律，按时出勤	3. 能够遵守纪律，不迟到，不早退	10	
	合计		100	
学生签名		教师签名	日期	

(续)

4. 任务反思

在课堂上学会了下面几点：_____

还有哪个地方有疑问：_____

本任务实施过程中需要注意的有下面几点：_____

【任务实施】

一、一般模式 / 控制模式下单个文件的备份

序号	操作说明	示意图
步骤1	按下【MENU】键，依次单击"文件""文件"	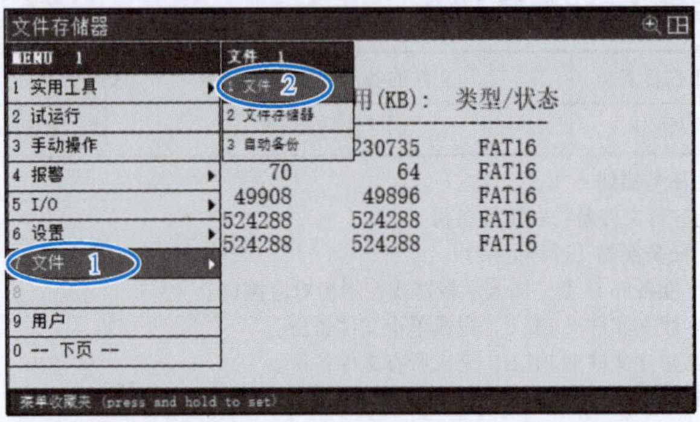
步骤2	进入文件备份界面，依次单击"工具""切换设备"，选择合适的存储设备	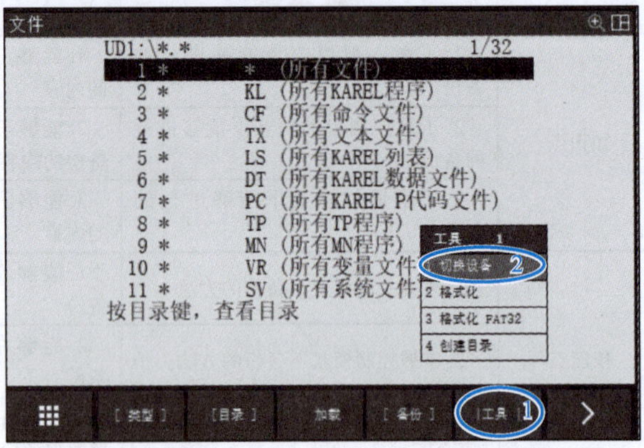
步骤3	根据需要创建文件夹：依次单击"工具""创建目录"	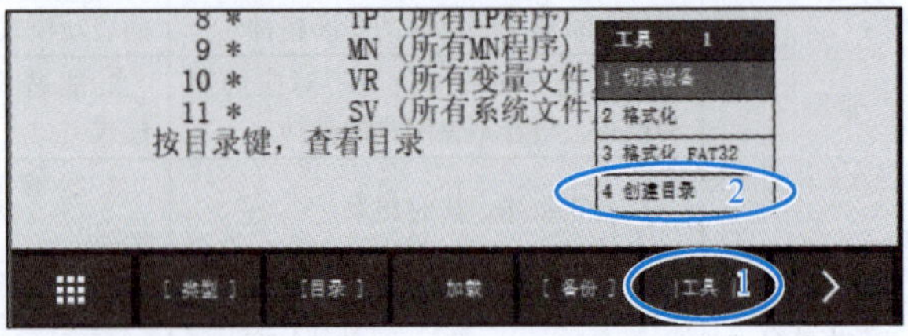

（续）

序号	操作说明	示意图
步骤 4	如在对应存储设备根目录下创建 FILE 文件夹	
步骤 5	按下【SELECT】键，进入程序一览画面，选中需要备份的文件，如 DROP	
步骤 6	单击"另存为"	
步骤 7	检查存放路径及备份后的文件名，存放路径和备份后的文件名均可修改。无误后单击"保存"	

(续)

序号	操作说明	示意图
步骤8	按下【MENU】键,依次单击"文件""文件",进入文件备份界面	
步骤9	依次单击"目录""*.*"	
步骤10	即可在对应路径下发现所备份文件	

二、一般模式/控制模式下批量文件的备份

序号	操作说明	示意图
步骤1	按下【MENU】键,依次单击"文件""文件"	

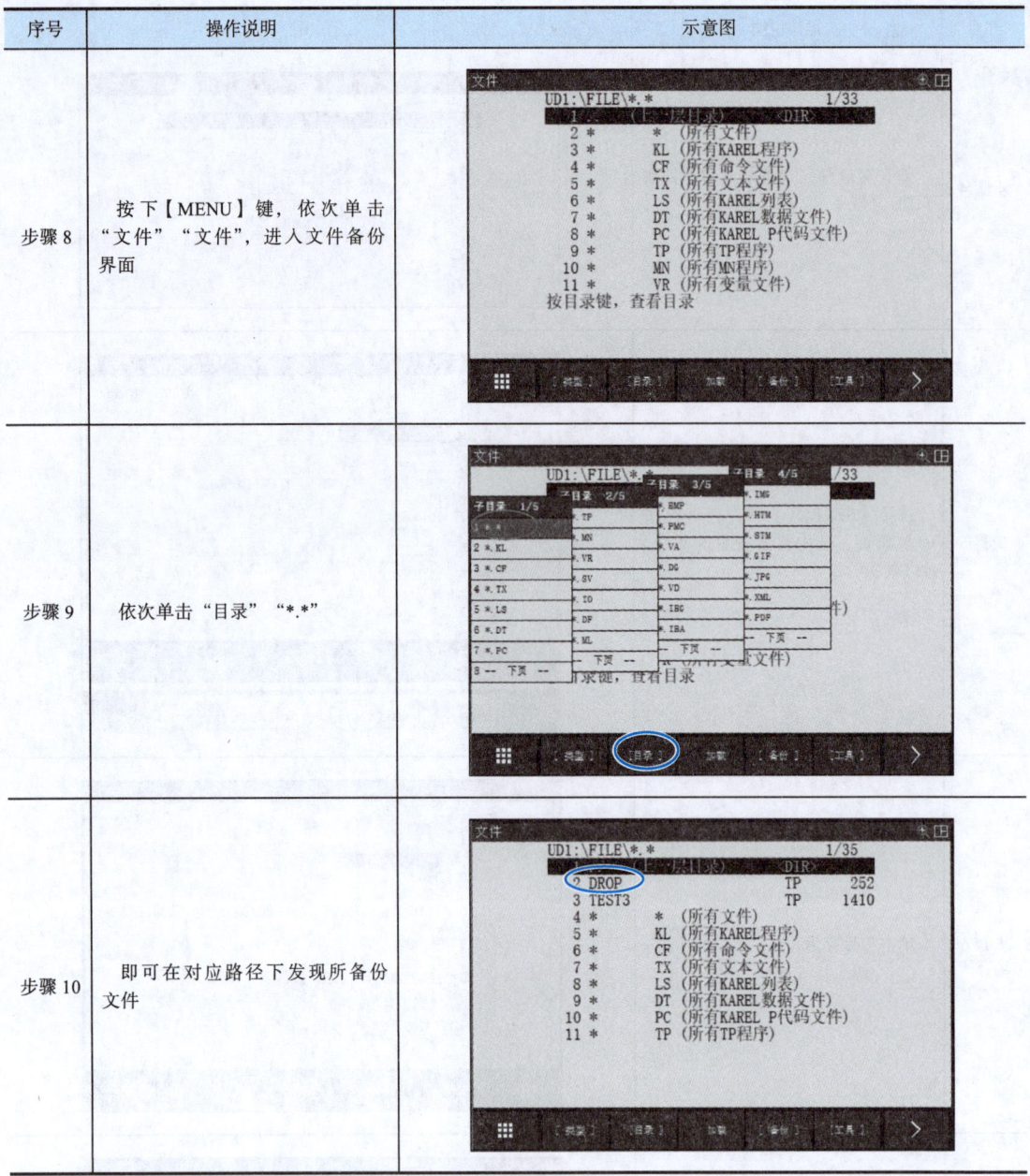

（续）

序号	操作说明	示意图
步骤2	进入需要保存的存储设备文件夹	
步骤3	单击"备份",选择合适的类型文件,这里选择"以上所有"	
步骤4	单击"是",删除原路径中所有文件	
步骤5	单击"是"	
步骤6	开始备份	

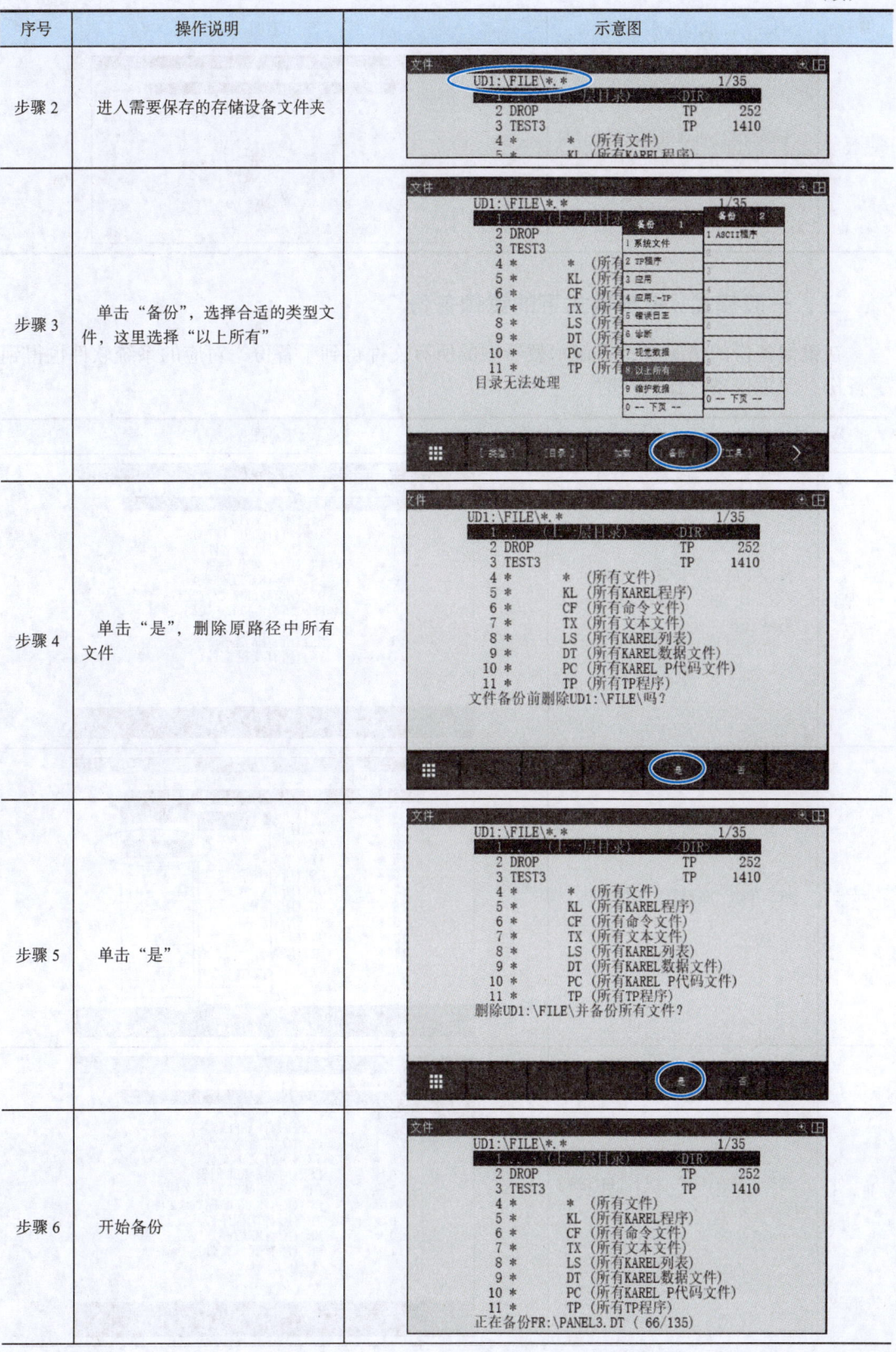

(续)

序号	操作说明	示意图
步骤7	备份结束，可通过依次单击"目录""*.*"查看所备份文件	

三、一般模式/控制模式下的镜像备份

在镜像备份的情况下，不仅示教器中的所有文件得到了备份，对应的系统软件也得到了备份，但镜像备份比较耗时。

序号	操作说明	示意图
步骤1	按下【MENU】键，依次单击"文件""文件"，进入对应存储文件夹路径下	
步骤2	依次单击"备份""镜像备份"	
步骤3	选择"当前目录"，按下【ENTER】键确认	

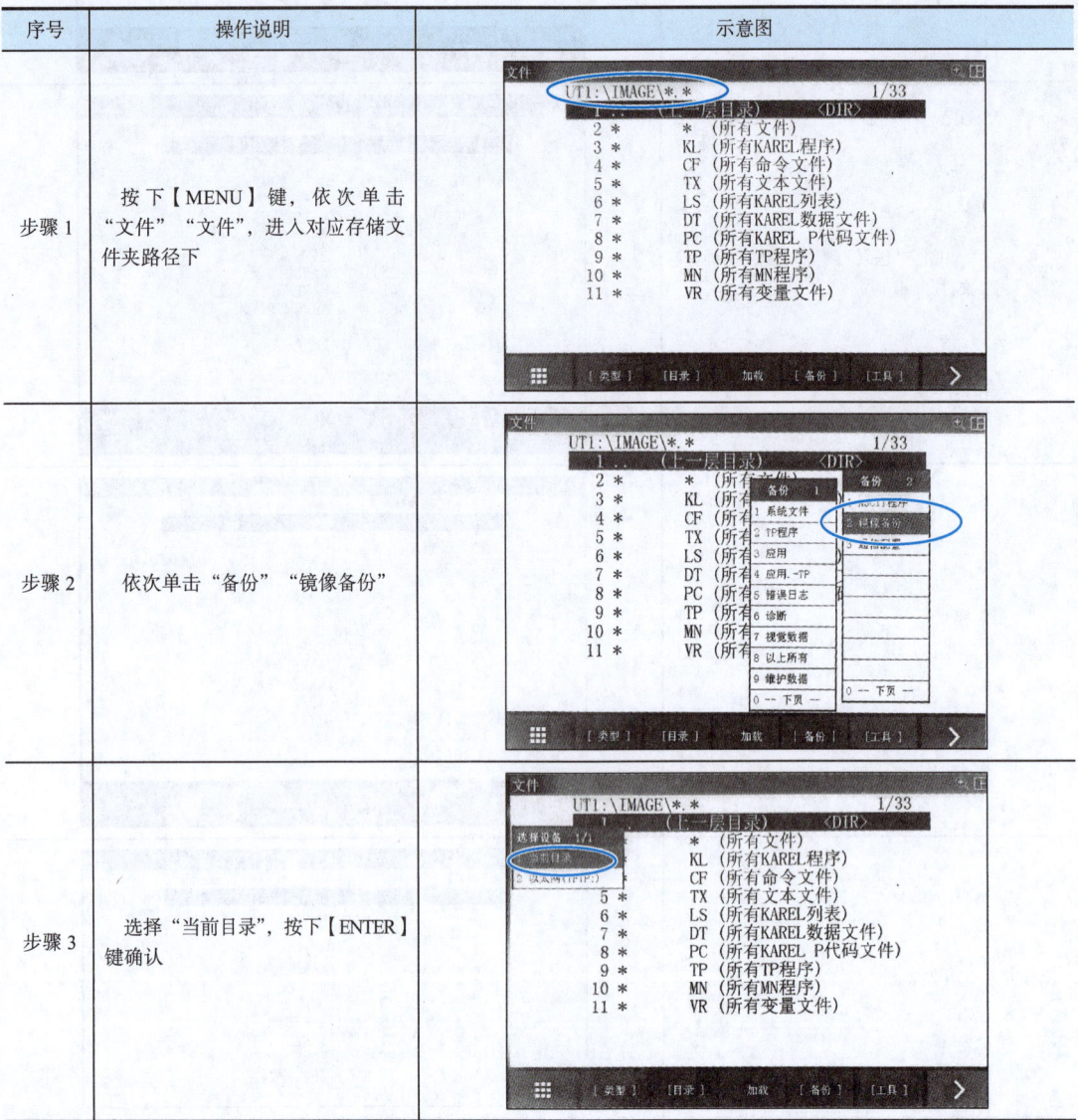

（续）

序号	操作说明	示意图
步骤 4	选择"确定"，机器人重新启动（注意：Mate 柜需要手动重启）	文件 UT1:\IMAGE*.* 1/33 1 （上一层目录） <DIR> 2 * * （所有文件） 3 * KL （所有KAREL程序） 4 * CF （所有命令文件） 5 * TX （所有文本文件） 6 * LS （所有KAREL列表） 7 * DT （所有KAREL数据文件） 8 * PC （所有KAREL P代码文件） 9 * TP （所有TP程序） 10 * MN （所有MN程序） 11 * VR （所有变量文件） 重新启动？ 确定 取消
步骤 5	重新启动后，系统自动开始镜像备份	Writing FROM10.IMG (11/64) Writing FROM11.IMG (12/64) Writing FROM12.IMG (13/64) Writing FROM13.IMG (14/64) Writing FROM14.IMG (15/64) Writing FROM15.IMG (16/64) Writing FROM16.IMG (17/64) Writing FROM17.IMG (18/64) Writing FROM18.IMG (19/64) Writing FROM19.IMG (20/64)
步骤 6	镜像备份完成后，系统自动返回一般模式，按下【F4】（确定）键，备份完成	文件 UT1:\IMAGE*.* 1/33 镜像备份成功完成。 确定
步骤 7	按下【F2】（目录）键，查看数据	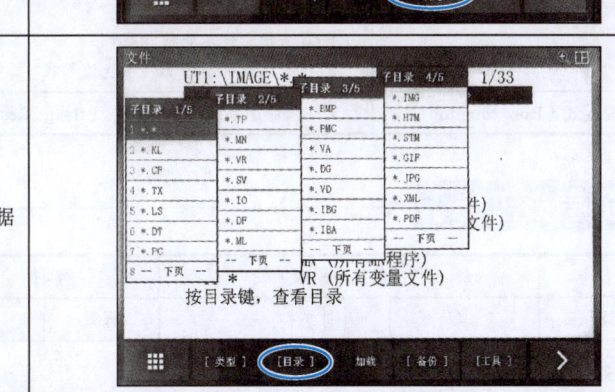

任务 7.2　文件的加载与镜像加载

【任务提出】

当工业机器人系统无法启动或重新安装新系统时，可以将已经备份的系统文件加载到原来的工业机器人中进行恢复。文件在加载的过程中有一般模式、控制启动模式、监控模式（Boot Monitor）三种，在一般模式下只能进行单个文件的加载，如果要进行批量文件的加载就需要在控制模式下进行，镜像加载只能在监控模式下进行。

单个文件加载

批量文件加载

本任务要求如下：
1）掌握不同模式下文件加载的特点。
2）能够进行单个文件和批量文件的加载。
3）能够进行镜像加载。

【知识点拨】

文件备份是把工业机器人的文件独立备份出来，文件加载是把备份的独立文件加载到工业机器人中，其他文件可以不用加载。镜像备份文件是打包所有的文件数据，镜像加载可以把所有的文件即应用系统全部加载，镜像备份可以在一般模式、控制启动模式、监控模式（Boot Monitor）下进行，而镜像加载只能在监控模式（Boot Monitor）下进行，且在镜像加载过程中严禁断电。常见的文件加载模式见表7-2。

表7-2 常见的文件加载模式

模式	加载/还原
一般模式	单个文件加载（Load） 注意： ① 写保护文件不能被加载 ② 处于编辑状态的文件不能被加载 ③ 部分系统文件不能被加载
控制启动模式（Controlled Start）	1. 单个文件加载（Load） 2. 一种类型或全部文件加载（Restore） 注意： ① 写保护文件不能被加载 ② 处于编辑状态的文件不能被加载
监控模式（Boot Monitor）	文件及应用系统的镜像加载（Image Restore）

【任务考核工单】

工作任务	文件的加载与镜像加载		学时		
姓名		组别		班级	日期

1. 任务描述
能够进行文件的加载和镜像加载。

2. 任务实施（过程记录）
1）单个文件加载：
2）所有文件加载。
3）镜像数据加载。
4）操作结束，关机。

注意：
1.＿＿＿＿＿模式、＿＿＿＿＿模式下写保护文件、处于编辑状态下的文件无法被加载＿＿＿＿＿。
2. 在镜像加载过程中，严禁＿＿＿＿＿（通、断）电。

（续）

3. 任务评价（评价具体细则及分值可根据具体情况进行调整）

评价要素	任务要求	考核细则	分值	得分
知识点	1. 了解一般模式下能够进行的加载	1. 能够正确讲出一般模式下加载的内容	10	
	2. 了解控制模式下能够进行的加载	2. 能够正确讲出控制模式下加载的内容	10	
	3. 了解监控模式（Boot Monitor）下能够进行的加载	3. 能够正确讲出监控模式（Boot Monitor）下加载的内容	10	
技能点	1. 掌握一般模式下加载的方法	1. 能够在一般模式下正确进行加载	10	
	2. 掌握控制模式下加载的方法	2. 能够在控制模式下正确进行加载	15	
	3. 掌握监控模式（Boot Monitor）下镜像数据加载的方法	3. 能够在监控模式（Boot Monitor）下正确进行镜像数据加载	15	
素质点	1. 能分析不同模式下加载内容的不同，培养举一反三的工匠精神	1. 能够对不同加载情况选择合适的启动模式并说明原因	10	
	2. 掌握不同启动模式的切换办法，培养不畏困难的精神	2. 能够对不同情况的启动模式进行灵活切换	10	
	3. 遵守纪律，按时出勤	3. 能够遵守纪律，不迟到，不早退	10	
合计			100	
学生签名		教师签名	日期	

4. 任务反思

在课堂上学会了下面几点：_____
_____

还有哪个地方有疑问：_____
_____

本任务实施过程中需要注意的有下面几点：_____
_____

【任务实施】

一、一般模式/控制模式下单个文件的加载

序号	操作说明	示意图
步骤1	按下【MENU】键，依次单击"文件""文件"，进入对应存储器，找到需要加载的文件，如DROP.TP，单击"加载"	

(续)

序号	操作说明	示意图
步骤2	单击"是"	
步骤3	单击"覆盖"	
步骤4	加载成功	
步骤5	按下【SELECT】键即可发现已经加载好的文件	

二、控制模式下批量文件的加载

序号	操作说明	示意图
步骤1	进入控制启动模式方法一：关机状态下按下【PREV+NEXT】键	

（续）

序号	操作说明	示意图
步骤 2	打开控制器断路器	
步骤 3	选择输入 3，按【ENTER】键确认。即选择 "Controlled start" 控制启动模式	
步骤 4	当示教器右上角出现 "CTRL START" 时，表明已经进入控制启动模式	
步骤 5	进入控制启动模式方法二：按下【FCTN】键，选择 "重新启动"	
步骤 6	单击 "启动模式"	

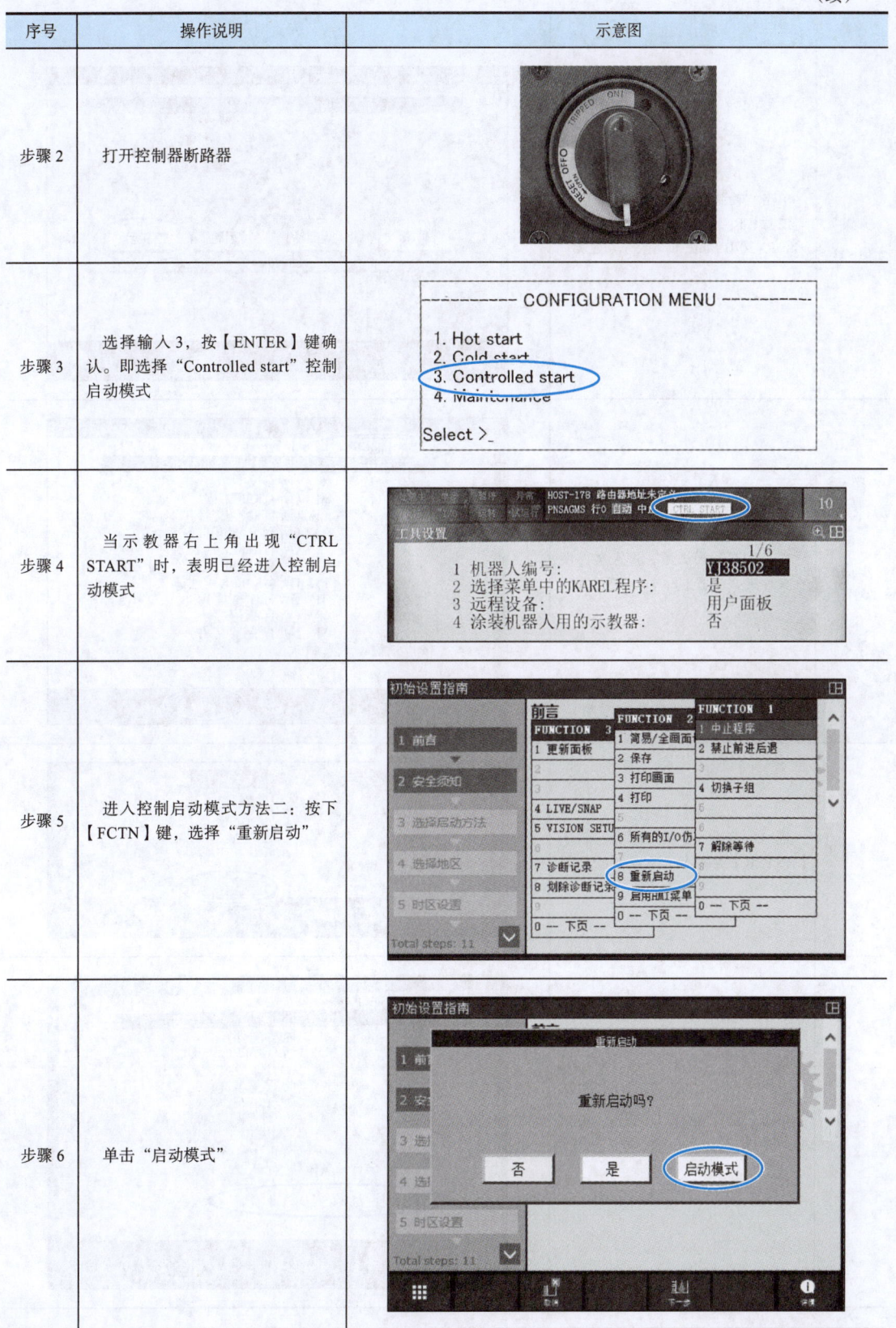

(续)

序号	操作说明	示意图
步骤7	单击"控制启动",机器人重启 注意:R-30iB A/B 柜可以自动重启,R-30iB Mate 柜需要手动重启	
步骤8	在控制启动模式下,进入文件所在文件夹,按下【F4】(恢复)键	
步骤9	选择"以上所有",按下【ENTER】键确认	
步骤10	单击"是",默认以"覆盖"方式进行还原	

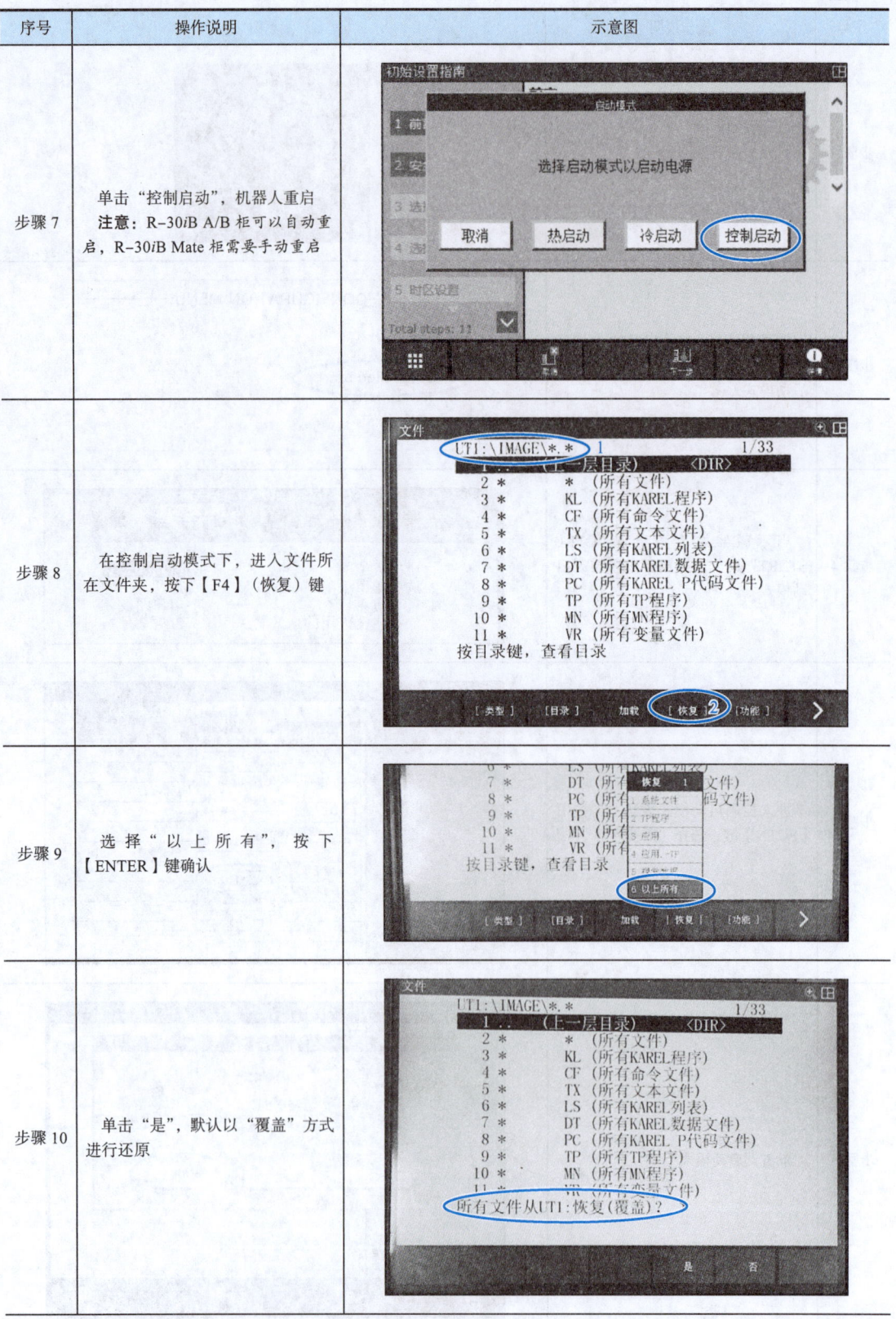

项目7 工业机器人的维护　　211

（续）

序号	操作说明	示意图
步骤11	加载中	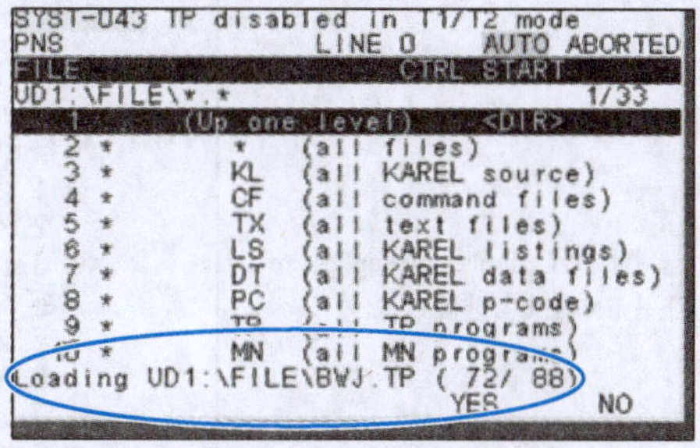
步骤12	出现提示，还原完成	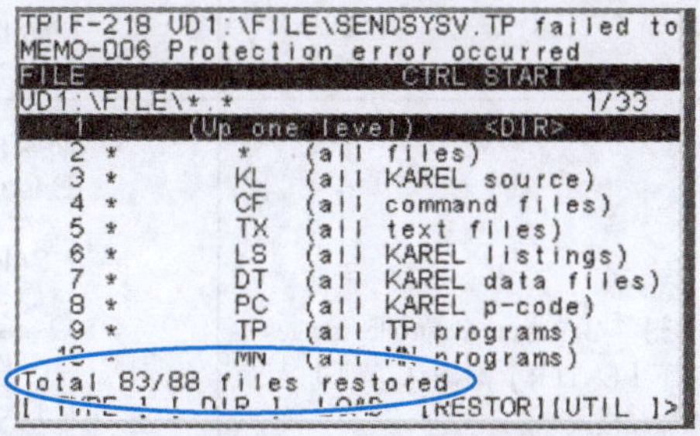
步骤13	退出控制启动模式：按下【FCTN】键，选择"冷开机"，机器人重启后，系统自动进入一般模式	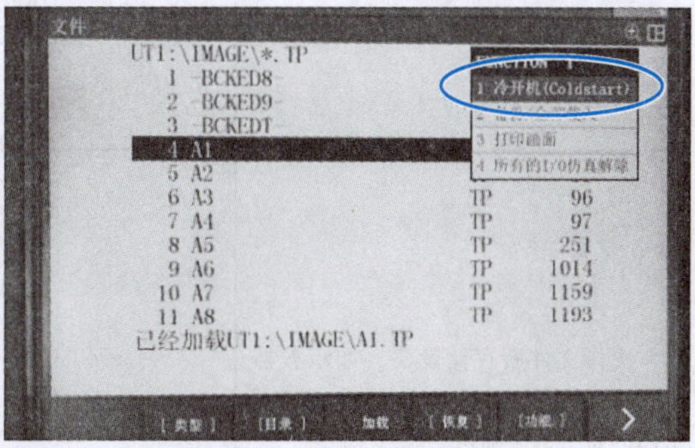

三、监视模式（Boot Monitor）下的镜像加载

序号	操作说明	示意图
步骤1	进入监视模式（Boot Monitor）的方法：关机状态下按下【F1+F5】键	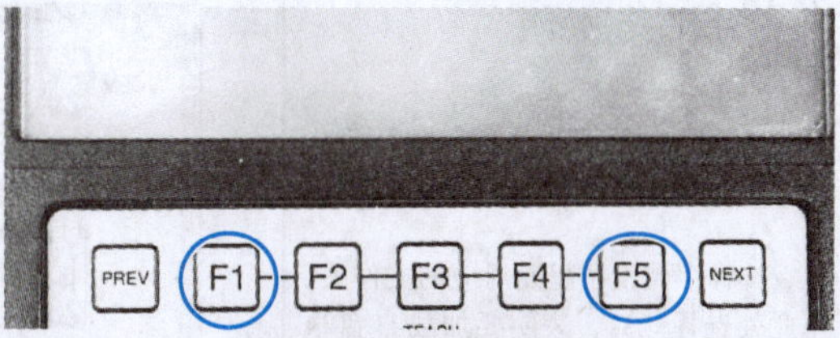
步骤2	打开控制柜断路器	

序号	操作说明	示意图
步骤 3	选择 "4. Controller backup/restore"，按下【ENTER】键确认	*** BOOT MONITOR *** Base version V9.30P/03 ******* BMON MENU ******* 1. Configuration menu 2. All software installation(MC:) 3. INIT start 4. Controller backup/restore 5. Hardware diagnosis 6. Maintenance 7. All software installation(Ethernet) 8. All software installation(USB) Select :
步骤 4	选择 "3. Restore Controller Images"，按下【ENTER】键确认，即进入镜像加载模式	*** BOOT MONITOR *** Base version V9.30P/03 Select : 4 ******* BACKUP/RESTORE MENU ******* 0. Return to MAIN menu 1. Emergency Backup 2. Backup Controller as Images 3. Restore Controller Images 4. Bootstrap to CFG MENU Select :
步骤 5	选择文件所存储设备，如示教器上的 U 盘，这里选择 "4"，按下【ENTER】键确认	*** BOOT MONITOR *** Base version V9.30P/03 　4. Bootstrap to CFG MENU 　Select : 3 ** Device selection menu **** 1. Memory card(MC:) 2. Ethernet(TFTP:) 3. USB(UD1:) 4. USB(UT1:) Select :	
步骤 6	选择存储设备里面对应的文件夹，此处选择 "3"，表明要加载 U 盘根目录下 image 中的内容	*** BOOT MONITOR *** Base version V9.30P/03 Current Directory: UT1:¥ 1. OK (Current Directory) 2. System Volume Information 3. image Select[0.NEXT,-1.PREV] :

（续）

序号	操作说明	示意图
步骤 7	检查要进行加载的文件夹，无误后选择"1"进行确认	*** BOOT MONITOR *** Base version V9.30P/03 Current Directory: UT1:¥image¥ 1. OK (Current Directory) 2. ..(Up one level) Select[0.NEXT,-1.PREV] :
步骤 8	输入数字 1，确认进行加载/还原	*** BOOT MONITOR *** Base version V9.30P/03 　Select[0.NEXT,-1.PREV] : 1 ***** RESTORE Controller Images ***** Current module size: 　FROM: 64Mb　SRAM: 1Mb CAUTION: You SHOULD have image files 　from the same size of FROM/SRAM. 　If you don't, this operation causes 　fatal damage to this controller. Are you ready ? [Y=1/N=else] :	
步骤 9	镜像还原中	*** BOOT MONITOR *** Base version V9.30P/03 Reading FROM00.IMG ... Done Reading FROM01.IMG ... Done Reading FROM02.IMG ... Done Reading FROM03.IMG ... Done Reading FROM04.IMG ... Done Reading FROM05.IMG ... Done Reading FROM06.IMG ... Done Reading FROM07.IMG ... Done Reading FROM08.IMG ... Done Reading FROM09.IMG ... Done Reading FROM10.IMG
步骤 10	还原完成后，按下【ENTER】键返回，关机退出	*** BOOT MONITOR *** Base version V9.30P/03 Reading FROM58.IMG ... Done Reading FROM59.IMG ... Done Reading FROM60.IMG ... Done Reading FROM61.IMG ... Done Reading FROM62.IMG ... Done Clearing SRAM (1M) ... done Reading SRAM00.IMG ... Done -- Restore complete -- Press ENTER to return >

注：在镜像加载的过程中，不允许断电。

任务 7.3　零点复归

【任务提出】

通常工业机器人在出厂之前已经进行了零点复归,但在工业机器人执行系统初始化、主板电池欠电压、本体编码器电池欠电压,或在关机时卸下编码器电池等情况下,机械零点数据将会丢失,造成工业机器人无法返回工作原点、软限位数据丢失、位置数据丢失等报警,此时需要进行零点复归。

本任务要求如下:
1)理解零点复归的定义。
2)掌握需要进行零点复归的情况。
3)能够根据现场情况采用合适的零点复归方法。

【知识点拨】

一、零点复归的定义

零点复归是将工业机器人的机械信息与位置信息同步,以定义工业机器人的物理位置。通常在机器人出厂之前已经进行了零点复归,但是工业机器人在实际应用中还是有可能丢失零点数据,需要重新进行零点复归。

工业机器人在运动过程中通过闭环伺服系统来控制本体的各运动轴。控制器输出控制命令来驱动每一个电动机。装配在电动机上的反馈装置——串行脉冲编码器(SPC)将信号反馈给控制器。在工业机器人工作过程中,控制器不断地分析反馈信号,修改命令信号,从而在整个过程中一直保持工业机器人的正确位置和移动速度。

控制器必须知晓每个轴的位置,以便使工业机器人能够准确地按照预定位置移动。控制器通过比较操作过程中读取的串行脉冲编码器信号与工业机器人上已知的机械参考点信号的不同来达到这一目的。零点复归原理图如图 7-2 所示。零点复归记录了已知机械参考点的串行脉冲编码器读数,这些零点复归数据与其他用户数据一起保存在控制存储卡 SRAM 中,断电后,这些数据由主板电池维持。

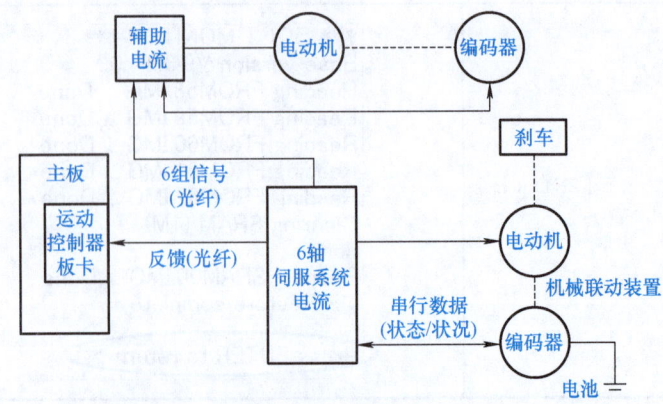

图 7-2　零点复归原理图

当工业机器人控制器正常断电时,每个串行脉冲编码器的当前数据将保留在串行脉冲编码器中,由工业机器人上的后备电池供电维持(P系列机器人的后备电池可能位于控制器上)。当控制器重新上电时,控制器将请求从串行脉冲编码器读取数据,当控制器收到串行脉冲编码器读取的数据时,伺服系统才可以正确操作,这个过程称为校准过程,校准在每次控制器开机时自动进行。

如果工业机器人控制器断电,断开了串行脉冲编码器的后备电池电源,则上电时校准操作将失败,工业机器人唯一可能做的动作只有关节模式的手动操作。如果要恢复正确的操作,则必须对工业机器人重新进行零点复归与校准。

二、需要进行零点复归的情况

零点复归数据在工业机器人出厂时已经设置完毕,正常情况下没有必要进行零点复归,但在发生以下情况时,就必须执行零点复归。

1)工业机器人执行一个初始化启动。
2)机器人在非备份姿态下,SRAM(CMOS)备份电池的电压下降导致Mastering数据丢失。
3)SPC备份电池的电压下降导致SPC脉冲记数丢失。
4)在关机状态下卸下机器人底座电池盒盖子。
5)更换电动机。
6)机器人的机械部分因为撞击导致脉冲记数不能指示轴的角度。
7)编码器电源线断开。
8)更换SPC。
9)机械拆卸。

三、零点复归的原因及对应报警代码

工业机器人的位置数据包含零点复归数据和串行脉冲编码器的数据,分别由SRAM卡和SPC对应的电池保持,如果电池没电,数据将会丢失。为了防止这种情况的发生,两种电池都要定期更换,当电池电压不足时,将有警告提醒用户更换电池。若因更换电池不及时或其他原因而出现SRVO-062或SRVO-038 SVAL2 Pulse mismatch(Group: I Axis: j)报警,就会出现零点丢失,需要重新进行零点复归。零点丢失时,按下【POSN】键,将发现在直角坐标下的位置数据没有了,如图7-3所示。

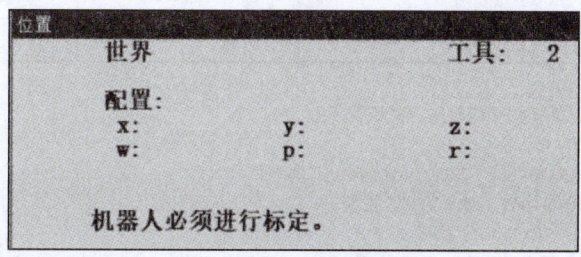

图7-3 零点丢失检验界面

总体而言,零点复归的不同情况及解决办法见表7-3。

表7-3 零点复归的不同情况及解决办法

情况	可能原因	解决办法
1. SRAM卡中零点标定数据丢失	1) 机器人初始化	文件还原或镜像还原，消除SRVO-038报警即可
	2) 主板电池电压低导致SRAM卡数据全部丢失	
2. 脉冲编码器中脉冲数据丢失	1) 机器人本体电池电压低导致编码器中无脉冲值	出现SRVO-062与SRVO-075报警。消除报警并恢复机器人正常运作的步骤：①消除SRVO-062报警；②消除SRVO-075报警；③选择合适的方式进行零点复归
	2) 关机状态下卸下本体电池盒盖子导致编码器无脉冲数据	
	3) 由于机械原因导致的编码器数据丢失，如更换电动机、更换编码器、编码器与主板的线路断开	
3. SRAM卡中脉冲值与脉冲编码器当前脉冲值不相同	1) 机器人因撞击或其他原因导致脉冲编码器的值与主板所记录的值不相符	将出现SRVO-038报警，消除该报警即可，无须其他零点复归操作
	2) 由于镜像备份或文件备份导致机器人控制柜中脉冲值与编码器当前的脉冲值不相符	

四、零点复归的方法

零点复归常用的方法有专门夹具核对方式、全轴零度点核对方式、单轴核对方式、快速核对方式等，见表7-4。**注意**：若需要对J3轴作SINGLE AXIS MASTER（单轴核对方式），则需要先将J2轴示教到0°位置。

表7-4 零点复归常用的方法

零点复归的方法	说明
专门夹具核对方式	出厂时设置，需卸下机器人的所有负载，用专门的校正工具完成
全轴零度点核对方式	由于机械拆卸或维修导致机器人零点数据丢失。需将六轴同时点动到零度位置，但由于靠肉眼观察零度刻度线，误差相对大一点
单轴核对方式	由于单个坐标轴的机械拆卸或维修（通常是更换电动机引起）导致该轴零件数据丢失
快速核对方式	由于电气或软件问题导致零点丢失，恢复已经存入的零点数据作为快读示教调试基准。若由于机械拆卸或维修导致机器人零点数据丢失，则不能用此法。（**条件：在机器人正常时已设置好零点数据**）

【任务考核工单】

工作任务		零点复归		学时		
姓名		组别		班级		日期

1. 任务描述

制造所有轴零点丢失故障，并使用相应核对方式恢复。

2. 任务实施（过程记录）

（1）全轴零点标定（制造SRVO-062、SRVO-075报警并消除）

① 关机拔掉电池，制造SRVO-062、SRVO-075报警。

② 消除SRVO-062（重启），SRVO-075报警。

③ 使用全轴零点位置标定进行全轴零点标定。

④ 检验是否完成零点标定，请写出检验方法：_____。

（2）简易零点标定（制造SRVO-062、SRVO-075报警并消除）

① 设置快速回零的参考位置（此时零点必须是存在且准确的状态）。

② 关机拔掉电池，制造SRVO-062、SRVO-075报警。

③ 消除SRVO-062、SRVO-075报警。

（续）

④ 使用简易零点标定进行全轴零点标定。
⑤ 检验是否完成零点标定，请写出检验方法：_____。
（3）备份加载（制造 SRVO-038 报警并消除）
① 机器人处在 HOME 位置上。
② 将 U 盘插在 TP 或控制柜上。
③ 进入文件备份界面，进入步骤②使用的 U 盘目录下。
④ 在该 U 盘根目录下新建文件夹并以"FILE+ 自己名字首字母"命名，备份全部文件。
⑤ 点动机器人离开 HOME 位置。
⑥ 进入控制启动模式，写出进入方法：_____，还原全部文件或者仅还原 SYSMAST.SV 文件，退出控制启动模式，写出退出控制启动的方法：_____。
⑦ 出现 SRVO-038 报警。
⑧ 消除 SRVO-038 报警。
⑨ 检验是否完成 SRVO-038 报警的消除，请写出检验方法：_____。
（注意：J3 轴进行单轴零点复归时，J2 轴必须为_____，否则复归结果不正确）

3. 任务评价（评价具体细则及分值可根据具体情况进行调整）

评价要素	任务要求	考核细则	分值	得分
知识点	1. 了解零点复归的定义	1. 能够正确讲出零点复归的定义	10	
	2. 了解零点丢失的原因	2. 能够正确分析零点丢失的不同原因	10	
	3. 了解零点丢失产生的对应报警代码	3. 能够正确讲出零点丢失产生的报警代码	10	
技能点	1. 掌握 SRVO-062 报警的消除办法	1. 能够消除 SRVO-062 报警	10	
	2. 掌握 SRVO-075 报警的消除办法	2. 能够消除 SRVO-075 报警	10	
	3. 掌握 SRVO-038 报警的消除办法	3. 能够消除 SRVO-038 报警	10	
	4. 掌握报警消除的验证方法	4. 能够验证报警是否消除	10	
素质点	1. 能分析不同报警代码产生的原因，培养精益求精的工匠精神	1. 能够对不同报警代码产生的原因进行分析说明	10	
	2. 掌握不同报警代码的消除办法，培养不畏困难的精神	2. 能够对不同情况的报警进行维护和排查	10	
	3. 遵守纪律，按时出勤	3. 能够遵守纪律，不迟到，不早退	10	
合计			100	
学生签名		教师签名	日期	

4. 任务反思

在课堂上学会了下面几点：_____

还有哪个地方有疑问：_____

本任务实施过程中需要注意的有下面几点：_____

【任务实施】

当编码器中脉冲数据丢失时，如关机状态下卸下机器人本体电池盒盖子，系统将出现SRVO-062、SRVO-075报警。发生SRVO-062说明脉冲编码器数据丢失，而SRVO-075报警说明脉冲编码器无法记数。SRVO-062和SRVO-075报警通常会同时出现，需要首先消除SRVO-062报警，然后消除SRVO-075报警后才能选择合适的方式进行零点复归。当脉冲编码器数据与SRAM卡中脉冲值不匹配时，机器人将发生SRVO-038报警，需要消除该报警同时更新零点标定结果。

一、消除SRVO-062报警

当发生SRVO-062报警时，机器人完全无法动作，消除步骤如下。

序号	操作说明	示意图
步骤1	按下【MENU】键，选择"系统"，单击"变量"	
步骤2	将变量MASTER_ENB改为1	
步骤3	按下【MENU】键，选择"系统"，单击"零点标定/校准"	

（续）

序号	操作说明	示意图
步骤4	在系统零点标定/校准界面按下【F3】（RES_PCA）键	
步骤5	按下【F4】（是）键，然后在机器人本体已正确安装电池的情况下将控制柜关机重启，重启后按下【RESET】键，SRVO-062报警即可消除	

二、消除 SRVO-075 报警

当发生 SRVO-075 报警时，脉冲编码器无法计数，机器人只能在关节坐标系下单关节运动。SRVO-075 报警消除步骤如下。

序号	操作说明	示意图
步骤1	消除 SRVO-062 报警后，若示教器屏幕上无 SRVO-075 报警，可按【MENU】键，选择"报警"，单击"报警日志"查看	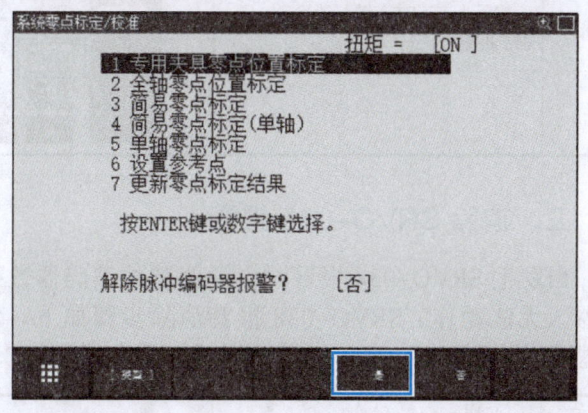
步骤2	按下【COORD】键，将坐标切换成"关节"坐标	

(续)

序号	操作说明	示意图
步骤 3	使用示教器点动机器人每个报警轴 20° 以上（【SHIFT】+运行键） **注意**：尽量不要超过 90°	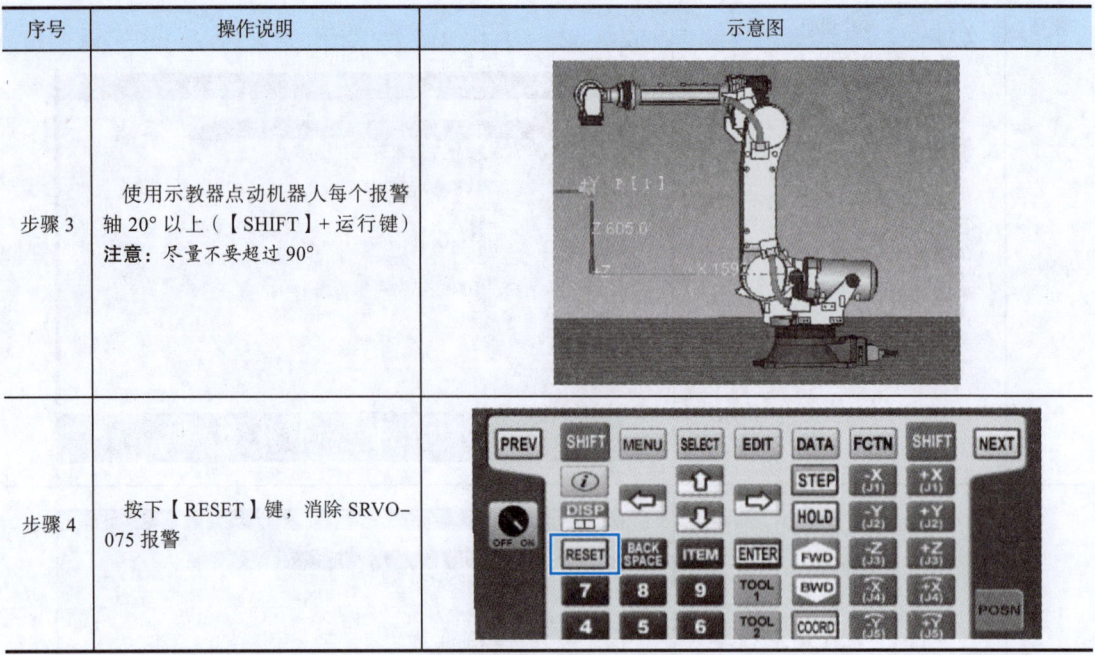
步骤 4	按下【RESET】键，消除 SRVO-075 报警	

三、消除 SRVO-038 报警

当发生 SRVO-038 报警时，说明脉冲编码器数据与 SRAM 卡中脉冲值不匹配，此时机器人无法动作。SRVO-038 报警消除步骤如下。**注意**：消除 SRVO-038 报警的过程中不需要点动机器人。

序号	操作说明	示意图
步骤 1	按下【MENU】键，选择"系统"，单击"零点标定/校准"	
步骤 2	在系统零点标定/校准界面上按下【F3】（RES_PCA）键（脉冲置零）	

（续）

序号	操作说明	示意图
步骤3	按下【F4】（是）键，消除脉冲编码器报警	
步骤4	按下【RESET】键，串行脉冲编码器报警消除	
步骤5	按下【MENU】键，选择"系统"，单击"变量"	
步骤6	选择"DMR_GRP"，单击"DMR_GRP_T"，按【ENTER】键确认	
步骤7	选择"DMR_GRP_T"，单击【F2】（详细）键	

（续）

序号	操作说明	示意图
步骤8	将变量 $MASTER_DONE 通过按【F2】（有效）键从 FALSE（无效）改为 TRUE（有效）	
步骤9	按下【MENU】键，选择"系统"，单击"零点标定/校准"	
步骤10	选择"更新零点标定结果"，按下【ENTER】键确认	
步骤11	按下【F4】（是）键	

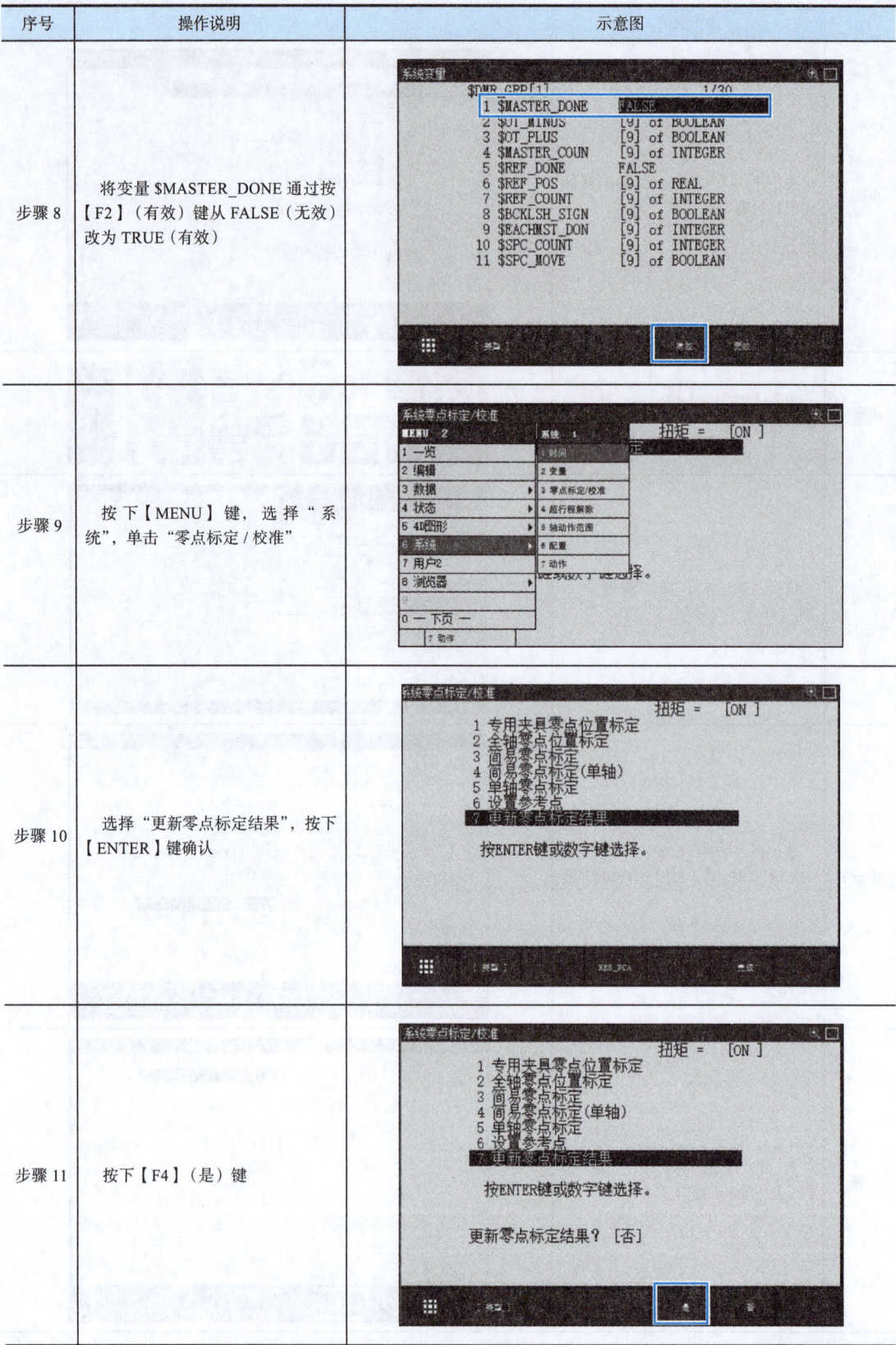

项目7 工业机器人的维护 223

（续）

序号	操作说明	示意图
步骤12	当出现"机器人标定结果已更新"，且下面出现角度信息时，按下【F5】（完成）键即完成结果更新，按【RESET】键即可消除SRVO-38报警，示教器将恢复至一般模式	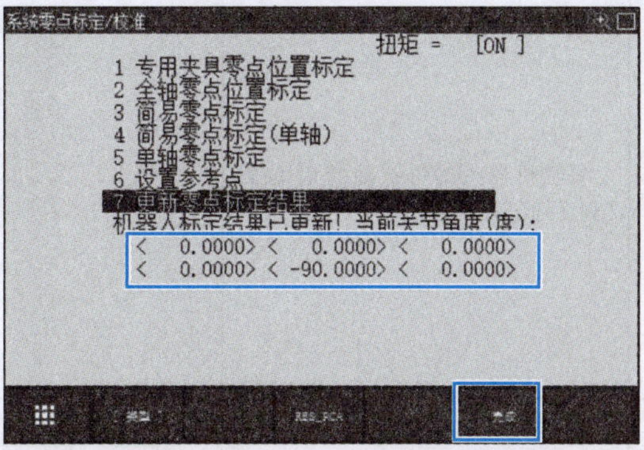
步骤13	检验方法一：机器人是否可以在任意坐标系下点动且按下【POSN】键在任意坐标系下是否均有数据	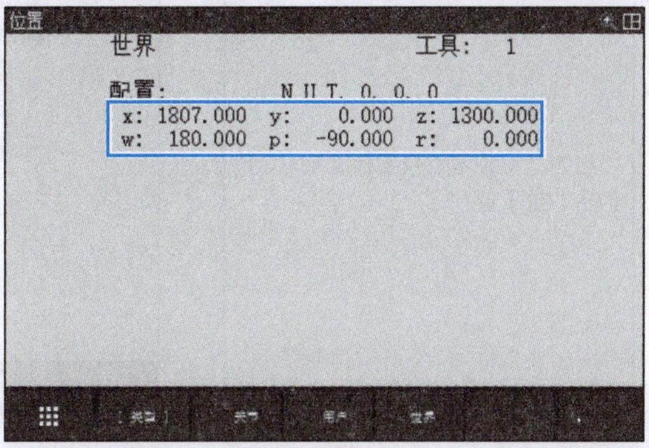
步骤14	检验方法二：执行原有的程序，检查其效果和之前的效果是否基本一致	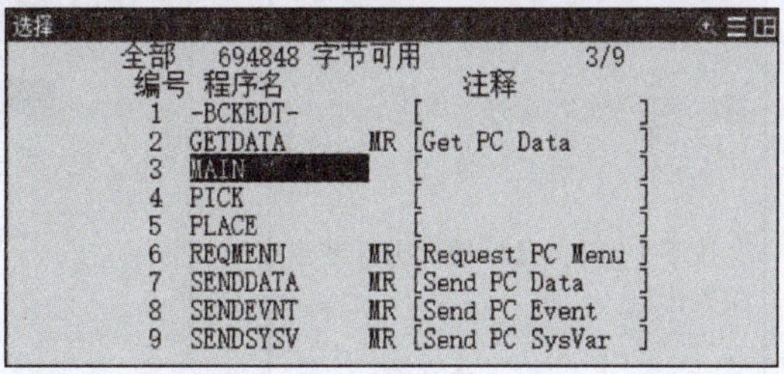

四、全轴零点位置标定

序号	操作说明	示意图
步骤1	进入系统零点标定/校准界面	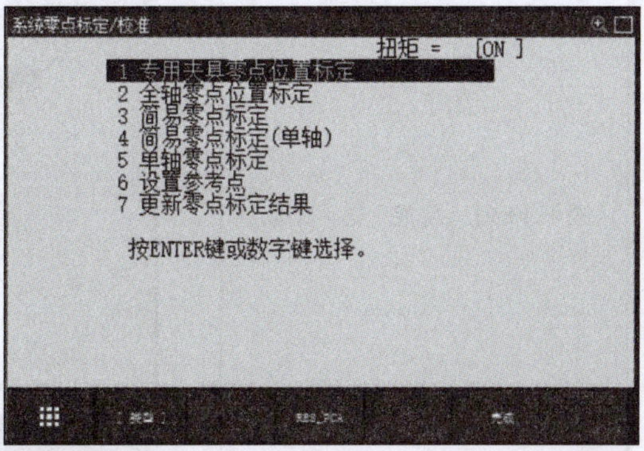

(续)

序号	操作说明	示意图
步骤2	示教机器人的每根轴到0°位置（刻度标记对齐的位置）	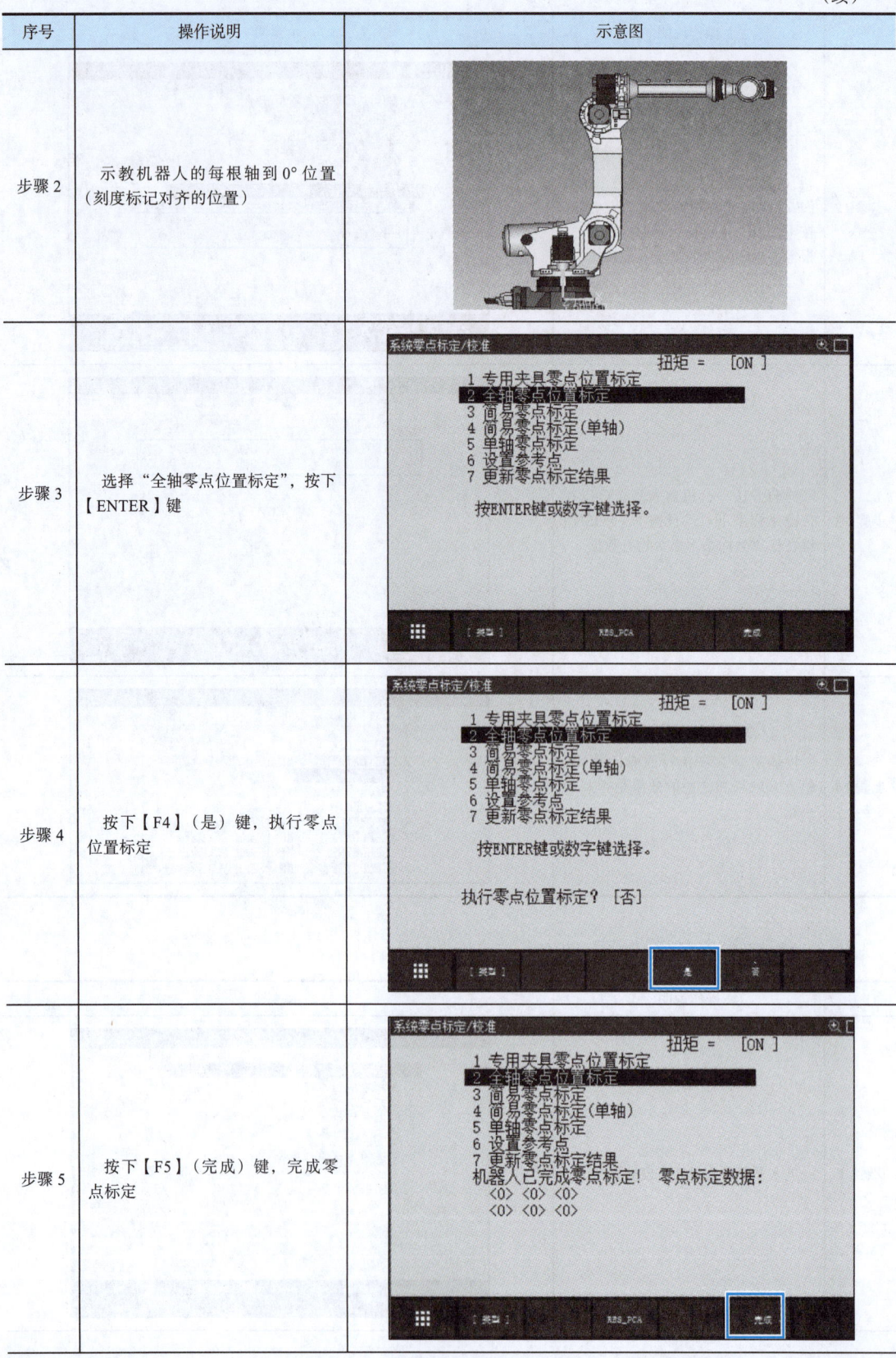
步骤3	选择"全轴零点位置标定"，按下【ENTER】键	
步骤4	按下【F4】（是）键，执行零点位置标定	
步骤5	按下【F5】（完成）键，完成零点标定	

(续)

序号	操作说明	示意图
步骤6	选择"7更新零点标定结果",单击"是",更新零点标定结果	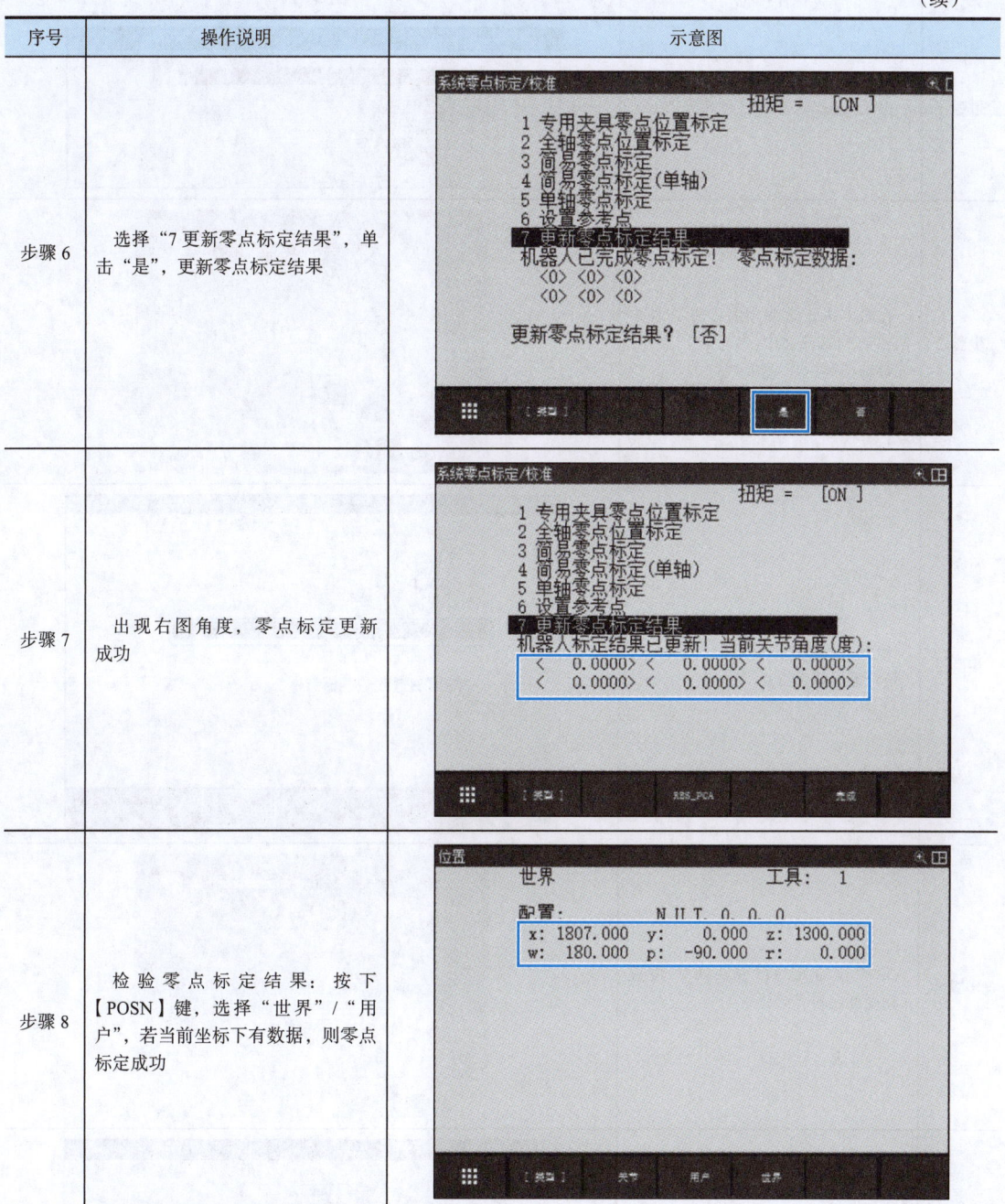
步骤7	出现右图角度,零点标定更新成功	
步骤8	检验零点标定结果:按下【POSN】键,选择"世界"/"用户",若当前坐标下有数据,则零点标定成功	

五、简易零点标定

简易零点标定,其快速核对方式,是在工业机器人正常使用时(即无任何报警时)已经设置好快速核对方式参考点的,操作步骤与全轴零点位置标定的步骤完全一致。但由于简易零点标定是之前已设置好零点数据,故简易零点标定比全轴零点位置标定小大概2°以内的误差。需要注意的是,在设置好零点数据"设置参考点"与快速核对方式"简易零点标定"之间不能做其他方式的零点复归。

序号	操作说明	示意图
步骤 1	进入系统零点标定/校准界面	
步骤 2	在机器人正常使用时，将机器人调整到 Master Ref（参考点）位置，如各轴都到达 0° 刻度线	
步骤 3	单击"设置参考点"，按【F4】（是）键确认参考点	
步骤 4	示教机器人的每根轴到 0° 位置（刻度标记对齐的位置）	
步骤 5	选择"简易零点标定"，按下【F4】（是）键	

（续）

序号	操作说明	示意图
步骤6	按下【F5】（完成）键，完成零点标定	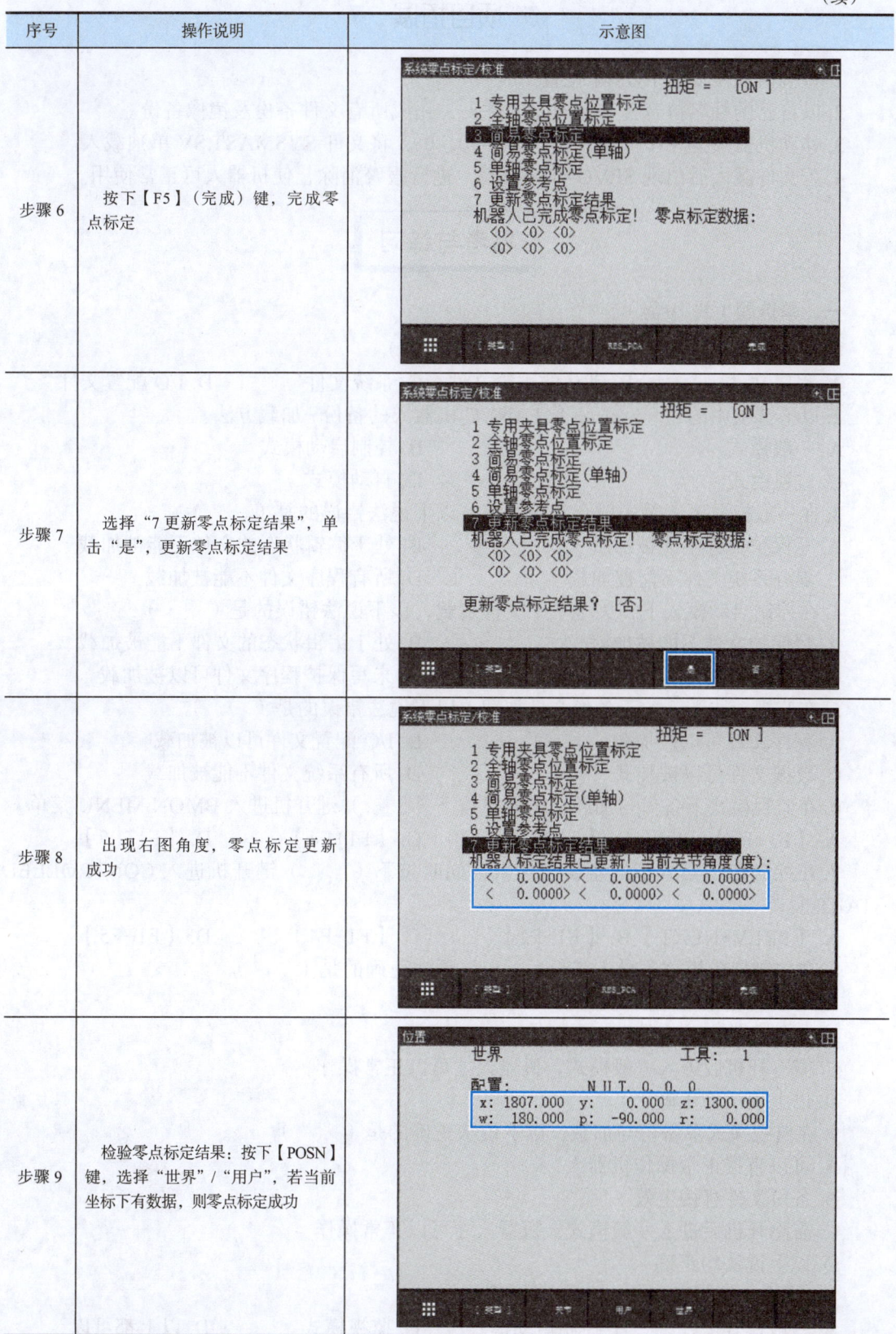
步骤7	选择"7 更新零点标定结果"，单击"是"，更新零点标定结果	
步骤8	出现右图角度，零点标定更新成功	
步骤9	检验零点标定结果：按下【POSN】键，选择"世界"/"用户"，若当前坐标下有数据，则零点标定成功	

项目拓展

1. 将机器人恢复至 HOME 位置。
2. 以自己的姓名拼音首字母建立文件夹,完成所有文件备份及镜像备份。
3. 移动机器人至 (10, 10, 10, 0, -90, 0),将文件 SYSMAST.SV 单独载入。
4. 若文件载入后出现 SRVO-038 报警,进行报警消除,使机器人可正常使用。

思考与练习

一、单选题(共 10 题)

1. 备份文件形式为 *.TP 的文件类型为( )。
 A. 程序文件　　　　B. 默认的逻辑文件　　C. 系统文件　　　　D. I/O 配置文件
2. 以下选项中的( )不是 FANUC 机器人的备份/加载方法。
 A. 一般模式　　　　　　　　　　　　B. 控制启动模式
 C. 监视模式　　　　　　　　　　　　D. 自动模式
3. 在一般模式下,关于单个文件加载,以下说法错误的是( )。
 A. 写保护文件不能被加载　　　　　　B. 处于编辑状态的文件不能被加载
 C. 部分系统文件不能被加载　　　　　D. 所有程序文件不能被加载
4. 在控制启动模式下,关于单个文件加载,以下说法错误的是( )。
 A. 写保护文件不能被加载　　　　　　B. 处于编辑状态的文件不能被加载
 C. 部分系统文件不能被加载　　　　　D. 未写保护程序文件可以被加载
5. 在监视模式下,关于备份文件加载,以下说法错误的是( )。
 A. 程序文件可以被加载　　　　　　　B. I/O 配置文件可以被加载
 C. 数据文件可以被加载　　　　　　　D. 所有系统文件不能被加载
6. 在监视模式下备份与加载,需同时按下( )键开机进入 BMON MENU 菜单。
 A.【F1+F2】　　　B.【F1+F3】　　　C.【F1+F4】　　　D.【F1+F5】
7. 在控制启动模式下的备份与加载,同时按下( )键开机进入 CONTROLLED START 模式。
 A.【PREV+NEXT】B.【F1+F2】　　　C.【F1+F4】　　　D.【F1+F5】
8. 在控制启动模式下导入备份后,以下说法正确的是( )。
 A. 可以直接正常操作机器人
 B. 备份文件直接生效
 C. 需冷开机后进入一般模式,机器人才可以正常操作
 D. 以上说法均正确
9. 在监视模式下备份与加载,以下说法正确的是( )。
 A. 可以直接正常操作机器人
 B. 备份文件直接生效
 C. 需冷开机后进入一般模式,机器人才可以正常操作
 D. 以上说法均正确
10. 镜像文件可以在( )下加载。
 A. 一般模式　　　　B. 控制启动模式　　C. 监视模式　　　　D. 以上都可以

二、填空题（共10题）

1. 备份系统文件具有_____性，只能将备份文件加载到原来的工业机器人中去，否则会造成系统故障。

2. FANUC 工业机器人 R-30iB 控制器的备份/加载方式为_____方式。

3. FANUC 工业机器人控制柜文件备份及加载主要使用的文件类有_____、_____、_____、_____和_____。

4. FANUC 工业机器人控制柜文件备份及加载使用的数据文件类型为_____，用来保存诸如寄存器数据。

5. 文件备份与加载的三种模式分别是_____、_____和_____。

6. 零点复归记录了已知机械参考点的_____读数，这些零点复归数据与其他用户数据一起保存在_____中，在断电后，这些数据由_____电池维持。

7. 若因更换电池不及时或其他原因而出现 SRVO-062 或 SRVO-038 报警时，就会出现零点丢失，需要重新进行_____。

8. 当脉冲编码器数据与 SRAM 卡中脉冲值_____时，机器人将发生 SRVO-038 报警。

9. 机器人因撞击或其他原因导致脉冲编码器的值与主板所记录的值不相符时，将发生 SRVO-_____报警。

10. 关机状态下卸下本体电池盒盖子导致编码器无脉冲数据时，机器人将发生 SRVO-_____、SRVO-_____报警。

三、简答题

1. 一般模式与控制启动模式下的文件备份与加载有什么区别？
2. 什么是镜像备份和镜像加载？
3. 零点复归常用的方法有哪些？
4. 消除报警并恢复机器人正常运行的步骤是什么？
5. 全轴零度点核对方式与快速核对方式的区别是什么？
6. 零点复归的定义是什么？
7. 需要进行零点复归的情况有哪些？

参 考 文 献

[1] 谢敏,钱丹浩.工业机器人技术基础[M].北京:机械工业出版社,2021.
[2] 李艳晴,林燕文.工业机器人现场编程(FANUC)[M].北京:人民邮电出版社,2018.
[3] 黄维,余攀峰,等.FANUC工业机器人离线编程与应用[M].北京:机械工业出版社,2020.
[4] 陈南江,郭炳宇,林燕文.工业机器人离线编程与仿真(ROBOGUIDE)[M].北京:人民邮电出版社,2018.
[5] 王志强,禹鑫燚,王振华.工业机器人应用编程(FANUC)中级[M].北京:高等教育出版社,2021.
[6] 叶晖.工业机器人实操与应用技巧[M].3版.北京:机械工业出版社,2023.